流域水—社会经济系统核算与综合管理

——以黑河流域为例

周青　著

图书在版编目(CIP)数据

流域水—社会经济系统核算与综合管理:以黑河流域为例/周青著.
—武汉:武汉大学出版社,2023.4(2023.11 重印)
ISBN 978-7-307-23607-3

Ⅰ.流…　Ⅱ.周…　Ⅲ.流域环境—水环境—关系—社会经济系统—研究—陕西　Ⅳ.①X522　②F127.41

中国国家版本馆 CIP 数据核字(2023)第 034588 号

责任编辑:鲍　玲　　责任校对:汪欣怡　　版式设计:马　佳

出版发行:**武汉大学出版社**　(430072　武昌　珞珈山)
(电子邮箱:cbs22@ whu.edu.cn 网址:www.wdp.com.cn)
印刷:武汉邮科印务有限公司
开本:787×1092　1/16　印张:14　字数:332 千字　插页:1
版次:2023 年 4 月第 1 版　　2023 年 11 月第 2 次印刷
ISBN 978-7-307-23607-3　　定价:56.00 元

项目资助

本书获得

1. 国家自然科学基金委员会青年科学基金项目“种养循环系统物质转化规律与生态经济权衡管理研究”（项目号：7200041464）资助；

2. 国家自然科学基金委员会重大研究计划项目“黑河流域水-生态-经济系统的集成模拟与预测”（项目号：91425303）资助；

3. 国家自然科学基金委员会青年科学基金项目“基于生态与经济需水均衡的黑河流域水资源管理策略研究”（项目号：7170031658）资助；

4. 华中农业大学校自主科技创新基金“气候变化下农业水土资源适应性管理策略研究”（项目号：2662018QD036）资助。

前　　言

干旱内陆河流域面临经济发展相对落后、水资源短缺与生态环境脆弱等多重困境。提升水资源生产力是解决水资源利用中的利益冲突，突破社会经济系统水资源制约"瓶颈"，促进干旱区内陆河流域水-生态-社会经济协调发展的根本途径。流域水资源生产力调控措施涉及水的经济效率、生态效益和机会成本问题，水在社会经济系统中如何实现最优配置，实现水社会经济利益与效用的最大化，是亟须解决的科学议题与现实问题。因此，在水资源管理过程中应在重视水的经济属性的同时，充分认识水的社会属性，探索水资源与社会经济系统之间的互馈机制，开展流域水-社会经济系统核算。本书主要探讨流域水-社会经济系统核算与综合管理中的几个关键问题：流域社会经济系统水资源平衡关系如何？水资源系统与社会经济系统的互馈机制是什么？影响水资源生产力提升的关键制约因素有哪些？流域水资源生产力提升的社会经济系统调控手段和路径有哪些？不同的调控手段对水资源生产力与社会经济系统的影响如何？

水资源管理亟须改变简单外延式的需水粗放增长模式，加强节水的内涵式发展，从水资源需求管理、产业结构调整、虚拟水战略等水-社会经济耦合系统视角探索流域水资源综合管理策略。产业结构与社会经济系统的水资源消耗结构密切相关，即便不提高个别产业部门的水资源生产力，产业结构的变动也会影响整个经济系统总的水资源消耗变化。水资源作为必要的生产资料在不同产业之间的配置也会影响经济的协调发展程度。为此，厘清产业部门的水资源生产力、产业用水效率、产业规模与经济的主导性，辨析产业结构与水资源利用效率的关联，分析区域产业结构调整方向，是调节水资源生产力的重要途径。农业作为用水大户，面临着水资源利用效率低下、水资源生产力低的问题，但同时也说明其节水潜力巨大，因此，分析农业生产用水效率水平及其影响因素，提升农业生产用水效率，对于节约水资源、实现水资源的优化配置具有重要意义。水资源需求管理是未来水资源管理的重点，结合市场手段促进水资源的合理配置，分析水价对水资源生产力的影响，能更好地指导未来农业水价改革。另外，水作为一种社会经济投入要素，任何水资源生产力调控策略都会对社会经济产生影响，因此，需要对水资源生产力调控手段所带来的社会经济影响进行定量模拟、评估。基于此，本书从水-社会经济系统集成研究出发，以提升流域水资源生产力为目标，探索流域嵌入水土资源账户的投入产出表编制方法，核算流域社会经济系统水平衡，并构建水-社会经济系统集成分析模型，设计产业转型发展、水资源利用效率提升与水资源管理改革方案，开展情景模拟。在此基础上提炼缓解流域社会经济系统用水压力、实现流域水-社会经济系统协调发展的管理方案，决策支持流域水资源可持续管理。具体来说，本书主要开展了以下研究工作：

（1）开展流域尺度区县单元社会经济系统水平衡核算。基于流域多区域投入产出数据核算区域社会经济系统的生产、消费与贸易环节的水资源流，计算社会经济系统的水平衡关系，评估区域的产业水资源利用效率，系统核算流域内区县间以及流域外虚拟水流，厘清流域水资源利用的行业以及空间差异，在全面掌握流域社会经济系统水资源平衡关系的基础上分析流域的水资源压力。

（2）基于可计算一般均衡分析理论构建流域尺度水-社会经济系统集成分析模型，利用流域尺度嵌入水土资源要素的投入产出表，研发流域多区域水资源生产力评估模型（Regional Social-Economic Water Production Model，RESWP），遴选嵌入水土资源要素的社会经济系统生产与需求函数、消费、贸易、税收与分配等模块的数学表达，对模型中的水土替代弹性进行测算，为模型提供更加可靠的弹性参数。

（3）基于产业的水资源消耗与经济产出关系，以流域中游地区为例，重点分析地区的资源禀赋、产业现状、产业部门的水资源生产力等，设计未来产业结构转型方案，基于RESWP模型模拟区域产业结构转型对水资源生产力和社会经济的影响，遴选不同地区的产业转型方案。

（4）对农业水资源生产力提升进行实证研究，设计农户生产调研方案，基于随机前沿方法测算不同农户的生产技术效率、灌溉用水效率，并对其影响因素进行解析，分析农业水资源利用效率提升的空间以及途径。在此基础上，基于RESWP模型模拟农业生产用水效率对区域水资源生产力提升以及社会经济的影响。

（5）对流域水资源生产力提升的管理制度进行分析，整理流域水资源管理制度调查数据，梳理黑河流域水资源管理现状及问题，采用实证分析方法测度现阶段农业水价弹性，厘清不同阶段水价和水价弹性的关系。基于RESWP模型计算分析黑河流域的水价改革政策对地区水资源生产力和社会经济的影响。结合现阶段的水资源需求管理制度改革，决策支持流域水资源需求管理策略制定。

目　录

第1章　绪　　论

1.1　流域水资源利用困境

在气候变化和经济全球化发展的背景下，水资源供需矛盾和流域用水冲突日益加剧，水资源危机已被列为全球“三大危机之一”，是引发未来十年全球社会风险问题的重大威胁之一（WEF，2015；Ghanem H.，2011；Rosegrant M. W. et al.，2003；Gleick P H.，2003）。2015年联合国发布的世界水资源发展报告指出，全球的人口增长、城镇化、粮食与能源安全及不断转变的消费方式等众多因素直接导致需水增加，未来区域性的水资源危机难以避免（WWAP，2015；Grafton R. Q，et al.，2013；Bakker K，2012；Gleick P. H.，2003）。中国是世界人均水资源最贫乏的国家之一，其人均可利用水资源量约为900m^3。过去50年，中国的地表水和水资源总量分别约减少了5%和4%。城镇化率提升是导致非农用水急剧增加的主要原因，我国非农用水从1980年以来年均增长率约为5.8%，到2020年全国用水量已达5812.9亿立方米。为了进一步节约水资源，促进水资源的高效利用，水利部、国家发展改革委联合发布了《关于印发“十四五”用水总量和强度双控目标的通知》，明确要求到2025年，全国年用水总量控制在6400亿立方米以内，万元国内生产总值用水量、万元工业增加值用水量分别比2020年降低16%左右和16%，农田灌溉水有效利用系数提高到0.58以上。占国土面积1/3的内陆河流域多处于西北干旱半干旱地区，更是水资源紧缺、生态环境脆弱区域，水资源仅为全国的5%，水资源开发利用率达55%以上，再加上该地区经济发展和人口分布相对集中，快速的人口增长、城镇化使得水资源短缺危机进一步加重，水生态环境越来越脆弱（程国栋，2015）。

水资源短缺及用水效率低下是制约我国内陆河流域社会经济发展和生境恢复的关键性因素（Cheng Guodong，et al.，2014；肖洪浪，等，2006；Cai Ximing，et al.，2004）。黑河流域作为我国第二大内陆河流域，其景观类型完整、流域规模适中、社会-经济-生态问题突出，具有内陆河流域和干旱区水资源研究的典型代表性（肖洪浪，程国栋，2006；卢玲，程国栋，2001）。近年来，由于绿洲规模扩张，水资源供需矛盾突出，经济社会发展受水资源制约明显，尤其是流域中游地区，农业用水占用水总量的92%。一方面是水资源紧缺，而另一方面水资源的浪费又十分惊人，存在人均用水量高、农田灌溉用水定额高、单位GDP用水量高等水资源低水平利用的问题。第一用水大户的农田灌溉，水资源利用效率极其低下，多数自流灌区的灌溉水利用系数仅在0.5左右，而发达国家在0.8左右。万元GDP用水1736立方米，比全国平均值高出1.85倍；生态用水日益被农业、工业用水挤占，再加上脆弱的生态环境，进而造成整个生态系统的破坏（Jiang Li，et al.，

2014；王根绪，等，1999）。与此同时，气候变化进一步加剧了地区水资源与生产力空间不匹配的特征，以及生态用水和经济用水间的竞争（Haddeland I.，et al.，2014；陈亚宁，等，2012；程国栋，等，2011）。

水资源生产力被定义为单方水所产生的经济价值，体现了水资源在社会经济系统中的配置效率以及机会成本（Chouchane H.，et al.，2015；Schyns J F.，et al.，2014；Igbadun H. E.，et al.，2006）。水资源生产力的概念将水资源与社会经济系统发展联系起来，将水作为一种生产要素纳入社会生产中，体现了水的经济属性和社会属性，反映了整个社会的水资源利用能力与技术水平（Wichelns D.，2015；Gleick H. P.，et al.，2011；Pereira L. S.，et al.，2009；Cai Ximing，et al.，2003）。水资源生产力水平是决定人水关系发展阶段的关键，水资源生产力提升是解决水资源利用主体的利益冲突，突破社会经济水资源制约“瓶颈”的重要手段（Deng Xiang zheng，et al.，2015；Meinzen-Dick R，2007）。人类社会的用水量将随着水资源生产力的进一步提高而下降，节约的水量将返还给自然，实现对自然的反哺，人、水、生态系统间的关系也会走向和谐（Zhan Jinyan，et al.，2015；郑航，等，2012）。提升区域水资源生产力需多方面因素共同作用，其主要途径包括单一行业用水效率提升，产业结构调整下的用水效益提升以及虚拟水战略等。

黑河流域上游供水、中游耗水、下游生态恢复的功能层次明确，流域不同区域间以及区域内部不同产业用水差异较大，因此，黑河流域是水资源生产力研究的天然试验场。黑河流域水资源管理方面的研究较少涉及从水资源生产力的角度探究整个黑河流域经济系统水资源利用情况。因此，亟须开展流域尺度上的水资源生产力评估和战略调整研究。

西北内陆河流域水资源先天不足，社会经济发展严重受水资源制约。一方面，农业作为用水大户，面临着水资源利用效率低下，水生产力低的问题，但同时也说明其节水潜力巨大，所以分析农业用水效率水平及其影响因素，提升农业用水效率，对于节约水资源，实现水资源的优化配置具有重要意义。农户作为用水者，如何测算不同农户的水资源利用效率，并找出影响农户水资源利用效率的因素，再据此提出如何提高农户水资源利用效率的政策建议，从提高用水效率入手减少灌溉用水，具有极其重要的现实意义。另一方面，在农业生产内部，有限的水资源在不同作物间同样也面临着激烈的竞争，哪种作物多配水，哪种作物少配水，除了应当考虑作物的生长需水量以外，还要统筹考虑作物的经济产出，实现水资源在不同作物间配置的最优。然而单从农业部门内部节水是有限的，而且传统的以技术节水为目标的水资源管理制度因为受到经济技术水平与管理体制的制约，节水潜力难以大幅度提高。所以亟须从系统的视角分析水-社会经济关系，合理配置水资源，提升流域水生产力。流域水生产力涉及水的经济效益和机会成本问题，水在社会经济系统中如何进行最优配置，实现水社会经济利益的最大化，是决策者最关心的问题。所以，需要从不同的角度探索水生产力提升路径，探索水资源利用效率提升途径，并探索如何合理利用虚拟水战略，实现区域产业结构转型，进而提高水生产力。另外，水作为一种社会经济投入要素，任何水生产力调控策略都会对社会经济产生影响，因此，有必要对水资源生产力调控手段所带来的社会经济代价进行定量模拟、评估。

1.2 水资源管理发展方向与不足

缺乏有效的水资源管理制度与政策是导致水资源生产力低下、用水短缺加剧的重要原因（夏军，等，2015；Bakker K，2012）。工业化与城镇化进程对水资源掠夺式的开发和利用，给水资源管理带来了极大的不确定性，水资源管理手段亟须在现有基础上加以改革创新（Jacobs K，et al.，2016；沈大军，等，2016；陈雷，2012；王金霞，2012）。国内外水资源管理制度改革的相关经验表明，促进传统的以行政区域为单元、以政府为主导的水资源管理模式向以流域为单元、以市场为主导的现代水资源管理模式转变，是实现我国流域生态环境和经济社会协调与可持续发展的重要途径（Cheng Guodong，et al.，2014；李锋瑞，等，2009）。

党和国家高度重视水资源管理，出台了关于实行最严格水资源管理制度的意见，采取多种措施加快推动水资源管理由供给管理向需求管理转变。如2011年中央1号文件提出水资源管理的“三条红线”，分别从总量、效率和水污染排放上对用水行为进行了约束；2022年颁布的《关于印发“十四五”用水总量和强度双控目标的通知》，明确了各省、自治区、直辖市“十四五”用水总量和强度双控目标。建立了水资源承载能力刚性约束机制，给地区水资源管理提出了新的挑战。这些最严格水资源管理制度就是一种需求管理策略的体现。实现供水管理向需水管理的转变，提高水资源的利用效率和生产力，实现流域水资源的可持续利用是流域水资源综合管理的目标。通过实行最严格的水资源管理制度，倒逼社会经济系统内部用水结构进行优化调整，使社会经济发展更加适应未来水资源生产力水平的要求，以实现水-社会经济-生态系统的协调发展。

变化环境下的需水管理与流域水资源可持续利用研究已成为流域科学与区域可持续发展研究的核心命题（秦大庸，等，2014；左其亭，等，2014）。需水管理的理念体现了对可持续发展观和人与自然和谐发展认识的提升。需求管理按照管理目标、决策范围、管理者参与的不同，划分为技术性节水、结构性节水以及水资源社会化管理三个层次（徐中民，等，2013；程国栋，2003）。技术性节水体现在产业用水效率提升；结构性节水强调水资源在社会经济系统中的优化配置；而水资源的社会化管理强调了水资源管理中的社会适应性，将水引入社会适应范畴，强调虚拟水战略、公众参与、水权水市场等手段在水资源管理中的应用，属于水资源需求管理的最高层次（王浩，等，2021；许长新，等，2009）。结合水资源需求管理的要求，未来流域水资源管理须改变需水简单外延式的粗放增长模式，加强节水的内涵式发展，通过调整用水需求，优化产业结构，提高区域间、流域上下游、流域间及国家间的水资源配置效率来提升水资源生产力。

水资源生产力提升是解决水资源利用中的利益冲突，突破社会经济水资源制约“瓶颈”的重要手段。社会水生产力水平是决定人水关系发展阶段的关键。随着社会水生产力的进一步提高，人类社会的用水量进一步下降，节约的水量将返还给自然，实现对自然的反哺（郑航，等，2012）。水生产力最初指农业灌溉中的水分利用效率，即单方水的有效产出，近年逐渐成为国内外研究热点之一。这种水生产力概念范畴较窄，主要用于衡量农业生产的效率与效益，不足以反映整个社会的水资源利用能力与技术水平。国际水管理研究所（IWMI）提出的水生产力概念为单位（体积或价值）水资源所生产出的产品数量或价值。水生产力的概念将水资源与社会经济发展联系起来，将水作为一种生产要素纳入社会生产中，体现了水的经济属性和社会属性。联合国粮农组织（FAO）、国际植物基因资源研究所（IPGRI）等著名机构在全球范围内相继开展了一系列的水生产力研究计划。水资源生产力的提升是多方面因素共同作用的结果。单一行业用水效率的提升，产业结构调整带来的用水效益的变化以及虚拟水贸易带来的水资源战略意义是提升区域水资源生产力的重要途径。

技术性节水是需水管理的重要手段之一，近年来取得了快速发展，但仍受到诸如经济技术水平与管理体制的制约。虚拟水作为水资源管理中的创新视角，其理论提出和发展为加强需水管理提供了新的思路。虚拟水以其理论视角和实践价值的创新性，促使人们更加直观地认识到水资源的经济效应，即不仅要关注水资源在生产过程中的数量消耗，而且应关注水资源在社会经济系统中的机会成本。虚拟水理论并不局限于传统的虚拟水贸易理论，其应该包括微观、中观及宏观三个层次，即技术层面的水资源节约、产业层面的水资源转移以及区域层面的虚拟水流动（虚拟水贸易），通过从技术、产业、区域三个不同层面的具体应用，最终实现水资源局部利用效率、产业间配置效率以及区域间利用效率的全面提高（许长新，等，2011）。虚拟水与虚拟水贸易研究提供了水资源迁移、储存和利用的新手段，增强了水资源的流动性，为区域间的水资源替代提供了前提条件。事实上，这种替代已不再是资源本身的替代，而是资源功能的替代。

对单一产业部门而言，提高用水效率是节水行为的关键。农业用水占总用水量的比重很大，但是其利用效率低下，存在巨大的节水空间。发展节水农业以缓解水资源危机的战略选择已成为世界各国的共识。针对我国农业水资源短缺、水环境恶化的局面，解决我国农业用水危机的根本出路在于挖掘农业节水潜力，以提高农作物水分利用效率为核心，大力发展节水农业，提高水生产力，即提高单方水的产出。目前研究显示，通过增强水资源经济价值意识，调整水价，能够促进农民节水意识的改变，进而影响用水户对节水技术的采用以及对种植规模或作物结构的优化（易福金，2019）。农田灌溉节水包括水资源的高效利用、输配水系统的节水、田间灌溉过程的节水、用水管理的节水以及节水增产等措施。近年来，我国在农业节水方面取得了长足进步，但与农业发展特别是缺水地区高效灌溉需要相比，农业节水在技术推广和应用方面还存在着比较大的差距。

在产业层面，虚拟水的经济价值体现在虚拟水资源在转移中如何作用于地区的经济增长。水资源的利用不管是量的问题还是结构的问题都与区域的产业结构密切相关，产业结构的升级不仅能提高水资源的利用效率，更能促进区域用水结构的改善。水资源具体包括在农业部门、工业部门、环保部门等不同经济部门之间的有效配置。虚拟水的转移往往意味着牺牲某部门对水资源的利用而满足其他部门对水资源的需求，水资源的配置效率取决于水资源应用于不同部门产生的价值。以农业部门与工业部门为例，工业用水产生的经济价值往往高于农业部门用水产生的经济价值，在保障当地粮食安全的前提下，如何最大限度地从需求管理的角度配置有限的水资源，优化产业结构，从而使其为当地带来更大的经济贡献，具有重要的现实意义。对于缺水地区来说，不仅要提高水资源的利用效率，更重要的是要从整个产业系统的角度，综合比较产业关联测度系数与虚拟水含量系数，依此综合分析结果进行水资源禀赋条件下的产业布局调整和用水结构优化。

在区域层面，据比较优势理论实施区际间虚拟水贸易，能够有效缓解缺水地区的水资源短缺，更大范围内发挥虚拟水的经济价值。水资源短缺国家如何在国际经济合作中通过虚拟水贸易的方式减轻本国水资源压力是目前的一个热点问题，而虚拟水贸易正是解决这类水资源短缺问题的一种经济上无形、政治上无声的战略措施。虚拟水贸易事实上是通过产品的贸易节约了水资源的消耗，实现了水资源的功能替代。尽管虚拟水是在应对水短缺的背景下被提出的，但是作为多种要素约束下经济系统中的策略，虚拟水贸易并不仅受制于水资源条件，而是多种因素综合作用的结果，其合理立足点应该是经济发展目标和水资源问题的协调，因此虚拟水贸易同时具有节水效应和经济价值。

虚拟水战略是水资源社会化管理的一个典型例子，其最突出的特点是对社会资源的强调，强调为适应和缓解水资源稀缺可调用的社会资源的数量，并称之为社会适应性能力（徐中民，等，2012；程国栋，2003）。虚拟水战略从系统的角度出发，运用系统思考的方法寻找与问题相关的各种各样的影响因素，从问题发生的范围之外寻找解决问题的应对策略。虚拟水与虚拟水贸易理论是比较优势理论与资源替代理论在水资源利用方面的应用与体现。虚拟水战略是从水资源需求管理角度解决水短缺问题的重要创新，然而作为多种要素约束下经济系统中的策略，其合理的立足点应该兼顾水资源节约与区域经济增长双重目标的实现，一味强调水资源禀赋的情形只是虚拟水贸易理论的片面应用，缺乏实践的合理性与可操作性。

1.3 水-社会经济系统集成模型研究的必要性

水资源与经济社会是一个相互影响、相互依存且密不可分的综合系统，水资源作为主要的生产资料直接影响着经济系统的规模与稳定性，经济社会系统对水资源的利用方式也随着人类的认识、生产技术水平及社会意识的提高而不断进步（Calzadilla A.，et al.，2008；Wittwer G.，2006）。传统意义上单一的水资源研究方法已不能满足实践需要，亟须构建描述经济社会水资源系统的统一模型，模拟水资源系统的运行变化，刻画水资源在经济社会系统的流转过程，分析水资源利用方式转变对社会经济以及水资源生产力的影响。另外，要充分考虑到各种水资源管理措施对社会经济的影响，如政策调整的效果及其对社会经济的影响评估。在探究政策是否切实可用及政策调整是否会对经济系统造成大的冲击的过程中，需要综合考虑水资源维度和社会经济维度，通过系统集成模型来进行模拟分析，定量评估各种措施实施的具体效果。

第2章 流域水资源综合管理方案研究进展

2.1 水资源生产力及用水效率

水资源是经济增长过程的主要投入要素之一，为经济发展提供了不可或缺的物质基础。水资源生产力表征单位水资源的产出或收益，最早被用来表示每立方米水可以生产的粮食量，后来发展成为不同尺度上较为全面的水资源生产力，并被广泛应用于社会经济系统中的水资源优化配置（Scheierling S.，et al.，2016；Molden D. et al.，2010；Jensen M.E.，2007）。水资源生产力概念的提出，促使人们更加直观地认识到水资源的经济效益，即不仅要关注水资源在生产过程中的数量消耗，同样应关注水资源在社会经济系统中的机会成本。

目前，大多反映水资源生产效率的指标都是用单位水资源的产出数或收益来表述的。部门用水的生产率是指特定部门所生产占总的份额同它所消耗水资源占总用水量的份额的比率。如果用水量越少，但对GDP的贡献越大，就说明水资源的生产效率越高；反之亦然（刘昌明，2001）。

农业作为用水大户，面临着水资源利用效率低下、水资源生产力低的问题，但同时其节水潜力也很大。因此，分析农业生产用水效率及其影响因素，提升农业生产用水效率进而实现水资源的优化配置具有重要意义。农业水资源生产率指标为水资源使用效率，简写为WUE。在农学和生态学领域，水资源使用效率是衡量作物产量与用水量关系的一种指标。这种指标大多是在农学、气象学、生态学和水文学等自然科学领域对水资源生产效率进行的评价和研究，它是灌溉工程、农业与气象等技术范畴节水的终极目标，包含输水利用率、配水利用率、田间水利用率，主要涉及区域水平衡、引水工程及水的调配、渠道防渗、输水工程、灌溉新技术、农田水分再分配及作物节水高新技术等方面的研究内容（王会肖，刘昌明，1999）。基于此指标推导出的提高水资源生产效率的具体方法，大多是科学理论意义上的技术措施，任何新技术的采用都需要付出相应的代价和成本，于是越来越多的专家学者意识到水资源的高效利用在注重提高自然科学层面水资源使用效率的同时，更应该重视在经济学意义上有效且切实可行地提高水资源生产效率。水资源利用技术效率，考察的是在产出和其他投入水平已经确定的情形下，可能的最小农业用水量与实际农业用水量之比，考虑到了技术水平、资源条件、组织程度、管理水平等多方面的因素，是一种综合性的效率指标。McGockin 等（1992）研究认为，即使采用沟灌的方式，农户只要具备优秀的管理能力，其用水效率也可能达到甚至超过采用喷灌方式的农户。Kopp（1981）基于径向产出导向的技术效率概念，将灌溉用水效率定义为，在当前技术条件下，假设产出和其他投入要素不变的情况下，农户可能达到的最小灌溉用水量与实际灌溉用水量的比值。它承认任何灌溉系统都可能因为农户个体的差异存在技术无效率，强调农户个体差异对用水效率的影响。

对农业水资源利用效率的研究主要从区域以及微观农户两个尺度来开展。其研究方法主要分为两类：一类是基于单一行业用水效率的测度，主要集中在农业部门和工业部门，研究方法包括数据包络分析、随机前沿法、能值法等（董战峰，等，2012；Bravo-Ureta B. E.，et al.，2007；Dhehibi，et al.，2007）；另一类是各行业水资源利用效率的综合分析，主要基于水资源投入产出分析法（徐荣嵘，等，2016；Zhao Xu，et al.，2010；Guan Dabo，et al.，2007；Velázquez，2006）。在区域尺度上，主要以省或地市为研究对象，对农业水资源利用效率区域间差异以及影响因素进行分析。陈燕萍和刘畅（2022）基于Shephard水资源距离函数的随机前沿分析模型对我国区域的水资源利用效率及其影响因素进行了实证分析。徐依婷等（2022）以粮食生产水足迹作为水资源投入指标，采用超效率SBM模型对中国全要素粮食生产用水效率进行了测度，并对粮食生产用水效率的影响因素和空间溢出效应进行了分析。马海良等（2012）采用SFA方法估计了我国31省2002—2007年的用水技术效率和水资源全要素生产率，同样发现了存在显著的地区间差异，东部水资源利用效率较高，中西部较低，而地区间经济发展水平和科技水平的差异是制约水资源利用效率的主要因素。佟金萍等（2014）运用超效率DEA方法和Tobit模型展开农业全要素用水效率的测度及影响因素分析，研究发现，我国农业灌溉用水效率东西差异较大，西北干旱地区是我国最具节水潜力的区域，水价政策的节水效应将促进节约水量流向用水效益更高的用水户，进而提高整体的农业用水效益。从中国农业用水效率的相关研究中可以发现，地区间农业用水效率差异较大，东部较高，中西部较低，西北干旱区最具节水潜力，地区间经济发展水平和科技水平的差异是制约农业水资源利用效率的主要因素。

在微观农户尺度上，主要结合农户的投入产出数据，针对不同的作物类型构建农户生产函数，对农户生产用水效率进行测。Reinhard（1999）采用超越对数随机前沿生产函数方程，分别测算了荷兰奶牛农场环境效率及希腊反季节蔬菜灌溉用水效率。刘维哲等（2018）对陕西关中地区小麦种植户的生产技术效率与灌溉用水效率进行了测算，并对以识别限制和促进灌溉效率的关键因素进行分析。许朗等（2022）基于C-D随机前沿生产函数方程模型，对黄淮海平原小农户、种粮大户、家庭农场与农民专业合作社3类新型农业经营主体冬小麦的农业灌溉用水效率进行测算，并运用Tobit模型探究影响不同农业经营主体农业灌溉用水效率的因素。耿献辉（2014）基于随机前沿生产函数模型评估了新疆地区棉农的棉花生产技术效率及其影响因素，发现兵团经营方式的农户具有更高的技术效率与灌溉用水效率。刘七军等（2012）以黑河中游张掖市民乐县和临泽县为调查对象，研究发现农户生产技术效率远高于其灌溉用水效率，并且农户生产规模与灌溉用水效率的关系是同向变动的，与生产技术效率的关系呈“倒U”形变动。可见，自从Aigner和Meeusen分别独立提出随机前沿生产函数后，国内外学者广泛采用此方法研究农业灌溉用水效率。从研究结论看，影响农户用水效率的因素很多：灌溉技术类型、农户生产规模、农业生产或经营形式、土地特征等都是影响灌溉用水效率的重要因素（Gadanakis

Y. et al. , 2015；Chebil A. , et al. , 2012；Aigner D. , et al. , 1977）。此外，水资源管理制度，包括水价、用水协会、农户参与式水资源管理等，也是影响农业用水效率的重要因素（Bhatt S. , 2013；Huang Qinqiong, et al. , 2010a；Green T. R. , et al. , 2010；Latruffe L. , et al. , 2004；Cummings R. G. , et al. , 1992）。

基于投入产出分析的水资源利用效率研究具有关联分析优势，充分考虑了水资源在整个社会经济系统中的转化和循环，目前已成为评价节水型社会产业结构的有效手段（Deng Xiang zheng, et al. , 2014；Qiao, et al. , 2009）。在用水系数上，已有研究在核算各部门的直接用水系数、间接用水系数和完全用水系数的基础上，发现产业间接用水具有极强的隐蔽性，不能简单以直接用水系数衡量产业发展对水资源的需求，应正确区分产业用水性质，充分考虑水资源在产业部门的完全消耗（田贵良，2009；Velázquez E. , 2006；Duarte R. 等，2002）。在黑河流域，已有学者基于投入产出的方法分析了张掖市各产业部门用水的投入产出系数以及水资源与其他行业之间的数量关系，从理论和数量指标上说明了水资源的基础地位，并发现张掖面临严重的水资源短缺（张信信，等，2018；Shi Qinglong, et al. , 2015；蔡国英，徐中民，2013）。

总体来看，目前的水资源生产力研究主要集中在行业尺度，关注重点是不同行业用水效率的计算以及影响因素。事实上，水资源生产力的研究涵盖微观、中观及宏观三个层次，不仅包括技术层面的用水效率提升，还应该注重产业层面的水资源配置以及区际层面的水资源优化对区域水资源生产力的影响，需要在不同的尺度上开展水资源生产力提升路径研究。

2.2　农业用水向非农用水转化

尽管农用水的减少有节水技术应用的原因，但也反映出水资源利用方向逐渐由农业向非农业领域转移的态势。水资源“农转非”是指水资源利用方向的变更，主要表现为由农业和农村用水向工业和城镇用水转移，即由农业灌溉用水向非农用水（包括居民生活用水、工业用水、商业用水、生态用水和休闲娱乐用水等）的转换。我国非农用水与1980 年相比年均增长率为 5. 8%，城镇化率每提高 1%，非农用水总量将提高 0. 58%，水资源作为战略性经济资源的制约功能更加凸显（鲍超，2014；马海良，2014）。数据显示，我国农用水所占比重已由 1997 年的 70. 4%下降到 2020 年的 61. 5%，同期工业和生活用水占比增长到 17. 7%和 15. 4%（中国水资源公报，2021）。

农用水和非农用水边际收益变化是推动水资源“农转非”的重要动力。在比较效益的作用下，农业水资源通过不同的途径改作他用，导致单位水资源所产生的效益高于原有的水资源利用模式。如 2004 年黄河流域宁夏回族自治区从国家分配的 40×10^8 m^3用水指标中调剂出 8×10^8 m^3作为工业发展后备水源，内蒙古用 1.3×10^8 m^3农用水转向工业用水换取 6.5×10^8元的农业节水设施投资；也包括跨行政区域间利用方式的转换，2000 年浙江省义乌市一次性出资 2×10^8元，向东阳市购买了每年 5000×10^4 m^3水资源的永久使用权，实现了跨区域农用水（东阳市每年转移的 5000×10^4 m^3主要用于灌溉）向非农用水的转换（义乌市主要用于工业和居民生活）。东阳—义乌水权交易也是我国水资源“农转非”成功实践的首个案例。

为达到稳定粮食生产和用水效益最大化双重目标，要扩大水资源“农转非”，必须要有可转移的“节余水量”。从我国农业节水技术采用水平看，灌溉水利用系数全国平均为0.56，发达国家能达到0.7~0.8，节水空间较大。虽然，我国农业用水量严重紧缺，但是农业灌溉用水效率较低。整体农业用水效率不到60%，部分西北部干旱地区的灌溉用水效率甚至在30%以下（刘七军，等，2012；王学渊，等，2010）。农户用水效率改善只是农业水权转移的必要条件，水权和水价机制的建立、用水者协会的发展和灌区管理体制改革，降低了水权转移的交易成本，是农业水权转移的充分条件。

水资源“农转非”会从要素供给和资源利用上对农村发展产生诸多影响。部分学者认为水资源“农转非”挤占了农业生产水资源，从而促进了农业节水技术的发展，解决了工业用水难题，同时也使水资源资产增值（姜东晖，等，2011）。然而，部分学者研究则发现，水资源“农转非”具有较强的负面效应，尤其在社会和生态环境方面。水资源“农转非”会加重流域上下游贫富差距，造成社会不公平，威胁我国粮食安全，甚至危及整个国民经济的运行。美国西部地区的水资源“农转非”迫使农户放弃种植耗水高的高效益作物，农业种植规模和生产能力下降（Howe C. W.，et al.，2003）。在印度，水资源“农转非”剥夺了农户种植粮食作物和饮用水的满足能力及福利水平（Celio M.，et al.，2007）。河北承德转轴沟村自1997年以来的水资源“农转非”，使农户种植模式由以前的细粮、粗粮和蔬菜作物的“轮耕套作”转变为只有粗粮作物的“单一种植”，导致土地利用效率降低，当地农户丧失了农产品自给自足能力（王学渊，等，2008）。国内关于水资源“农转非”的效应研究起步较晚，其效应研究结论具有一定争议。因此，目前“农转非”的效应研究多从水资源系统的一个侧面或某几个侧面展开，从“生态-经济-社会”耦合系统视角研究水资源“农转非”的综合效应，有助于推进水资源可持续利用与区域可持续发展的科学决策。

农业水资源涉及粮食安全，所以不能无限转移。有学者指出，水资源“农转非”的合理路径是先有农业非水资源要素的投入追加后有节水再开展“农转非”，但随着其他投入要素增多替代效率边际递减，水资源“农转非”转移的速度与总量应有底线，建议制定农业用水红线（姜文来，2015）。即必须设立农业水资源安全阈值。农业水资源安全阈值的数量标准是指在保证流域粮食安全的条件下，流域粮食生产所需要的农业水资源数量的最小值。在水资源转移的过程中，不仅要分析水资源“农转非”的效益，也需要设立农业用水的安全红线。有学者对农业用水的安全阈值进行了研究，姜文来在预测2020年、2030年有效灌溉面积和灌溉综合定额的基础上，确立了中国农业灌溉用水的阈值（姜文来，2015）。夏铭君从口粮标准入手，推算流域粮食总需求量，再根据各类粮食作物的需水量和有效降雨量，最终得到流域内粮食完全自给条件下的实际灌溉需水量，其最小值即为农业水资源安全阈值（夏铭君，2007）。李保国（2015）提出了蓝水和绿水视角下“农业用水红线”的概念，并尝试划分其数值范围，其中，“农业用水红线”中的蓝水部分是对“用水总量红线”的进一步完善。

2.3 水资源约束下的产业结构调整

产业结构与社会经济系统的水资源消耗结构密切相关，即便是不提高个别产业部门的水资源生产力，产业结构的变动也会影响整个经济系统总的水资源消耗变化。水资源作为必要的生产资料在不同产业之间的配置也会影响经济的协调发展程度。为此，厘清产业部门的水资源生产力、产业用水效率、产业规模与经济的主导性，辨析产业结构与水资源利用效率的关联，分析区域产业结构调整方向，是调节水资源生产力的重要途径。

资源开发利用不可避免会伴随着资源损耗和生态环境破坏，如何将这种损耗降低到最小，从而保持资源开发在代际间的平衡，一直是资源经济学中的研究热点。自然资源与经济发展关系的著名理论包括英国经济学家阿瑟庇古在20世纪20年代提出的庇古税理论、马歇尔的外部性理论、Auby的“资源诅咒”理论以及环境库兹涅茨曲线（EKC）（Brunnschweiler C. N.，2008；Arrow K.，et al.，1995；Beckerman W.，1992；Kuznets S，1955）。在资源与经济的关系研究方面，普遍验证了自然资源与经济增长间存在“倒U”形关系，对自然资源的依赖性容易导致经济增长缓慢（Duarte R. et al.，2013；Fum R. M. et al.，2009；Hodler R.，2006）。我国学者根据Solow的经济增长模型测算出水资源短缺引起的中国经济增长阻力在每年0.01%左右（杨杨，等，2007；谢书玲，等，2005）。现阶段粗放的资源消费方式已经给资源环境造成了极大的负担，未来亟须通过产业结构转型来缓解地区经济发展对资源的过度依赖，其中水资源已成为倒逼产业结构转型升级的主要制约因素，产业转型和技术进步是解决资源瓶颈的两种重要途径。

产业转型的关键在于通过调整产业结构来转变经济增长方式。已有的研究分别从产业转型，内涵和发展阶段对产业转型进行定义，产业转型涉及资源要素的重新配置，生产要素从逐渐衰退行业走向更富发展潜力的新兴行业，同时政府通过产业政策手段来调整产业布局，促进经济发展从“要素驱动、投资驱动”阶段转变为“创新驱动、财富驱动”的新阶段（Chen S. et al.，2011；Oksen P.，2008；Mokyr J.，1987）。产业转型反映产业结构调整的过程，是技术、经济、社会和制度等多方面因素共同作用的结果，也是产业制度创新和机制再造的过程（林毅夫，陈斌开，2013；李国平，等，2006）。狭义的产业转型主要指产业结构转型，通常指一个地方经济结构或产业结构的调整，通过产业结构调整来实现区域资源可持续利用一直都是学术界研究的热点（Abel N.，et al.，2016；Poff L. R.，et al.，2016；Boix M.，et al.，2015）。在当前劳动力成本、环境成本、能源瓶颈、产能过剩等众多因素制约下实现经济持续快速发展，大力推动产业升级与结构转型，促进传统产业特别是制造业的转型升级、加快培育和发展战略性新兴产业、推动不同产业间的相互融合是我国产业转型升级的主要路径和方向（李芮，2015；林毅夫，陈斌开，2013）。

水资源和产业结构存在明显的相互制约关系，水资源约束是促进地区产业结构转型的重要因素，产业结构的转型升级则会改变水资源要素投入和中间产品投入的间接耗水，引起水资源使用结构及用水效率的改变，减少水资源的消耗（吴昊，等，2016；Wu Feng，et al.，2014；Pahl-Wostl，et al.，2010；Schlüter M.，et al.，2010）。以色列作为极度缺水的国家，是水资源约束下成功进行产业结构转型的典型案例，其通过产业结构调整来优化内部水资源的使用结构，发展优势支柱产业，促进水资源的“农转非”，实现水资源的高效利用。

用水结构评价对产业结构调整尤为重要，用水结构的评价方法也较多，如信息熵、均衡度、协调度等（崔嫱，等，2015；蒋桂芹，等，2013；王小军，等，2011）。另外，水足迹以及虚拟水理论在用水结构分析中也得到了广泛应用（Chouchane H.，et al.，2015；Bulsink F.，et al.，2010；Hoekstra A. F. et al.，2007）。田贵良等（2013）基于虚拟水理论对缺水地区进行用水结构分析，指出适度减少中国缺水地区高耗水农业的种植面积，转为低耗水、高效益的农产品，或发展低耗水高产出的其他产业，可以提高水资源利用效率。戚瑞等（2011）采用水足迹理论，构建区域水足迹结构、效益、生态安全以及可持续性指标体系，对区域水资源的利用现状和可持续性进行评价。

水资源约束下的产业结构调整策略一直是学者们研究的热点，依据不同地区水资源禀赋以及经济发展水平特点分别展开研究（Qi Cheng，et al.，2011；Evans R. G.，et al.，2008）。刘刚等（2008）提出资源型城市的产业结构调整策略包括产业链延伸策略、产业转型策略和“边延边转”策略。张玲玲等（2015）运用系统动力学模型提出，节约用水和产业结构调整是江苏省用水结构调控的重要举措。刘轶芳等（2014）运用结构偏差系数分析产业结构与水资源消耗结构之间的关联，指导北京市产业结构的调整。另外一些研究提出，对于水资源匮乏区域，可基于区域内、地区间的产业合作关系构建产业间水资源合作联盟，如谭佳音等（2017）基于产业合作的群链模式机理和模糊联盟博弈思想，提出了具有三阶段结构的区域水资源配置模式，并指出区域内各产业间通过群链模式的合作关系形成水资源合作模糊联盟，能够获得更高的用水收益。刘宁（2016）基于水足迹构建不同的产业政策情景，遴选水资源优化配置方案，对京津冀水资源进行合理配置。

产业结构调整与水资源在产业间的流动是一个相互制约且互馈的过程，产业结构变化会促进水资源要素在行业间的重新配置，同时水资源也一定程度上决定了产业布局和结构调整方向，两者之间的复杂关系决定了采用单方面的优化配置模型进行水资源产业结构优化研究有一定的局限性，所以未来无论是水资源的优化配置还是产业结构的调整都应该考虑对水-社会经济的综合影响。

2.4 水权及水价制度改革

工业化、城市化进程对水资源掠夺式的开发和利用，对水资源管理带来了极大的不确定性，水资源管理手段亟须在现有基础上改革创新，实现水资源的可持续、适应性管理。我国水资源管理经历了供给管理、技术性节水、结构性节水和社会化管理4个阶段，其整体趋势是逐步向国际靠拢，由传统的供给型管理转向需求型管理，由工程管理转向资源管理，由单项工程技术手段转向综合管理手段。加强水资源的社会化管理，建立以水权、水市场理论为基础的水资源管理体制，是提高水资源外部效益分配的重要手段。国际上关于水市场建设主要集中于对水权和水价的探讨。水权是利用市场机制进行水资源管理的前提和保障。水权制度建设以美国加州地下水水权交易市场、澳大利亚墨累达令水权市场、智利的水市场等最具有代表性。水市场最早在20世纪80年代引入澳大利亚，水权和水分配交易在公共和私人部门都得到广泛应用。Wheeler S. 等（2008）研究发现南莫雷大凌河流域的一个州大约86%的灌溉者在2010—2011年至少进行过一次水市场交易，水市场交易战略已经是灌溉者们在农田管理中普遍采用的一个工具。美国的经济学家特别注意到了水价对用水情况的影响，提倡利用价格机制，适当提高水价，调节用水需求。提高水价一方面可以改变农户的用水习惯，一定程度上促进节水技术推广，但同时也提高了农业生产成本，增加农民用水负担，特别是对经济落后区域来说，如果水价提高幅度过大，容易超出农民水费承受能力。因此，推进农业节水不仅要通过水价杠杆提高节水意识，同时也要考虑农民的切身利益，避免增加农民负担。

我国对水权交易的初步尝试开始于2002年甘肃张掖市农户间的水票流转，以及2003年宁夏、内蒙古黄河水权由农业向工业的有偿转换等。2014年7月启动了宁夏、江西、湖北、内蒙古、河南、甘肃、广东七个省区的水权试点，主要围绕水资源使用权确权登记、水权交易流转、水权制度建设三项重点内容展开。试点对相关政策制度的完善和规范交易流转行为提供了宝贵的经验。与此同时，国家对于通过挖掘水权价值全面提高各领域节水积极性的重视程度也在不断增加，针对促进建设水权交易市场密集推出多项政策。2021年7月，国家发改委、财政部、水利部、农业农村部联合发布《关于深入推进农业水价综合改革的通知》，提出应进一步完善奖补机制设计，向用水主体对节水的部分以水权回购等多种形式给予奖励，调动农民节水积极性；在严格落实农业灌溉用水总量控制和定额管理基础上明确水权，加快推动农业水权交易，积极探索跨行业转让，最大限度发挥水资源价值。2021年11月，国家发展改革委、水利部、住房城乡建设部、工业和信息化部、农业农村部联合印发《“十四五”节水型社会建设规划》，明确通过健全市场机制促进节水型社会建设的重要性。《规划》提出应“推广第三方节水服务，规范水权市场管理，促进水权规范流转。在具备条件的地区，依托公共资源交易平台，探索推进水权交易机制。创新水权交易模式，探索将节水改造和合同节水取得的节水量纳入水权交易。”对水权市场管理、平台与机制建设及节水量交易等指明具体发展方向。水权市场虽然取得了一定的发展，但仍然存在较多的问题和挑战。例如以取水许可为基础的取水权面临确权登记不全、权利稳定性较弱的问题，水权交易中政府主导导致市场的作用发挥不足、水权交易量不活跃，除此之外各地交易价格差异大，无法体现水权真正内在价值。未来需要完善制度设计、降低交易成本，激发参与市场的积极性，与其他水利改革措施包括农业水价综合改革、确权登记制度建设等做好衔接和协调。

我国学者在水权市场建设中也进行了有益的探索。严予若等（2017）通过介绍智利、墨西哥、美国的水权交易案例，提出可交易水权制度是提高水资源的配置效率和利用效率的有效手段。刘峰等（2016）通过对典型区域水权交易及水市场进行调研，发现在实践中存在过分强调政府作用、定价机制不完善、缺乏社会参与、水资源监控能力不够等问题。单以红等（2007）认为水银行是调剂用水余缺、节约水交易成本和促进水资源可持续利用的一个有效工具，提出建立我国水银行制度的建议，讨论了水银行与水资源行政主管部门的关系、规避运作风险及化解交易外部性等3个问题。陈艳俊等（2009）建议在坚持水资源国家所有的前提条件下，将水资源的经营权、使用权等，通过承包、租赁等多种渠道推向社会，达到提高水资源经济价值和使用效率的目的。王亚华（2022）针对当前水权水市场改革面临的困难，提出“三权分置”水权制度改革的创新设计，建议将水资源的所有权、取水权和用水权三项权利分置，并将其作为未来中国水权水市场制度建设的实施路径。

水价是水资源管理中的重要经济手段。与传统的基于行政命令的水资源管理手段的差异在于，水价能建立长期的激励机制，改变农户的用水行为。在世界各国的水资源利用结构中，农业灌溉用水一直占主导地位，而农业水价过低被认为是造成水资源利用效率低下的重要因素（Wang Jinxia，et al.，2010a；Speelman S.，et al.，2009）。研究表明，合理的水价有利于激励农户的节约行为，改变其成本收益结构和用水行为（Sun Tianhe，et al.，2016；刘莹等，2015；Schoengold K. 等，2006）。我国干旱地区水资源短缺严重，农业大量挤占生态用水，给生态环境造成了极大的破坏，水价对于干旱地区的水资源管理尤为重要。研究表明，水价在促进干旱内陆河流域水资源优化配置和用水效率提升上具有积极作用，农业水价调整能够促进农业种植结构、用水结构、经济结构、用水经济效率结构的演进优化（秦长海，等，2010；雷波，等，2008；孙建光，等，2008）。干旱区水资源制度创新需要建立合理的水价形成机制和管理体制。促进水价管理规范化，完善水市场，促进水资源的回购，实现水资源的有效配置，是促进水资源生产力提升的关键（王晓君，等，2013；王金霞，2012）。利用经济手段激励用水户节约用水，进行农业水价改革，是未来水资源需求管理的重点。

水价的制定标准和依据决定了水价的效果和公平性。目前国外的农业水价定价模式主要包括美国东部的“服务成本+用户承受能力”定价模式、西部的服务成本和完全市场定价模式，英国的全成本定价模式，加拿大的政策性水价及法国的“服务成本+承受能力”定价模式等（Sahin O.，et al.，2017；邱书钦，2016；Vasileiou K.，et al.，2014）。我国学者也一直在探索适合我国农业用水的水价改革机制，从水价的确定原则、制定方法、管理机制等方面开展了研究。如汪恕诚等（2000）从理论上将水价分为 3 个组成部分，即资源水价、工程水价和环境水价。吴娟等（2007）提出两部制水价是符合黑河中游水价现状的合理水价，并将两部制水价运用到黑河中游水价的制定中。沈大军（2006）从不同方面分析了水资源费征收的理论依据，分别从成本补偿和供需平衡两方面建立了水资源费标准的计算方法。黄涛珍借鉴经济发达国家在水价管理中的先进经验，提出了我国水价应加强柔性管理，变政府直接定价为政府宏观控制与社会监督相结合（黄涛珍，等，2009）。水资源的影子价格一直被认为是农业水资源定价的重要依据，在提高水资源利用效率、激励对灌溉系统的投入方面具有重要作用（Ziolkowska J. R.，2015；Liu Xiuli，et al.，2009；汪党献，等，1999）。农业水价定价过程中的公平性和水价的效率一直是学者关注的重点，不同的定价方法会对水资源再分配的效率和公平性产生影响，因此，农业用水价格模型应同时满足补偿灌溉供水成本和减少灌溉用水的目标（胡继连，等，2017；Amayreh J.，et al.，2011；Castellano E.，et al.，2008）。另外，水价在制定的过程中也要充分考虑农民的承受能力，过高的水价会伤害农民生产的积极性（唐增，2010；许朗，等，2014）。

近年来我国农业阶梯水价改革也被提上日程，与统一定价不同，阶梯定价的边际价格随着消费量的变化而变化，农业用水的非线性定价也成为各方关注的焦点（Barshira Z.，et al.，2010；Ziv B. S.，et al.，2010；Somanathan E.，2006）。非线性定价是指消费者就某一产品或服务支付的总价格同购买的总数量不成线性比例的一种定价形式，即通常所说的数量折扣或数量补贴。非线性定价一般包括两部制定价、最大容量定价与阶梯定价。阶梯定价是非线性定价中的一种。阶梯定价在稀缺资源（如水、电、气等）的定价中应用广泛，且范围和规模越来越大（Kaminsky M.，et al.，2014；Ito K.，2012；Alberini A.，et al.，2011）。需求估计和价格弹性分析一直是阶梯定价研究的热点。较统一定价来说，IBP 的引入是否能够更加有效地影响消费者行为，并达到定价机制制定之初想要达到的目标，一直是各方关注的焦点。多重目标的实现使得 IBP 在稀缺性的资源、能源领域得到广泛的应用，加之其定价结构的复杂性，使得需求估计成为文献研究的热点与难点。相对于统一定价（边际价格不变），递增阶梯定价中的边际价格会随着消费量的增加而升高，故价格与消费量同时决定产生了内生性问题。不仅如此，价格的不连续使得消费者的预算约束呈现分段线性，由此产生尖点（kink）问题，这些问题对传统的估计方法提出了挑战。方燕等（2012）还梳理了国外文献中阶梯定价的纷争和成果，整理了阶梯定价下的需求价格设定和普适性及所导致的需求估计偏误问题，指出最新的发展应该基于微观行为分析和微观数据，且需进一步深化研究，确定阶梯定价机制结构参数。张昕竹等（2015）对阶梯定价下相关的估计方法、价格选择和实施效果测算进行了总结，指出阶梯定价下最应解决的是价格内生性问题。由于农业非线性水价刚处于小范围实施阶段，所以目前关于农业用水阶梯价格弹性的研究还是一片空白。

2.5 水足迹与虚拟水战略

Tony Allan、Hoekstra 等提出的水足迹理论为水资源评价提供了全新的视角（Allan J. A.，1998；Hoekstra A. Y.，et al.，2003）。水足迹是一个国家、地区或个人在一定时间内消耗的产品和服务所需要的水资源总量，可用于分析区域水资源的承载能力以及对外依存度，有助于人类更全面、更科学地认识水资源安全状况。

在水足迹的基础工作与理论研究方面，2005 年德国发展学会（GDI）与 2006 年社会生态学研究所（ISOE，Frankfurt）分别建立虚拟水贸易工作站，对虚拟水进行实证研究。联合国粮农组织（FAO）研发 CROPWAT 软件用于计算不同种类农作物的需水量；此外，中东、南非发展联盟、黎巴嫩、埃及和日本分别进行不同程度的虚拟水实证分析（Clarke D.，2001）。Hoekstra A. Y.（2007）在水足迹理论方面做了大量的研究工作，包括建立了水足迹的计算网站（www. water-footprint. org），运用水足迹理论进行实证分析，核算虚拟水贸易国际流量和各种范围尺度上的水足迹并编写了水足迹评价手册。Hoekstra A. Y.（2014）编写了现代社会消费水足迹，刻画人类对可乐饮料、谷物食品、动物食品、棉质衣物、花卉、生物燃料以及纸张的消费所产生的水足迹在时间与空间上的差异，并对区域间虚拟水贸易，以及这些贸易的合理性与非合理性展开分析，进一步证明水资源不仅是当地资源，也是全球资源的重要观点。

区域水足迹评价是水资源管理的有效途径。国际上较多开展全球及国家尺度的水足迹核算，也有少量学者完成了国家尺度以下的区域和流域水足迹核算。Hoekstra A. Y. 和Hung 最早定量核算了全球水足迹，并对 1995—1999 年各国虚拟水贸易平衡进行了分析（Hoekstra A. Y.，et al.，2005）。Chapagain A. K. 等（2006）对全球 210 个国家和地区1997—2001 年的水足迹进行了计算，首次较系统地报道了各个国家（地区）的水足迹及因贸易产生的国家（地区）间虚拟水流，并初步分析了水足迹与国民收入、气候、消费结构、作物产量等的关系。Mekonnen M. M. 等（2011）对全球主要作物产品与主要畜禽产品水足迹进行了计算，这项研究是目前对作物产品和动物产品水足迹最为综合、详细的报道。也有学者将水足迹应用到饮食结构中，分析饮食结构中所隐含的水足迹。Vanham D. 等（2013）核算了奥地利不同饮食结构下的水足迹，分为四种饮食模式，即现有饮食模式、健康饮食模式、素食模式、素食与健康饮食相结合模式。

综合来看，目前水足迹的计算主要有 4 种方法：自下而上求和法；自上而下法；基于生命周期评价法；投入产出分析法（Input-output analysis，以下简称 IOA）。由于各个国家和地区都有相对完善的不同时间序列的投入产出表，因此投入产出分析法在水足迹和虚拟水贸易的计算和评价中得到越来越广泛的应用。

程国栋将虚拟水作为水资源安全新思路介绍到中国，自此，在虚拟水核算、虚拟水贸易和水足迹计算方面越来越多学者开始进行研究。在我国水足迹研究主要集中在水足迹计算和影响因素分析上。我国学者应用 IO 法对水足迹的研究集中在对外贸易和内部消费两个方向。王艳阳等（2013）核算了中国水足迹，发现区际间人均水足迹差异很大，经济发达地区如南方和沿海地区拥有较高的人均水足迹、较低的水足迹强度和较高的水资源利用效率，西北地区则拥有较低的水资源利用效率。王晓萌等（2014）对中国产业部门水足迹演变及其影响因素进行了分析，发现中国各行业完全水足迹强度呈现下降的趋势，并总结引起水足迹强度降低的主要影响因素包括：节水技术的发展、节水管理政策的完善、产业间的经济联系增强。檀勤良等（2021）采用投入产出模型核算了我国各省份间的净虚拟水流量，并通过关联分析及量化的风险指标表征了虚拟水流动对输入地区的风险缓解与输出地区的风险增加作用。魏怡然等（2019）基于多尺度投入产出分析模型对 2012 年北京市虚拟水消费及贸易情况进行了核算与分析，发现消费型水足迹远大于生产性水足迹。另外也有研究对水足迹的主要影响因素进行了分析。研究表明影响区域水足迹的主要因素有万元增加值用水、GDP、工业用水水平、人均肉类消费、灌溉面积、总人口、居民饮食结构的变化和第二产业的比重等（王倩，等，2021；张凡凡，等，2019）。我国水足迹研究在理论和方法上正在不断完善。

总的来说，国内外学者对水足迹的研究主要集中在从区域、产品等不同角度计算水足迹，比较水足迹的时间和空间差异，分析水足迹的影响因素，水足迹与农作物产品结构、动物产品结构的关系，水足迹与消费模式的关系，水足迹与生态补偿等，这些研究从一定程度上揭示了经济发展水平、消费模式等与水资源利用之间的相关性。通过水足迹研究，确定了人类水资源需求的组成、地区差异和动因，为水资源管理指明了方向。

虚拟水概念有两个实际方面的应用：虚拟水贸易和虚拟水消费。虚拟水概念的提出，为人们对水资源保护和水资源安全的研究提供了一个新的思路。陆续有学者在此基础上提出“虚拟水贸易”这一概念。国内对于虚拟水贸易的探讨主要集中在如何通过进出口贸易的方式进行水资源的合理调配，研究方向包括虚拟水产品的量化、虚拟水战略与粮食安全、虚拟水贸易背后的经济学原理，以及虚拟水贸易在经济政策方面的应用等（朱启荣，等，2016）。

虚拟水贸易的理论基础包括资源替代理论和比较优势理论。资源替代论是指外部的资源替代自身资源、较高层次的资源取代较低层次的资源所起的作用（姚志君，2004）。水资源在人类社会经济发展中的作用是无法替代的，但就区域或者国家个体来说，水作为一种资源同样具有可替代性。缺水地区可以通过跨地区调水，用其他地区的水资源来替代本地区的水资源。更高层次上，缺水地区可以通过虚拟水贸易直接获得需要用水资源进行生产的产品，从而替代参与生产的那部分水资源。事实上，这种替代已不再是资源本身的替代，而是资源功能的替代。比较优势理论认为，各国或区域在要素禀赋上存在的差异，使得生产投入要素价格也存在差异，进而用导致生产成本和产品价格的差异来解释了国际或区域比较优势的差异（马惠兰，2004）。

水资源利用、优化配置及节水型社会建设，已从传统的水资源供给管理、技术性节水，发展到结构性节水和社会化需水管理阶段。虚拟水战略对于提升区域水资源生产力、突破干旱和半干旱地区水资源制约具有重要意义（Dalin C.，et al.，2012；程国栋，2003）。传统水资源配置手段不能解决水资源短缺的结构性问题，所以未来的水资源管理应该结合虚拟水战略制定策略（Carole D. 等，2015；Allan J. A.，1997）。区域产业结构和虚拟水贸易结构可以看作“原像”和“镜像”的关系，产业结构是客观存在的“原像”，虚拟水贸易结构是产业结构反映的“镜像”（张洁宇，等，2016）。因此，虚拟水战略即是产业层面上的水资源优化配置，虚拟水战略的经济含义体现为水资源在不同经济部门间的有效配置，以及引起的产业结构优化调整。

水资源管理对虚拟水战略的研究应用主要集中在虚拟水核算、虚拟水贸易、粮食安全及生态补偿等领域（邢莹，2016；Konar M.，et al.，2011；Zimmer D.，et al.，2003；王新华，等，2005）。许长新等（2011）研究了资源约束下虚拟水战略的实施目标，从节水效应及经济价值两个角度阐释虚拟水战略的经济学内涵，从技术层面、产业层面及区际层面分别构建数理分析模型，论证虚拟水贸易如何促进缺水地区的经济增长。朱启荣等（2014）对中国进出口贸易的虚拟水强度、虚拟水流量及调整进出口贸易结构的节水效应进行定量分析。曹涛等（2018）基于2012年京津冀地区投入产出表及生产用水量构建跨地区虚拟水核算模型，核算隐含在经济贸易中的虚拟水总量及各地区各部门的直接用水系数、完全用水系数和乘数系数，剖析各部门虚拟水进出口情况，识别重点耗水部门，探索部门间的水资源关联性。

近年来，研究主要集中在应用多区域投入产出模型（MRIO）研究虚拟水贸易。多区域投入产出模型的优势在于不只能测算一个国家或地区的虚拟水贸易流向及规模，还能具体测算多个国家或地区之间虚拟水的流动。相关研究基于MRIO模型测算了地区间虚拟水贸易流动，发现虚拟水的实际流动方向与预期方向（从丰水地区流向缺水地区）相悖，究其原因在于经济、社会等非水资源因素的影响（Zhang Yali，et al.，2017；White D. J.，et al.，2015；Zhang Chao，et al.，2014；Feng Kuishuang，et al.，2012）。Guan和Hubacek（2007）采用MRIO模型核算我国南北方的虚拟水流动量，指出水资源估价过低是导致水资源不可持续利用模式的重要原因。王勇（2016）和王雪妮（2014）分别利用MRIO模型对我国区域间贸易隐含虚拟水的转移进行了测算，发现我国区域间贸易隐含虚拟水转移也存在贫水地区“反哺”富水地区的现象。王连芬（2012）对长江中下游五省41个部门的虚拟水贸易进行测算，发现省份间农产品的虚拟水流动存在较大差异，提出各省份应调整进出口、优化产业结构和布局、实施虚拟水贸易的综合策略。

虚拟水战略在农业方面有着广泛的应用。近年来，我国粮食进出口以及区域间的粮食流动对水资源的影响研究逐渐成为热点。研究人员通过分析隐含在粮食中的虚拟水，研究农业虚拟水在全球的流动格局，以及通过粮食虚拟水贸易对水资源节约的贡献（Carole D.，et al.，2015；Rulli M. C.，et al.，2013；Konar，et al.，2011；Berrittella，et al.，2008）。在我国，钱海洋等（2020）通过运用虚拟水理论，分析了国内农业虚拟水区域间流动格局。邹君等（2010b）分析了虚拟水战略背景下我国农业生产的理想布局模式，提出区域农业生产优势度的概念，对各省农业生产优势度进行了评价。刘宁（2016）通过构建固定效应模型核算京津冀地区农业虚拟水对人均GDP的影响程度，衡量封闭环境下虚拟水的经济承载能力。

虚拟水战略对于提升区域水资源生产力，突破干旱和半干旱地区水资源制约具有重要意义。王海兰等（2011）通过研究发现，传统水资源配置手段只能缓解水资源的供求矛盾，不但不能从根本上解决水资源短缺问题，还可能打破原有的生态平衡，可操作性和可持续性极强的虚拟水贸易，就成为解决水资源短缺的必然选择。程国栋等（2006）指出，虚拟水是一项适合干旱半干旱地区作为保障水资源安全采用的战略工具，通过进口虚拟水可以减轻本地区水资源的压力。汪党献等（2002）通过研究提出，虚拟水战略可作为跨流域调水的补充，在保障缺水地区水安全方面发挥重要作用。崔彦朋（2013）综合考虑产业关联度和产业用水指标，提出基于虚拟水贸易的区域产业结构调整方案，并分析了虚拟水对于价格的敏感性。王振宙（2012）分析了虚拟水贸易对民勤地区种植业结构调整的影响，测度了民勤主要农产品及其加工产品的虚拟水含量，最后模拟分析了不同情形下实施虚拟水贸易战略的经济效益。鲁仕宝等（2010）通过运用虚拟水理论对缺水地区进行研究，提出虚拟水可以作为一种调节手段，增加缺水地区的水供给，保障水安全和粮食安全。严立冬等（2011）通过运用“虚拟水”理论与“粮—水”协调度，分析了国内农业虚拟水区域间流动格局，提出了虚拟水生态资本权益补偿的水资源区域管理政策，通过“区域虚拟关税”模型的建构，对区域虚拟水生态资本权益补偿问题进行了探讨。尚海洋等（2015）利用部门水效益分析了虚拟水由农业（种植业）部门向二、三产业转移的三种情景下产生的净效益及创造的社会就业机会，刻画了实施虚拟水战略的重要理论意义。徐中民等（2013）提出了虚拟水战略下缺水地区水资源利用的“三元”模式及水资源可持续利用与管理的解析框架，论证了甘肃河西干旱区张掖市当前采取的生态经济之路就是在实施虚拟水战略。

尽管虚拟水战略是从水资源需求管理角度解决水短缺问题的重要创新，然而作为多种要素约束下经济系统中的策略，其实施过程中要综合考虑多种因素。在实证研究方面，国内学者大多通过量化虚拟水侧重分析实施虚拟水战略对于水资源的影响，往往忽略了虚拟水战略实施对区域经济发展的作用。目前的研究主要集中在虚拟水及水足迹的计算方法和分析，缺乏具有结合地区实际情况和指导意义的虚拟水战略应用研究，而且普遍都是比较笼统的结论，如何将农业用水向二、三产业用水转移，以及转移对社会经济的影响研究较少。另外，虚拟水贸易理论自身也存在着一些局限性，虚拟水贸易理论只是从水资源禀赋方面揭示了农产品生产成本的比较优势，而影响农产品国际贸易的因素很多（如土地与劳动力禀赋、经济利益、粮食安全等），所以不能将水资源禀赋视为影响农产品国际贸易的唯一因素（朱启荣等，2016）。因此在探讨利用农产品虚拟水贸易节约水资源时，需要综合考虑贸易品的虚拟水含量、贸易品产区的水资源丰裕程度、土地与劳动力要素禀赋、比较效益与国家粮食安全等因素。

2.6 水资源-社会经济系统集成模型研究进展

水资源系统是社会经济系统的重要组成部分，其产生的影响会波及社会经济系统中的其他部门，因此水资源需求管理政策的制定和实施应充分考虑其社会经济影响。目前水资源-经济社会系统集成模型发展呈现系统化和动态化，主要有数据包络分析模型（Data envelopment analysis，DEA）、系统动力学模型（System Dynamics，SD）、指标评价模型（Analytic Hierarchy Process，AHP）、投入产出模型（Input Output，IO）、部门均衡分析模型（Partial General Equilibrium，PGE）、可计算一般均衡模型（Computable General Equilibrium，CGE）等。DEA模型主要用于分析水资源的利用效率及水资源目标优化。SD模型在刻画社会经济系统的水资源需求尤其是情景设计方面具有优势。AHP指标评价模型在社会经济系统的水资源承载力评价方面应用广泛。投入产出模型对分析产业用水的拉动因素与分解作用具有一定优势，但相关分析是静态分析，并且对价格分析不灵敏。与其他模型相比CGE模型分析了整个社会经济系统的生产、分配、交换与消费各个环节的用水及优化，系统刻画了水资源在社会经济系统的循环。但CGE模型由于受投入产出数据尺度的制约，主要集中在国家、省区尺度开展水资源-社会经济相关研究分析。

2.6.1 水资源投入产出模型

投入产出方法及其技术是综合研究国民经济各部门投入产出之间相互依存关系的一种数量分析方法，自产生以来，在社会、经济、环境领域得到了广泛应用。投入产出模型已被引入到水资源研究领域，扩展成水资源宏观经济模型技术、水资源投入产出技术，为水资源开发利用评价及合理配置提供了坚实的技术保障（严婷婷，等，2009；汪党献，2002）。

建立节水型的产业布局和结构已成为当前及未来我国解决水资源危机的根本途径。节水型产业的识别应从部门用水对水资源数量的边际效应及潜在指标加以综合评判，即反映出部门用水对水资源耗竭直接以及间接的影响。为更好地量化分析经济部门对水资源的影响，节水型产业结构研究中越来越多地应用投入产出模型。投入产出模型独特的关联分析优势为研究提供了量化的手段，基于投入产出模型的分析目前已成为评价节水型社会产业结构的有效手段。

对于水资源缺乏的地区，应统一考虑经济调整与经济发展对水资源需求量的影响，将水资源使用与社会经济发展的投入产出结构联系起来，探讨水资源效益的合理分配问题。水资源经济学重视水资源供需变化规律和水资源可持续发展与社会经济可持续发展之间关系的研究，因而水资源投入产出模型应用也相应集中于部门用水特性及关联分析、水资源配置分析和水价分析等方面（Amold，等，1990）。

在水资源利用和分配问题方面，Carter 等（1971）提出利用地区间投入产出模型研究美国 California 和 Arizona 两州对 Colorado 河河水的利用和分配问题。Chen 等（2007）将投入产出分析与目标规划相结合，提出水资源优化配置，对该供水区能否满足 2020 年用水需求做出预测。Kathleen 等（2009）建立了宏观经济水资源投入产出分析模型，计算出了直接用水系数、完全用水系数等，结果显示从供给角度考虑水资源的合理配置更有优势。蔡国英和徐中民（2013）针对干旱地区的水资源短缺问题，建议分清行业直接耗水和间接耗水，并给出了水资源与其他行业之间的数量关系，从理论和数量指标上说明了水资源的基础地位。张信信等（2018）分析了黑河流域产业部门间的虚拟水转移及关联效应。有学者在对水资源配置现状进行投入产出分析的基础上，设计不同的方案预测未来水资源使用和国民经济总产值的变动（杨蕾，2008；徐丽娜，等，2004）。

在水资源利用效率方面，国内学者主要基于投入产出模型分析产业直接用水系数、完全用水系数等开展水资源的直接与间接消耗分析部门用水效率。陈锡康等（2003）创新性地提出了投入占用产出模型，编制了中国 1999 年水利投入占用产出表及九大流域水利投入占用产出表，并计算和比较了用水系数及特性，为各流域和全国范围内的水资源调配提供了极有价值的参考。倪红珍等（2011）建立全国水资源投入占用产出模型，计算了我国 51 个部门的用水效率和效益指标，将单位用水产出的增加值大而单位产出增加值的完全用水消耗少的部门定义为用水效益和用水效率高的部门，并建议发展该类产业。王凤婷等（2020）测度了北京市社会经济系统部门的用水效率，利用结构分解分析模型探究了社会经济系统用水量变化驱动因素。在水资源价格研究方面，主要集中在水资源影子价格的计算上。陈锡康等（2005）给出了考虑水资源本身价值后的价格和完全均衡条件下影子价格的定量计算方法。刘秀丽等（2014）利用投入产出分析和线性规划相结合的方法，首次计算了中国九大流域生产用水和工业用水的影子价格。部分学者在黄河流域通过投入产出表数据与模型探索了水价改革、水权交易等水资源市场调控策略（郭菊娥，等，2004；邢公奇，等，2003）。

国际上投入产出法被较早运用在虚拟水贸易研究中，比如 Velazquez（2010）运用投入产出模型研究了西班牙 Andalusia 地区分部门的直接和间接虚拟水消费，指出了虚拟水消费最多的部门。他还运用投入产出方法分析了该地区的虚拟水贸易状况，发现每年 90%的水资源消费来源于农业，超过 50%的农业虚拟水出口，据此提出要减少该地区的农产品虚拟水出口。国内方面，朱启荣等（2014）基于虚拟水贸易理论，利用 2010 年的中国投入产出表与 44 个行业数据，对中国进出口贸易的虚拟水强度、进出口结构、外贸中的虚拟水流量与调整中国进出口贸易结构的节水效应及方法进行了定量分析。蒋雅真等（2015）运用投入产出方法对资源节约和环境保护潜力的进口贸易部门进行辨析，发现货物进口贸易对缓解中国资源环境压力起到了积极作用，通过合理地扩大进口，优化进口贸易结构，能进一步发挥进口贸易规避国内资源能源消耗和污染排放的重要作用。黄敏等

(2016) 通过投入产出及IO-SDA等方法分解分析变化的影响，发现真实用水系数和真实中间投入技术是虚拟水贸易变化的主要负向因素，进出口贸易结构的影响在不同部门间存在较大的差异，而且直接用水系数和中间投入技术分解出的结构效应都不明显，中间投入进口比率效应也不明显。王红瑞等（2007）通过对各类农作物历年的虚拟水含量及其结构变化的研究，再基于投入产出方法对北京农业虚拟水贸易进行了计算分析后发现，近年来，北京地区粮食作物虚拟水总量持续减少，经济作物虚拟水总量却呈上升趋势。张宏伟等（2011）基于投入产出方法分析比较了2007年我国第一二产业中各行业水资源的直接消耗、完全消耗和间接消耗，研究我国各行业间水资源消耗的间接拉动，发现农业和基础工业是主要的用水来源，减少消费端的物质消费是减少资源消耗的最终途径，仅仅考虑调整产业结构只是将资源消耗大的行业进行了区位上的转移。

为了更深入地分析水资源需求的结构变动影响因素，学者基于投入产出的分解分析模型（Structure Decomposition Analysis）开展了产业结构与产业用水量变化关系的定量分析、产业用水效率的分解分析、结合空间计量模型开展水资源利用效率的空间格局变化影响因素分析等。基于投入产出模型的SDA由于能够深入分析最终需求、产业结构及投入要素的内在联系，因此得到了广泛的应用。SDA方法之所以会受到学术界青睐是因为它主要研究了经济增长的变动因素，包括经济的增长，产业技术结构，劳动需求，对外贸易等，通过对水资源变动的驱动因素进行分解，可以看出水资源管理所处的阶段，其中直接用水系数反映了节水技术因素，完全需要系数反映了产业关联（间接拉动力影响）因素，最终需求代表了虚拟水战略的社会化管理因素。SDA方法克服了传统的IO模型无法处理的动态变化，成为投入产出分析领域研究的新热点。

国内外研究表明通过嵌入水资源要素的投入产出表是厘清流域产业用水变化驱动因素解析的数据基础，是以设计产业转型方案为契机实现水资源的市场配置的关键参数，也是服务于流域未来社会经济综合情景设计对水资源的利用、配置及管理政策等研究的重要数据支撑。基于投入产出技术的宏观经济发展模块是水资源与社会经济协调发展多目标优化模型的基本模块。投入产出技术在描述物质生产与流通方面能力突出，但其本身的特点也决定了模型存在两方面的不足。一是投入产出技术缺乏对宏观政策的研究与把握，特别是随着经济全球化的深入，经济领域的宏观政策将会越来越多地发生，这类政策往往时效短、强度大、预期性差，现有的模型中不能反映这类政策的效果（例如导致水资源约束失效、经济发展模式突变等）；二是当经济系统恰逢转型期或受外界扰动时，技术进步和经济结构发生剧烈变动，模型的基本假定有可能导致较大的误差。上述两方面的不足要求未来模型应具有政策敏感性分析功能，以获得宏观经济政策或其他指标变化对经济系统的影响。

2.6.2 可计算一般均衡分析模型

规划模型与系统动力学模型主要侧重于大的子系统间的资源配置，而投入产出技术在描述水资源生产与流通环节转移方面能力突出。但由于模型本身是线性的，其对宏观政策反应不敏感（于浩伟，等，2014）。与其他模型相比，CGE模型系统地综合整个社会经济系统的生产、分配交换与消费各环节的用水及优化，具有局部均衡分析不可比拟的优势（Jiang Li，et al.，2014）。

一般均衡理论最显著的特征是全面考察某个经济系统中各种商品和生产要素之间的供需关系。由于任何一组给定的经济结构只能满足一种稳定的均衡状态，因此，经济系统中某一个部分变化都会波及或影响整个系统而对相关的其他商品或要素的价格、数量产生一定的影响。一般均衡理论就是考察由于供求关系不均衡而导致价格变动，从而促使供求趋于平衡的运动过程，不同于计量模型，CGE 模型以经济学理论为基础，把经济系统中的经济主体、商品和生产要素等通过价格系统连接到一起，一方面可以客观描述经济系统中市场的主观能动作用，另一方面又可以真实刻画经济体中各个部门之间的联动关系（高颖，李善同，2008）。经典的 CGE 模型已经被成熟地应用到税收、公共消费、技术变动、环境政策和贸易等领域。

可计算一般均衡模型（CGE）认为经济主体具有自发适应能力，并将宏观经济系统看作一个整体，采用数学方法描述经济系统的内部运行过程，通过情景设计可以模拟由于系统内主体行为或政策变量变化的影响，因此被引入环境政策评估，同样可以用于水资源适应对策影响模拟（Reo T. L.，et al.，2006）。自 20 世纪 90 年代初，模型逐渐被引入到水资源问题研究中，处理方法主要包括：将水资源问题外挂于社会核算矩阵、将水资源的相关企业作为产业部门内置于社会核算矩阵和将水资源作为一种基本生产要素内置于社会核算矩阵。

与其他经济模型方法相比，在分析包含环境和资源要素的经济问题时，CGE 模型有其特点和优势：①价格内生由市场决定；②商品和要素的供求平衡由一般均衡理论决定；③供求方程分别基于生产者利润最大化和消费者效用最大化原则确定；④通常为部门非线性模型，且包含资源约束条件。由于上述特点，CGE 模型既能弥补局部均衡模型对经济体中部门、市场之间相互影响分析的不足，也能弥补线性规划模型不能将价格机制引入模型的缺陷；相对于计量分析依赖于历史数据，CGE 模型具有更大的灵活性。

CGE 模型作为水-经济社会系统集成分析工具在国内外资源环境和税收政策方面有着广泛的应用。目前，应用于水资源研究的 CGE 模型一般都从比较成熟典型的 CGE 模型发展而来，包括单区域 ORANI-G 模型、全球尺度的 GTAP-W 模型以及多区域 TERM-H2O 模型等（Wittwer G.，2013；Calzadilla A.，et al.，2011；Horridge M.，2000）。在水资源领域，CGE 模型可以很好地分析大型水利工程对经济、社会甚至文化和政治等方面的各种内生影响，同时也可测算在众多约束条件下的水资源影子价格并模拟水权交易市场，还可以用于分析区域、全国乃至世界范围内的水资源短缺及配置、水患与可持续发展等多种问题。

CGE 模型的研究范围涵盖水价、水资源配置、水市场与水权交易、用水效率以及水环境研究等方面。在水价研究方面，主要探讨整体水价或单一部门水价提升对区域水资源保护、分配、效率及社会经济的影响，基本结论是水价对国民经济造成负面影响，而对水资源利用效率提升具有积极作用（刘宇，等，2016；Ruijs A.，et al.，2009；Heerden J. H. V，et al.，2008；严冬，等，2007）。在水资源分配政策研究方面，多关注农业用水减少及“农转非”对农业生产及社会经济的影响，尽管农业生产受到一定的影响，但农业用水向非农部门转移能够促进地区经济增长，并提高居民福利（Wu Feng，et al.，2014；Palatnik R. R.，et al.，2012；Hatano T.，et al.，2006；Rosegrant M. W.，et al.，2002；冈川，等，2001）。水资源利用效率方面的研究发现，农业灌溉用水效率的提升对农业生产具有积极影响，导致农业用水量下降（Philip J. M.，et al.，2015；王克强，等，2015；Calzadilla A.，et al.，2010），然而，也有研究发现农业用水效率提升会产生技术回弹效应，导致用水量进一步增加（Wu Feng 等，2014；Löschel A.，2002）。研究人员利用新版 GTAP-W 模型分析了提高灌溉效率对全球范围经济体系的影响，发现致力于提高缺水地区灌溉效率的政策并非对全部地区都是有利的，对于缺水地区而言，该项政策所带来的福利几乎总是正的，但对于水资源并不缺乏的地区而言，其影响却很复杂，并且多数情况下都是负的。但对于全球尺度来说，实施提高灌溉效率措施的地区越多，整体福利的增加也就越多（Calzadilla A.，et al.，2010）。另外，CGE 模型在水市场、水资源税等水资源管理政策方面的应用也比较成熟。Llop M. L. 等（2012）研究了水资源税政策、水量政策对西班牙地区经济的影响以及水资源管理政策的优缺点。Berrittella M. 等（2008）研究了水资源税的征收对全球各国经济的影响。Diao Xinshen 等（2008）研究发现水市场的建立不仅能改善水的分配状况，而且能减少贸易改革对经济的不利影响。在水环境研究方面，陈雯等（2012）构建了基于中国水污染治理的动态 CGE 模型，对水污染政策进行了评估。高阳（2016）将水污染净化服务作为与劳动、资本并列的生产要素，构建了 ES-CGE 模型，探讨北京市水污染净化对社会经济发展的影响。

增加对区际经济关联的刻画，是多区域 CGE 模型区别于单区域模型的主要特点，通过对商品和要素在地区间的流动进行刻画，能更好地分析政策在区域之间的差异以及溢出效应。目前应用成熟的多区域 CGE 模型主要包括澳大利亚的 MMRF 模型和 TERM 模型。MMRF 模型包含 8 个洲，40 个部门（Adams P. D.，et al.，2013）。TERM 模型是在 MMRF 模型的基础上扩展而来的，包含 57 个地区，最早被用来研究干旱对澳大利亚经济的影响（Horridge M.，et al.，2005）。我国基于多区域 CGE 模型的水资源研究起步较晚，目前应用研究较少，主要集中在水资源费及农业用水效率政策分析上，多以流域省级尺度开展研究，分析水价改革或水资利用效率提升对区域社会经济影响的差异。王克强（2015）基于多区域 CGE 模型对中国农业用水效率和水资源税政策进行了模拟，模拟结果表明：农业用水效率的提升可以节约各区域的生产用水量，并且有利于经济增长；对农业部门征收水资源税的政策也可以节约各区域的生产用水量，但是不利于经济增长；从节约生产用水量与促进经济增长角度来看，与水资源税政策相比，农业用水效率政策的效果更好（赵永，等，2015；李娜，2010）。

用 CGE 模型分析与水资源相关的国际贸易问题，必须考虑虚拟水。GTAP 模型是研究全球范围经济问题的理想 CGE 模型。Berrittella M. 等（2007）在 GTAP 基础上提出 GTAP-W 模型来研究国际贸易下水资源稀缺性问题，尤其是分析了隐含在商品中的虚拟水。后来他们又在 GTAP-W 模型中专门设立水资源生产部门，水资源被作为一种中间投入品进入生产过程。模型分析了国际贸易中的虚拟水及由此导致的福利变动等，且专门分析了地下水减少的多重影响。Calzadilla A.（2011）利用 GTAP-W 分析了灌溉用水效率提升对节水以及对居民福利的影响。Diao Xinshen 等（2011）研究了建立水市场对国民经济的影响，结果表明，建立水市场不仅能改善水的分配状况，而且可以减少贸易改革对经济的不利影响。虚拟水问题既是水资源的理论问题，也是 CGE 模型急需充分考虑的问题，但总体说来，目前运用 CGE 模型分析虚拟水问题的研究并不多。

将水、土资源作为生产要素纳入水-社会经济模型，使其具有价格属性，为水权、水价等水市场机制在水资源调控方面的作用研究提供了可能，是目前普遍的做法。Hassan 等（2015）将灌溉用水作为生产要素，非灌溉水视作中间投入，并假设灌溉水只提供给灌溉部门使用。Hatano 和 Okuda（2006）研究了中国黄河流域水权交易对流域用水效率的影响，对比模拟了基于用水效率不变和提高条件下的水权交易，结果表明水权交易能够提高水资源利用效率。陆平（2015）构建了中国水资源多区域 CGE 模型，将水资源及水污染作为要素纳入模型，模拟分析了工业源水污染物排污费、区域水资源费及区域间水权配置政策对区域经济的影响。Wu 等（2014）构建了嵌入水土资源要素的流域社会经济系统模型，模拟未来不同社会经济发展情景下的产业需水，以及水资源管理政策对水资源需求的影响。

CGE 模型在水资源应用中趋于耦合其他模型，例如，通过嵌入农业灌溉用水模型探讨水价对灌溉用水及其他生产用水的影响（赵永，2010）；结合代理人模型评估水资源政策的微观响应机制（Ding Z.，et al.，2016；Smajgl A.，et al.，2009）；结合气候变化模型分析未来气候变化对社会经济用水的影响（吴锋，2015；李浩，2008）。CGE 模型在水资源研究中与其他模型的耦合，尤其是自然模型和微观个体模型的耦合，能够有效克服模型与自然环境要素的脱节，剔除社会经济中具体微观行为刻画的缺点，逐渐成为未来研究热点。

尽管 CGE 模型在水资源方面的研究已经比较成熟，但仍存在着一些不足。一方面，现有模型较少考虑农业部门和非农部门间的水价差异，大部分模型要么将农业部门和非农部门的用水价格实行均一化处理，要么直接利用 CGE 模型计算不同部门用水的真实价值差异；另一方面，已有模型极少关注农业部门和非农部门的用水需求弹性差异，事实上，农业部门的用水需求价格弹性一般低于非农部门，因而需要对农业用水需求弹性进行单独测算。另外，未来应该进一步对行业和区域进行细分，考虑农业内部以及区域之间的异质性特征。总体来说，未来的模型研究应该实现模型的精细化、动态化、多国多部门化，同时要精细化模型参数，对关键参数进行计量分析，如不同部门的产出弹性及替代弹性等。

第 3 章 黑河流域概况

3.1 地理概况

黑河是我国第二大内陆河，流域总面积为 14.29 万平方千米，发源于青海省祁连山北麓冰川，流域东与石羊河流域相邻，流经青海、甘肃、内蒙古三省，汇入中蒙边界的东、西居延海（卢玲，程国栋，2001）。黑河流域以莺落峡与正义峡为界，莺落峡以上为上游，海拔较高，在 1400~5271m 之间，地势高寒，气候阴湿，降水相对充沛，年平均降水量为 200~700mm 之间，并有常年积雪与冰盖，黑河来水主要是上游的冰雪融水。正义峡以下为下游，主要覆盖内蒙古阿拉善盟额济纳旗地区，中游是甘肃省张掖平原绿洲。整个黑河流域的地貌形态和自然环境呈现出多样性特征，景观梯度性明显（图 3.1）。上游为祁连山水源涵养区，中游为人工绿洲和黑河湿地，下游主要是荒漠戈壁，整个流域内冰川雪山、森林草原、荒漠戈壁、湿地绿洲等地貌交相辉映。黑河流域覆盖的主要行政单元包括上游的青海省祁连县，中游主要位于甘肃省张掖市（高台县、山丹县、民乐县、临泽县、肃南县、甘州区）以及金塔县、肃州区和嘉峪关市，下游为内蒙古额济纳旗县。上游祁连山地年平均气温不到 2℃，人口稀少，森林植被较多，以发展畜牧业为主；中游平原绿洲，光热资源丰富，年平均气温为 7℃，是流域主要的农业区，集中了黑河流域 92%的人口，83%的国民经济和 76%的国民经济耗水量；下游的额济纳虽然面积较大，但大部分为沙漠戈壁，气候较为干燥，生态环境脆弱（王根绪，程国栋，1999）。

20 世纪后期，随着气候的变化、经济的发展、人口的增长，加之开发失度，黑河流域也曾一度出现了水资源紧缺、土地沙化、生态失衡的危机，特别是下游内蒙古额济纳旗的“沙漠卫士”胡杨林大片干枯死亡，草场沙化，沙尘暴肆虐，危及西北乃至全国的生态安全，该流域严重的生态问题引起了党中央、国务院的高度重视和社会各界的广泛关注。为了遏制黑河下游的生态恶化，2000 年起实施黑河分水，增加了向下游的调水量，正义峡每年向下游下泄水量 9.5 亿 m^3。黑河分水给张掖市的绿洲农业带来了严峻的考验，导致可用水量从分水前的近 9 亿 m^3 减少至 6 亿 m^3 左右，张掖绿洲人均水资源量减少至 1190 m^3，每公顷水资源量减少至 7665 m^3，分别只有全国平均水平的 57%和 29%。

为了缓解黑河中游的水资源紧张局面，2002 年起，水利部确定张掖市为全国第一个节水型社会建设试点，试点期 5 年。节水型社会建设试点的目标，一是保证黑河流域近期治理规划目标的实现，保障黑河分水方案的实施；二是促进张掖市经济社会发展，提高人民群众的生活水平，促进生态环境保护与改善。节水型社会建设试点的内容主要有：建立水权制度，推行“总量控制，定额管理”的水资源管理；调整农业种植结构，建立与节

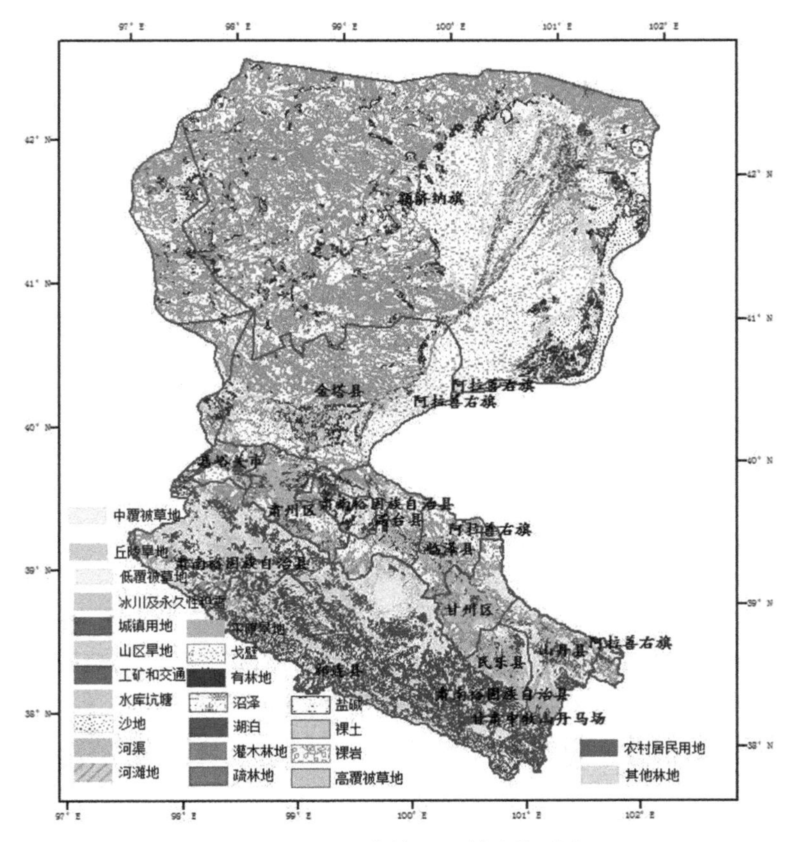

图 3.1 黑河流域土地利用类型图

水型社会相适应的产业结构和经济体系；强化基础设施建设，构筑与水资源优化配置相适应的水利工程体系。

3.2 水资源开发利用及管理情况

3.2.1 水资源供给及开发情况

黑河流域水资源总量为 36.8 亿 m^3，其中地表水为 24.84 亿 m^3，山前侧补资源量为 2.65 亿 m^3，降雨补给量为 0.69 亿 m^3。上、中、下游水资源分布情况如图 3.2 所示。水资源的供给分配极不均匀，流域上游山区是水资源的形成区，水量充沛，年降水量为 200~700mm。其中祁连县供水量达到 12.49 亿 m^3，占整个供水量的三分之一。中游地区是整个流域的集中用水区。从水资源供给情况来看，中游地区总供水量为 21.5 亿 m^3，中游内部不同区县供水量差异较大，其中山前灌区供水量较多，沿山灌区供水量较少。下游额济纳供水量仅为 1.48 亿 m^3。

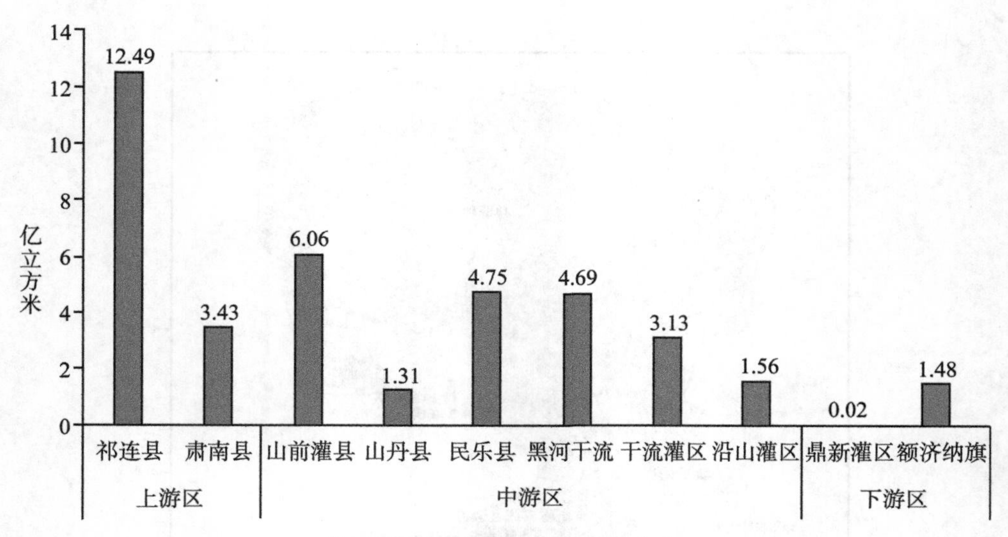

数据来源：黑河流域综合治理规划

图 3.2 黑河流域水资源分布

自 20 世纪 60 年代以来，为满足地方经济社会发展需要，黑河流域进行了大规模的水利工程建设，流域共有中小型水库 57 座，库容达 2.76 亿 m^3，引水工程 96 处，引水能力达到 $270m^3/s$，机电井总共 11076 眼，年提水量 5.8 亿 m^3。水资源开发利用为流域社会经济发展的水资源需求提供了保障。

黑河流域主要依靠蓄水工程、引水工程和机电井工程提供水资源供给。根据黑河流域各地 2012 年水利统计年报，黑河流域 2012 年各类工程总供水量 25.48 亿 m^3，其中地表水供水量 19.36 亿 m^3，地下水供水量 5.78 亿 m^3。图 3.3 为各区县各类水资源供给情况，其中引水工程供水量 13 亿 m^3，占整个流域供水量的 51%，蓄水工程供水量 6.5 亿 m^3，占 25%，机电井供水 5.8 亿 m^3，占到 23%，其余为提水工程供水。

总体来看，黑河流域的水资源开发力度较大，进一步开发潜力有限。从水资源供给方面来满足日益增加的用水需求愈加困难，亟须从水资源管理的需求端发力，来缓解水压力。

3.2.2 水资源利用现状

黑河流域农业用水呈现“一头沉”的特点，根据黑河流域各地 2012 年水利统计年报，黑河流域 2012 年各部门总用水量 25.48 亿 m^3，其中农田灌溉用水量 21.54 亿 m^3，占总用水量的 85%。生态环境用水量 2.36 亿 m^3，工业用水量和生活用水量分别只占 3%，各部门用水量所占比例详见表 3.1。从流域用水量的地区分布看（见图 3.4），用水量主要集中在黑河中游地区，各部门用水总量为 22.82 亿 m^3，占流域总用水量的 90%，其中农田灌溉用水量 20.71 亿 m^3，生态环境用水量 0.90 亿 m^3，工业用水量 0.61 亿 m^3，生活用水量 0.59 亿 m^3；下游区用水量 2.29 亿 m^3，占流域总用水量的 9.0%；上游区用水量

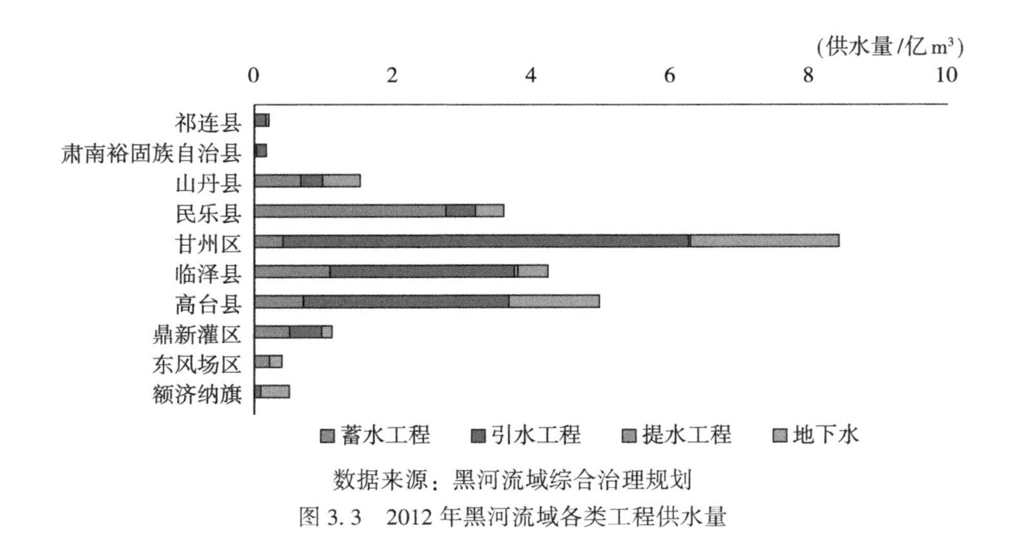

数据来源：黑河流域综合治理规划

图 3.3 2012 年黑河流域各类工程供水量

0.38 亿 m^3，占流域总用水量的 1.5%。

表 3.1 **2012 年黑河流域各行业用水量**

地区	各部门用水量（万 m^3）					
	生活	工业	农田灌溉	人工生态	总用水量	天然生态
祁连县	582	236	1145	106	2069	—
肃南裕固族自治县	334	571	640	180	1725	—
山丹县	841	1950	12465	—	15256	—
民乐县	943	600	34139	265	35947	—
甘州区	2653	2152	76758	2671	84234	—
临泽县	713	614	38209	3421	42957	—
高台县	769	783	45515	2693	49760	—
鼎新灌区	177	125	6080	4835	11217	19400
KJ 基地	271	124	200	2081	2676	1100
X 基地	308	311	204	3135	3958	3300
额济纳旗	165	660	—	4201	5026	65674

黑河流域属资源型缺水地区，区域水资源难以满足当地经济社会发展和生态用水需要。随着社会经济、农业规模与城市化的快速发展，社会经济用水总量也在不断增加。因此，亟须优化流域内部用水结构，促进产业转型发展，提升产业用水效率，既要保证社会经济的可持续发展，又要保障流域的生态需水，尤其是下游额济纳旗的生态需水（石敏

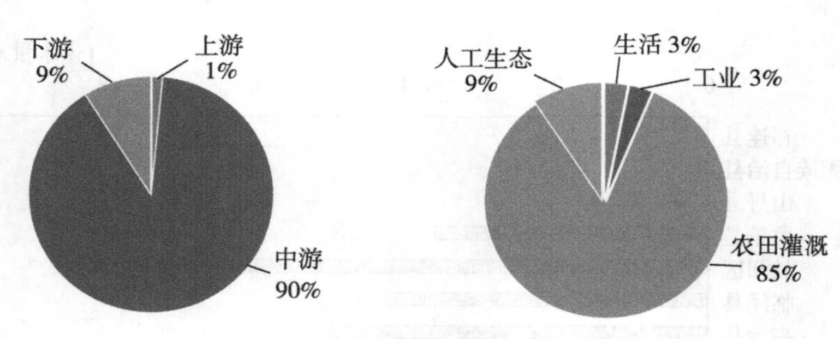

图 3.4　黑河流域上中下游以及各部门用水量比例

俊，等，2011）。根据黑河流域近期治理规划，未来黑河流域水资源利用结构需要进一步调整。包括控制灌溉面积规模，调整产业结构和农业种植结构，发展特色农业和高效农业，构建适应黑河流域水资源条件的产业结构和经济布局。

农业是黑河流域的主要用水部门，其存在巨大节水空间。根据黑河流域水资源利用规划，流域将进一步减少灌溉面积，提高农业灌溉效率，实现农业用水向工业和生态用水转移，各部门的现状需水量和规划需水量如图 3.5 所示。上、中、下游的农业部门需水均会大量减少，其中中游地区农田需水减少 7%，上游农田需水减少 18%，下游直接禁止发展农业，中游和上游的工业用水都将进一步增加。整体来看，未来黑河流域的水资源利用调整方向是进一步压缩农业部门用水，增加生态用水和工业用水。

3.2.3　水资源管理现状

黑河流域的水资源管理主要由地方水利部门及黑河流域管理局来共同管理。黑河流域水资源管理的主要目标是提高农业用水效率，实现农业用水向生态和其他行业的转移。张掖市在 2002 年被确立为节水型社会建设的试点城市，编制了《张掖市“十一五”节水型社会建设规划》和《张掖市节水型社会建设试点方案》，当地政府通过总量控制、定额管理、转变产业结构等手段大力节约水资源，为省际分水的顺利实施做出了巨大努力。节水型社会建设试点的内容主要有：建立水权制度，推行“总量控制，定额管理”的水资源管理；调整农业种植结构，建立与节水型社会相适应的产业结构和经济体系；强化基础设施建设，构筑与水资源优化配置相适应的水利工程体系。积极进行水资源的调节和制度的制定，合理利用市场的带领作用，采取各种措施来解决目前的水资源问题。具体措施包括：

第一，完善水利、渠系设施和推广农田高新节水技术。

第二，调整全区的种植结构和严格执行合理的灌溉制度。在区内产业结构调整，对已有耕地、粮食和高耗水作物面积进行压缩，并增加林草、经济作物和低耗水作物的种植规模。

第三，组建农民用水户协会。由农民通过选举自发成立的组织，管理农业水资源。主要负责管理和维护斗渠以下灌溉设施、监督农户灌溉等工作，在农田灌溉用水的计量、水费的收取等方面起到重要作用。

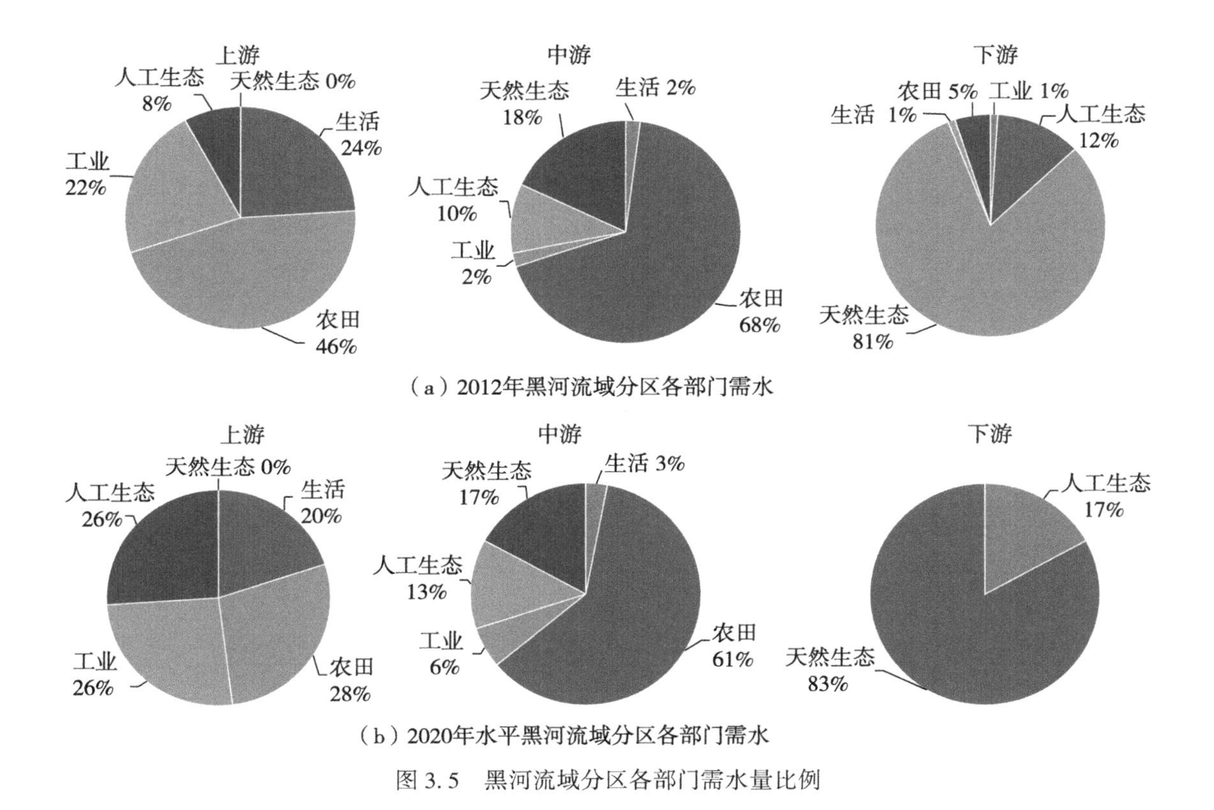

图 3.5 黑河流域分区各部门需水量比例

第四，增加宣传教育力度来培养农民的节水意识。对农业节水进行宣传，使农民积极参与到农业节水中来，同时，对那些愿意采用节水技术的农户进行补贴，使农民在农业节水过程中受益，最终实现节水、增产和高效的目的。

同时制定了《黑河流域干流水量分配方案》，确定了水权交易制度，在节水型社会试点建设过程中，张掖市不断建立和完善水权等相关制度，如对如何控制用水总量和如何确定每亩的用水量即用水定额进行规定；寻求合理的农业用水方案，优化水管理制度，使水管理体系更贴近现实。虽然这一系列的水资源管理政策取得了一定的成效，但是仍存在一些问题。如定额管理制度由于落实不到位，灌溉定额制度配置的定额小于实际用水量，对节水始终没有显著效果（王晓君，等，2013）；用水协会的发展则存在供水不可靠、管理不完善、水利设施恶化、资金不足等问题（Wang，et al.，2010）；农业水价过低，计量方式不合理，导致农业漫灌，水资源浪费现象严重，未来亟须进一步完善水资源需求管理制度，促进水资源的合理配置和利用。

3.3 社会经济发展情况

2012 年，黑河流域总人口为 208 万人，其中农业人口占 65%。流域国内生产总值为 780.8 亿元，对经济增长率贡献最高的仍是第一产业。流域城市化水平不高，工业发展落后，目前仍是全国主要的贫困地区之一。各区县的社会经济发展现状见表3.2。

表3.2 **2012年黑河流域各区县社会经济发展现状**

地区	生产总值（亿元）	农业人口（万人）	城镇化率（%）	年末总人口（万人）	农业产值比重（%）	作物面积（千公顷）
甘州区	115.5	32.9	36%	51.5	26%	61.83
高台县	71.7	13.0	18%	15.9	18%	34.7
山丹县	31.7	15.4	24%	20.2	20%	40.34
民乐县	27.0	21.6	12%	24.5	34%	61.25
临泽县	31.4	12.5	17%	15.0	33%	27.4
肃南裕固族自治县	13.4	2.5	32%	3.7	23%	7.02
金塔县	46.1	7.9	29%	11.0	30%	30.25
肃州区	152.8	22.8	37%	36.1	13%	47.03
嘉峪关市	231.9	1.6	93%	23.3	1%	3.99
祁连县	12.3	3.9	22%	5.0	24%	2.235
额济纳旗	47.0	0.5	69%	1.8	3%	4.512

从人口数据来看，人口最多的是甘州区，年末总人口达到51.5万人，其中乡村人口为32.9万人；其次是肃州区，年末总人口为36.1万人，其中乡村人口为22.8万人。这两个区分别是张掖市和酒泉市的市政府所在地，经济相对发达，所以人口相对较多。上游的祁连县与下游的额济纳旗人口稀少，祁连县仅有5万人口，而额济纳旗只有不到2万人口。黑河流域的城市化率普遍较低，只有嘉峪关城市化率达到93%，其次是额济纳旗，城市化率达到69%，这两个地区人口都较少，不到流域总人口的5%。其他各区县的城市化率都在50%以下，说明黑河流域城市化水平较低，社会经济发展相对落后，还有待进一步提高。

从地区生产总值来看，超过100亿的地区只有嘉峪关市、肃州区和甘州区。其中产值最高的是嘉峪关市，生产总值达到231.9亿元，遥遥领先于其他县市。甘州区和肃州区的地区生产总值分别为115亿元和152.8亿元。嘉峪关市是黑河流域的新兴工业城市，工业产值占总产值的90%，现已发展成了以冶金业为主体，建材、化工、机械、轻纺、电力、食品为辅的工业体系。张掖市开展生态经济战略，近年来大力发展生态旅游业，带动了第三产业的快速发展，已成为推动经济快速转型的主力军。在张掖市产业内部结构中，主要是交通运输及仓储业、批发零售业商业、公共管理和社会服务业、金融业以及教育等行业的发展占据主要地位。

黑河流域第一产业发展迅速，各县市的第一产业增加值从2001年到2012年增加幅度都较大（见图3.6（a））。甘州区和肃州区第一产业的增加值最大，而且发展也最为迅速，甘州区的农业产值从2001年的10.02亿元增加到2012年的33.17亿元，肃州区的第一产业增加值从2001年的6.83亿元增加到22.83亿元。金塔县的第一产业增加值在2005年为7.35亿元，超过了高台县。临泽在2010年的第一产业增加值为8.84亿元，超过了民乐县。

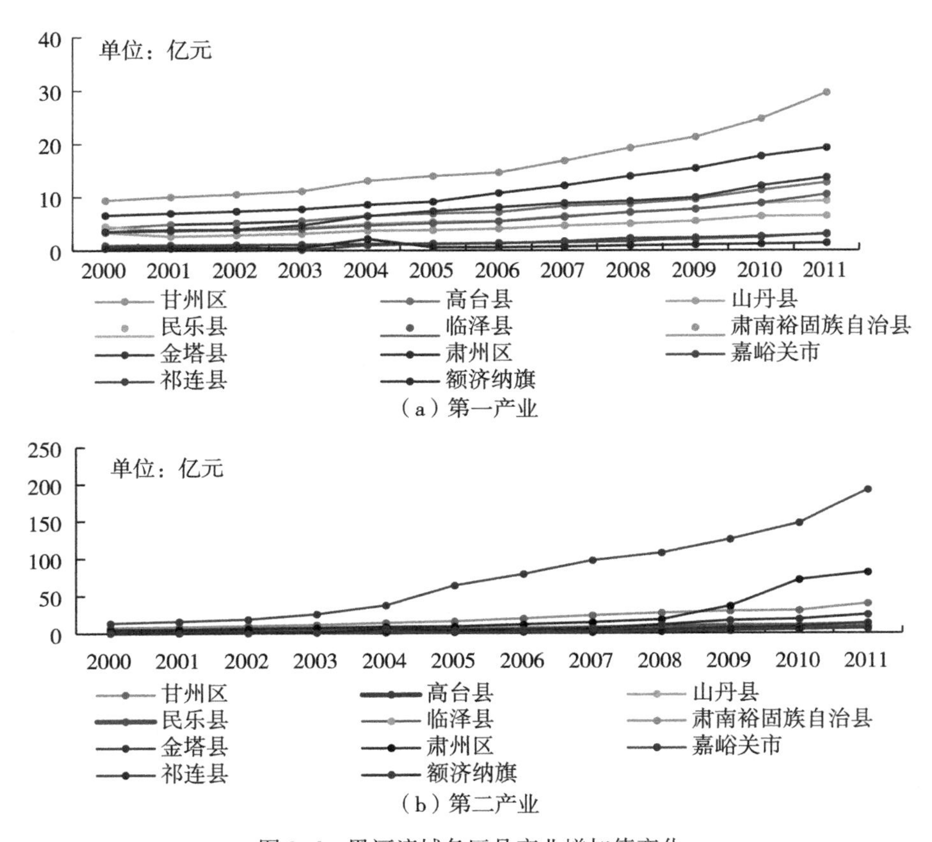

图3.6 黑河流域各区县产业增加值变化

第二产业增加值变化最为显著的是嘉峪关市，2001年第二产业增加值各县市的差距不是很大，但是嘉峪关市从2001年之后第二产业迅速发展，成为黑河流域经济发展的一颗明星，第二产业增加值从2001年的18.83亿元增加到2012年的220.21亿元。其次，肃州区的第二产业增加值从2008年快速增加，从2008年的18.06亿元增加到2012年的22.83亿元。甘州区与额济纳旗的第二产业增加值增加相对较快，甘州区的增加值从2001年的8.03亿元增加到2012年的36.41亿元；额济纳旗的增加值从2001年的0.59亿元增加到2012年的28.19亿元。其他各县市第二产业增加值较低，而且增加速度较慢，有待进一步发展。

黑河流域的社会经济活动主要集中于张掖市，其人口、经济产值、农业用水量都占流域的90%以上。张掖市下辖甘州区、临泽县、高台县、山丹县、民乐县与肃南县。虽地处内陆干旱地区，但是凭借黑河水形成一片绿洲，有着沙漠绿洲、塞上江南的美称，正是因为黑河水有了“金张掖”的辉煌。近些年由于国家分水方案实施，水资源的承载压力不断加大，生态、生产用水矛盾非常突出，很大程度上限制了区域的经济社会发展。2012年张掖市约有121万人口，其中城镇人口近45万人，城镇化率为35.98%，城镇居民的年均收入约1.5万元是农村居民人均收入的2倍，平均来说比低收入国家平均水平低近8%。农业在整个国民经济中一直占重要的比重，全市农业经济特征明显。近年张掖以发展生态经济作为转变经济发展方式的重要途径，开展生态建设、丝绸之路经济带建设与现代农业建设体系。2012年全市国内生产总值约为289.36亿元。同比增长12%，且比2000年的国内生产总值增加了近3倍。产业结构也呈现服务业与工业比例增大的趋势，2012年服务业与工业的比例均达到了36%，而农业比例降低到28%。经调研分析发现区域特色农业的制种玉米由于其经过烘干、包装等过程统计核算计入了工业的特殊制造业部门，为此近年农业产值比例降低，但农业主导地位仍未发生根本的改变。

张掖市城镇化水平低，经济基础薄弱，农业比重大，区县的经济水平差异较大。2012年全市耕地面积为388万亩，粮食播种面积为395万亩，约占中游面积的10%。粮食产量达到了近124万吨，占甘肃省粮食产量的11.17%。特色农业仍发挥主要作用。2012年全市农田灌溉面积为264.20万亩，其中制种玉米种植面积约为100万亩，为区域主要的农业作物，但其播种面积近年受市场影响波动较大。第一产业增加值为81.86亿元，同比增长了7%。然而，张掖市主导的工业产业发电、矿山、铁合金与农副食品加工企业生产总值在GDP占比不断减弱，第二产业产值104.30亿元，而工业增加值约59.84亿元，同比增长了15%，进一步说明区域工业基础薄弱，但是同比增长速度较快。然而，第三产业达到了103.19亿元，几乎与第二产业持平。近年第三产业中旅游产业发展迅速，旅游产业收入占GDP的比重达到了9.3%。

张掖市的区县由于地形及地势、农业基础资源与社会经济基础设施的差异造成了全市区域间的经济差异明显，全市经济近一半产值处于甘州区，区域内甘临高地区的GDP较大，因为其为绿洲核心区。而山丹与民乐为山前平原，区域经济基础薄弱。肃南县是主要草原牧区，人口较少，是裕固族少数民族的聚集地，主要是牧业经济。

张掖市是丝绸之路经济带规划的重要节点城市，近年经济发展速度较快。张掖市地处河西走廊的中部地区，广泛分布戈壁、荒漠与绿洲等自然景观，其是内陆地区通往新疆的咽喉要道。由于其脆弱的生态环境以及人口流动性较强，上游的水资源变化直接影响了中游的生态环境。近年张掖市打造生态城市、大力发展旅游业，积极引进新兴产业，实现了产业结构的转型，2012年流域三次产业结构为28.7∶36∶35.3。自2000—2012年全市的GDP快速增长，最高值在17%左右，最低值为5.44%，2002年是张掖市GDP增长率快速提高的转折点，分析其原因主要是2002年国务院批复其设立地级张掖市。自20002年后张掖市的经济都以大于10%的速度快速发展。2012年全市常住人口120万左右，人口流动特征比较明显。自2000—2012年全市的常住人口的增长率为0.3%。2012年全市社会消费品零售总额95亿元，其中城镇消费约为73亿元，农村消费22亿元，进一步表明了居民生活水平在不断提高。区域基础设施建设落后，金融服务业发展滞后也对区域经济发展产生了一定的影响。

第4章　黑河流域不同尺度水资源生产力评估

水资源利用效率（WUE）和水生产力（WP）评价是指导干旱和半干旱河流流域农业用水管理战略制定的重要依据。研究人员根据管理决策中不同尺度单一类型指标的分析和比较，探讨了效率和生产力在水资源管理中的应用，但对农业水资源相关指标的适宜管理规模的评价和验证却较少。灌溉用水效率具有尺度依赖性已被广泛接受。由于不同管理尺度水资源利用目标的差异，因此需要对不同管理尺度上的 WUE 和 WP 进行综合评价。本章通过计算作物、灌区和县级的 WUE 和 WP 来评估农业区的最佳水资源管理规模。

4.1　水资源利用效率和水生产力评估框架

灌溉农业是全球水资源的主要用户，消耗了约 70% 的总取水量（FAO，2017）。根据联合国报告预测，到 2050 年，水需求预计将增长 40% 以上（WWDR，2017）。气候变化也进一步加剧了干旱的频率和强度，导致过去几十年淡水资源存量不断下降（Gleick P. H.，2018；Huang Jianping，et al.，2016；Grafton R. Q.，et al.，2013；Cai，et al.，2003）。尽管对淡水资源的需求大幅增加，在大多数灌溉农业集约化的内陆河流域灌溉用水的效率仍然很低，水资源管理绩效远不能令人满意（Dalin C.，et al.，2015；Bakker K.，2012；Rosegrant M. W.，et al.，2009）。黑河流域由于水资源稀缺、农业用水量大、单方水产出低，亟须开展水资源管理改革。

WUE 和 WP 是农业用水管理中两个广泛使用的决策指标。它们旨在促进流域水资源的合理分配。WUE 可以表示为有效需水量与用水量之比，更依赖于自然过程，因此可用于作物和田间灌溉用水管理（Levidow L.，et al.，2014；Cai Ximing，et al.，2003；Molden D. et al.，1998）。WP 代表单位水资源的产出或收入，是不同管理规模下较为综合的绩效术语，广泛用于社会经济系统中水资源的优化配置（科马斯，等，2019；Bastiaanssen，Steduto，2017；Kassam A. H. et al.，2007）。这两个术语涉及广泛的学科，包括水文学、灌溉工程、农学和经济学，应用于不同的尺度，包括作物水平、灌溉区、流域到全国（Fan Yubing，et al.，2018；Lee，Jung，2018；Du Yadan，et al.，2018；Torres，et al.，2016；Berbel，Mateos，2014；Heydari，N.，2014）。总体而言，多尺度、多用户的用水效率和水生产力反映了如何从不同角度管理水资源的重要意义，例如，通过技术手段缩小农业产量差距（Blango M. M.，et al.，2019；Du Yadan，et al.，2018），寻求用水的最高经济价值（Araya A.，et al.，2019；Parihar C. M.，et al.，2016；Wang Jinxia，et al.，2016）、灌溉技术更新（Zhang Ling，et al.，2019）、提高农业水价等（Doeffinger T.，Hall J. W.，2020；Huang Qinqiong，et al.，2010）。但是，由于它们基于不同的学科，可能会引起混淆，从而导致管理决策不当。现有文献在估算灌溉用水效率和生产力时越来越多地考虑规模效应（Attar H. K.，et al.，2020；Wichelns D.，2014；Zwart S. J.，et al.，2010）；然而，对于这两个指标的适用性以及如何使用它们仍然缺乏共识（Fernández J. E.，et al.，2020；Pereira L. S.，et al.，2012），且没有针对干旱和半干旱地区的普适性结论。例如，采用先进的灌溉系统被认为是在作物和地区层面改善 WUE 和 WP 的最有效方法，而当这种措施转变到流域或县域时不一定能起到好的节水作用（Grafton R. Q.，et al.，2013；Cai Ximing，et al.，2011；Loeve R.，et al.，2004）。

提高农业用水效率和水生产力是解决内陆河流域水资源利用冲突的重要途径。本章提出了一个 WUE 和 WP 的定量评估框架来解释最佳管理规模问题。利用基于遥感的蒸散发数据（ET）、网格降雨数据、土地利用数据、以及农业投入产出数据对黑河流域不同尺度水资源生产力进行评估，详细分析了 WUE 和 WP 在作物、地区、流域和县一级的适用性，为流域水资源综合管理提供重要的决策支撑。

4.1.1　用水效率和水生产力的定义

用水效率表示为有效用水占总用水量的比例（Perry C.，2007；Burt C. M.，et al.，1997）。从单个作物的角度来看，它通常被定义为作物需水量与总用水量之比，在某种意义上，ET 在决定不同作物灌溉水量方面起决定性作用。作物的实际需水量可由作物生长期内的 ET_c 减去降雨 P 得到，用水量可用灌溉定额 Q_c 表示。在区一级用水效率可表示为灌溉水的有效利用系数，表示为有效利用灌溉水量与取自河流或含水层的水量，包括地表水和地下水（$Withdrawal_i$）的比值（WE_i）。县级 WUE（WUE_d）可以表示为有效使用的农业用水量（ET 减去降雨）与总农业用水量之比。

作物的水资源生产力（WP）可以表示为产量与 ET_α 的比率，更像是作物特性的生物物理指标。在灌区，WP 可以表示为每立方米水所对应的农业产出。在县级范围内，WP 是水资源对区域农业产出的贡献。通过赋予分子不同的值，WP 也可以在更广泛的意义上应用。这通常在水资源评估方法中完成，其中经济属性可以以货币形式给出（Molden D. 等，2010）。经济 WP 提供了一种工具，可将价值和生产力归因于水文领域的所有用水和用户，而不仅仅是与灌溉农业有关。它量化了将低价值用水提高到高价值用水的潜力。这两个指标的结合对于在水资源管理中做出更加科学和战略性的决策是必要的。表 4.1 列出了在不同尺度上评估的 WUE 和 WP 。

表 4.1　**不同尺度上 WUE 和 WP 的计算方法**

指标	定义	参数解释	单位	适合尺度
WUE_c	$\frac{ET_c - P}{Q_c}$	ET_c 为作物 c 的实际蒸散发量； P 为降雨；Q_c 为灌溉定额；	—	作物
WUE_i	$\frac{WE_i}{Withdrawal_i}$	WE_i 为有效用水需求； $Withdrawal_i$ 为灌区取水量，包括地表水和地下水；	—	灌区

续表

指标	定义	参数解释	单位	适合尺度
WUE_d	$\frac{\sum(ET-P)}{AgriWater_d}$	$AgriWater_d$ 为区域用于农业总用水量	—	区县
WP_c	$\frac{Yield_c}{ET_c}$	$Yield_c$为作物产量；ET_c为作物 c 的实际蒸散发量	$kg \cdot m^{-3}$	作物
WP_i	$\frac{Agri_{output}}{Withdrawal_i}$	$Agri_{output}$ 为灌区农业总产出	$kg \cdot m^{-3}$	灌区
WP_d	$\frac{Output}{AgriWater_d}$	Output 为区域农业总产出	$kg \cdot m^{-3}$或 $Yuan \cdot m^{-3}$	区县

4.1.2 案例区及数据

张掖市地处中游，面积4.2万平方千米辖甘州区、山丹县、民乐县、高台县、临泽县、肃南裕固族自治县六县区，是典型的干旱至半干旱地区，年平均降水量不足100~250毫米，年潜在蒸发量为1400毫米。作为重要的农业生产基地，张掖市占有95%的耕地(2668平方千米)、91%的人口和超过80%的GDP。作为全国12个重点商品粮基地之一，种植小麦、玉米、水稻、油菜等农作物。小麦和玉米产量占农田的近90%。灌溉农业是最大的用水户，占总用水量的近90%。灌溉系统的平均效率远低于国家水平，漫灌和沟灌等低效灌溉方法仍然是该地区的主要灌溉方式。黑河流域于2000年实施生态引水工程（EWDP），将9.5亿立方米的水引至下游，恢复生态环境（Li，et al.，2018）。留给黑河流域中游的水量大大减少，导致地下水的过度开采。黑河流域中游分布抽水井4000多口。地下水的过度抽取导致了黑河流域中部生态系统的恶化。为了解决黑河流域的水资源冲突，有必要对不同水文领域的WUE和WP进行考察，以实现水资源的可持续利用。

不同来源的数据，包括基于遥感的蒸散（ET）数据、网格降雨数据、作物分布和统计数据，用于对黑河流域中的WUE和WP进行空间评估。地表ET是用修正的地表能量平衡系统（SEBS）模型计算的。考虑到遥感数据具有不同的空间和时间分辨率，且高空间分辨率和时间分辨率往往不兼容，具有高时间分辨率的中分辨率成像光谱仪（MODIS）数据和精细空间分辨率Landsat Enhanced Thematic Mapper Plus（ETM+）进行融合以获得高时空分辨率ET数据（Ma，et al.，2018），如图4.1所示。数据收集于2012年作物生长期（4月至10月）。SEBS模型和ET数据获取程序的详细信息可参见Liu等（2016）。降水数据来自中国气象数据共享服务系统（http://data.cma.cn）。为了确保空间一致性，通过空间插值软件ANUSPLIN将0.5°栅格数据集转化为1km月降水量数据。统计得到黑河流域中游平均降水量约234mm，由南部祁连山向中游平原逐渐减少（见图4.1（b））。

此外，需要农作物的空间分布来确定对灌溉用水的需求。黑河流域2012年土地利用

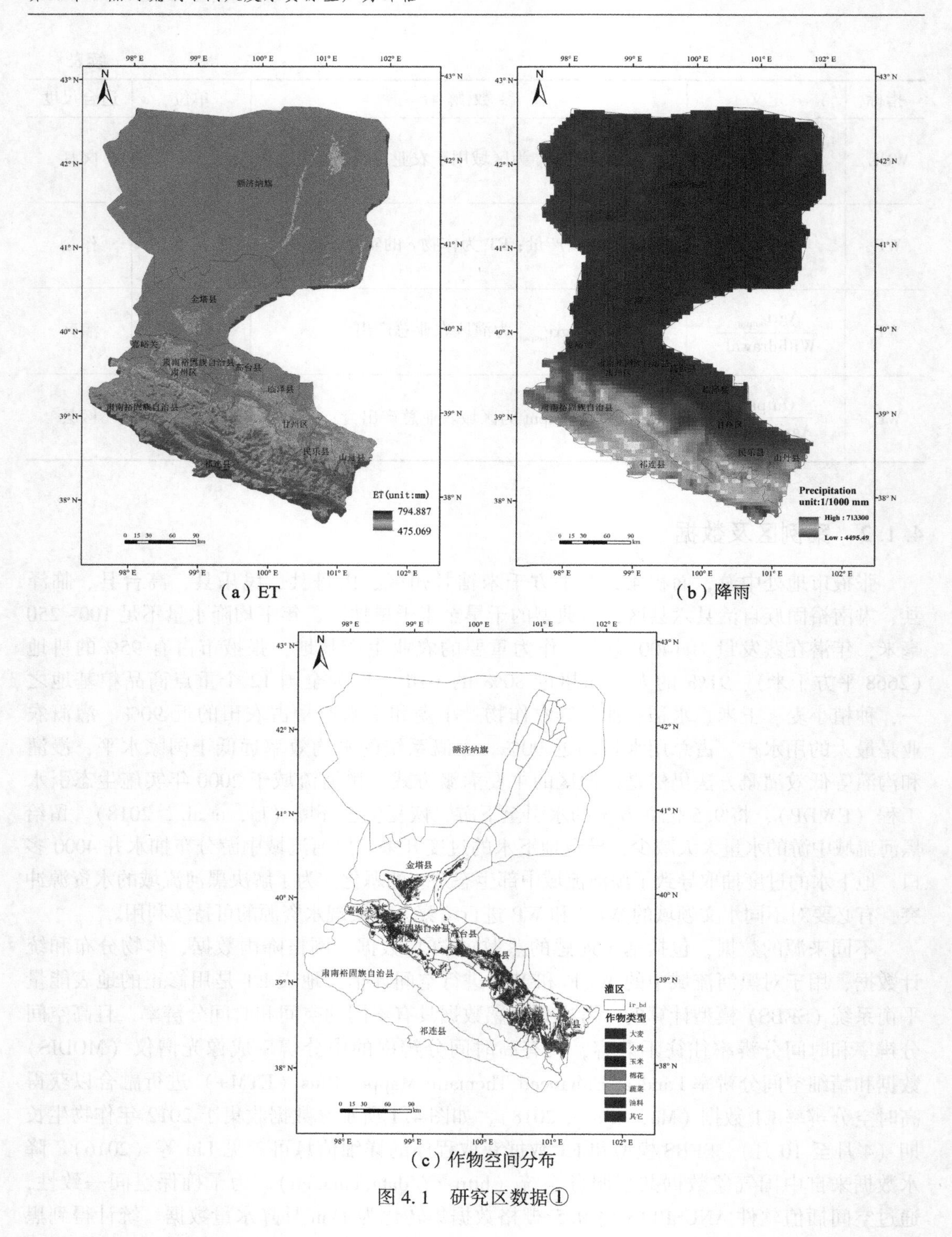

（a）ET　　（b）降雨

（c）作物空间分布

图 4.1　研究区数据①

---

① 本章中的图片来源于 Zhou et al.，2021，已获得版权许可。

数据由 HJ/CCD 影像解译得到。除了传统的土地利用类型外，还根据实地调查数据在耕地面积中增加了详细的农作物分类。包括大麦、小麦、玉米、油菜、苜蓿和棉花等作物信息（见图 4.1(c)）。实地调查于 2014 年 8 月在 黑河流域中游的 24 个灌区进行，通过分层随机抽样获得每种土地覆盖类型的样本。总共调查了约 400 块农田，涵盖 16 种农作物。它们被用作不同作物类型的土地覆盖制图的验证样本。此外，还通过住户访谈收集了详细的农业生产投入产出信息以及应用于选定地块的灌溉方式和灌溉水量。土地覆盖/利用制图的准确性通过实地调查收集的样本和谷歌地球的高空间分辨率遥感数据进行了验证。社会经济数据和其他统计数据来自张掖统计年鉴（张掖市统计局，2000）。各灌区的灌溉用水计划和灌溉信息从当地水利局收集。用于推导和计算不同尺度 ET 和降雨的矢量文件来自国家自然科学基金委西部环境与生态科学数据中心（http：//westdc. westgis. ac. cn）。

4.2　ET 空间分布与有效灌溉需水量

基于修正后的 SEBS 模型，获得了不同作物生长期的 ET。对于整个流域，ET 变化范围为 0 到 794 mm，随着海拔的增加而减小。由于温度相对较低，海拔 4500 m 以上的 ET 非常小。遥感影像解译显示，研究区以玉米种植为主，种植面积 1979 km^2。统计数据显示近年来张掖市种植结构出现了一些变化，农作物面积不断上升，由 2000 年的 179 千公顷上升为 2012 年的 234 千公顷，种植面积扩大了接近 1/3，其中粮食作物面积比重不断减少，经济作物比重上升。主要作物包括小麦、玉米（包括大田玉米和制种玉米）、棉花、油料和蔬菜等，玉米的播种面积是最多的，其次是小麦。并且玉米播种面积上升较快，蔬菜面积也缓慢上升。农业内部逐渐形成了以制种玉米为优势产业的格局。结合作物空间分布数据①可以发现大麦主要分布于民乐县、山丹县及甘州区的南部；小麦主要分布在民乐县的北部、山丹县城周边这些海拔相对低的地区；玉米是黑河中游主要作物，在民乐县北部、甘州区、临泽县、高台县均有成片种植，尤以甘州区最为密集；油菜则主要分布在海拔高、气温低的民乐县东南部和山丹县西南部地区。

作物用水量一般可分为作物需水量和灌溉用水量。考虑到作物自身耗水特性差异，故基于作物需水量来定义作物用水效率。采用 2012 年黑河流域蒸散发数据、土地利用数据、降水数据和农业经济统计数据，定量分析了黑河中游主要作物需水特征和用水效率差异。农田平均蒸发量约为 467mm。不同的作物的 ET，即 ET_c，确定如下：首先将作物样本与 ET 数据进行空间相关，得到每个作物样本的 ET，然后再取平均值，得到每个作物在生育期内的平均 ET。玉米和小麦的 ET 在 490~694mm 和 303~514mm 范围内，生长期平均分别为 528 mm 和 373 mm（见图 4.2）。在所有作物中，玉米在生育期内的 ET 最大。李等（2016）根据 AquaCrop 模型估计得到黑河流域玉米的 ET 为 496~600mm，Jiang Yao 等（2015）通过 SWAP-EPIC 模型估计值为 545~691mm，与本研究结果相一致。

有效的灌溉用水需求是灌溉者或管理者采取更有效灌溉计划的重要指标。ET 和降水确定的有效灌溉需水量空间分布如图 4.3 所示。作物有效灌溉需水热点主要分布在黑河中

① 主要来源于仲波课题组提供的 2012 年黑河流域土地利用数据集。

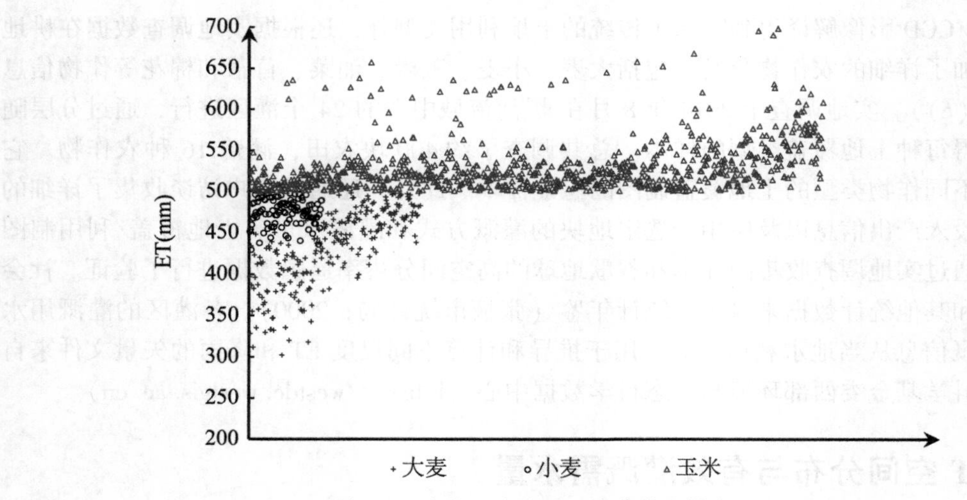

图 4.2　大麦、小麦、玉米蒸散发散点图

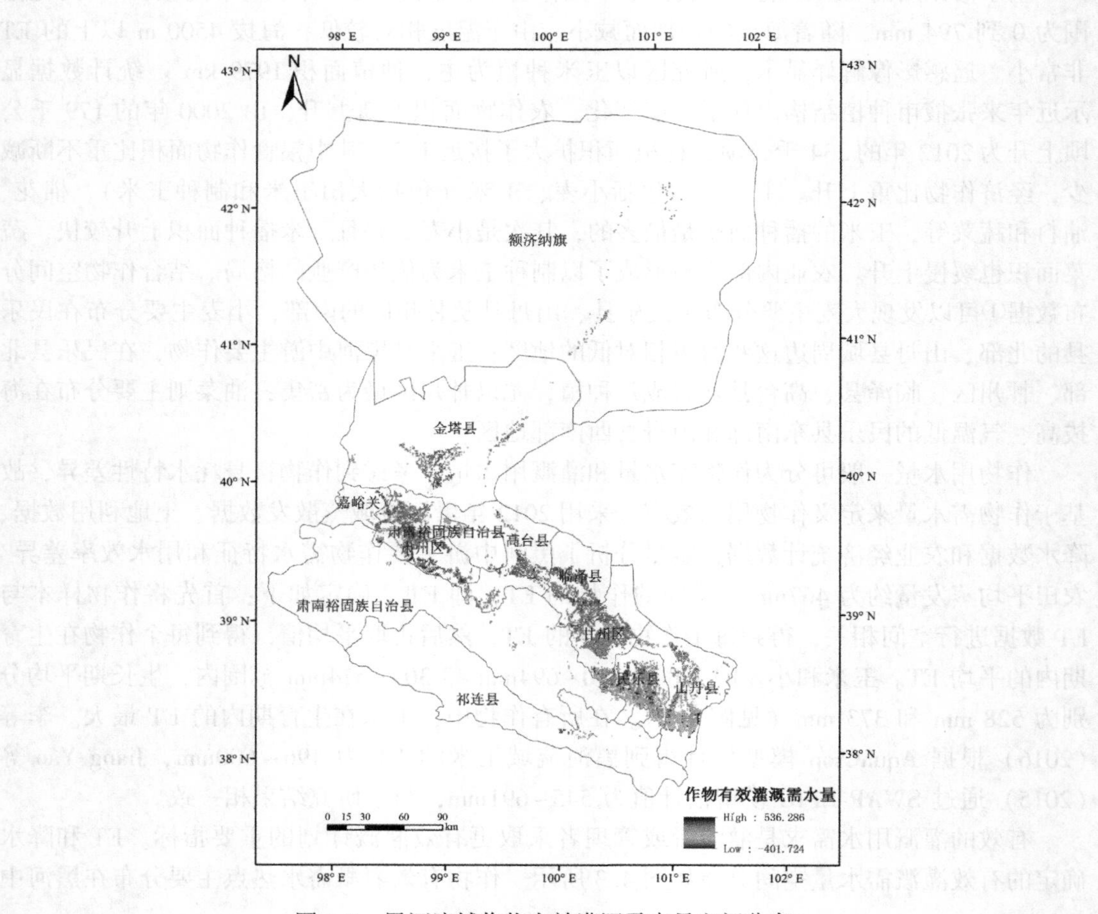

图 4.3　黑河流域作物有效灌溉需水量空间分布

游，其中玉米占种植面积的大部分。玉米、大麦和小麦的平均有效灌溉需水量分别为317mm、287mm 和 275mm，这表明玉米在生长季节需要更多的灌溉水。考虑到该地区年降水量约为 234mm，约为 ET 的一半，可以看出作物生长在很大程度上依赖于灌溉。根据张掖市 2012 年水利管理年度报告，当地玉米单位种植面积的平均灌溉水深约为 583mm。结合估算的有效灌溉需水量，可以推断黑河流域的灌溉用水量远远超过了实际需水量。

4.3　不同尺度的 WUE 和 WP 比较

根据作物 ET、降水量和作物产量，可以得到不同作物的 WUE 和 WP。玉米、小麦和大麦的 WUE 分别为 0.56、0.73 和 0.74（图 4.4）。玉米作为研究区的主要作物，其 WUE 远低于小麦和大麦。考虑到黑河流域玉米种植面积较大，通过提高玉米 WUE 来减少灌溉用水仍有空间。据张掖市统计局数据，玉米产量占农业总产量的 62%，平均产量为 560 公斤/公顷，是小麦和大麦的两倍。主要作物的 WP 由产量和有效灌溉需水量决定。结果表明，玉米的 WP 较高，从 1.5 kg/m^3 到 2.0 kg/m^3 不等，小麦的 WP 约为 1.20 kg/m^3。考虑不同作物的销售价格，玉米、小麦、大麦的经济 WP 分别为 4.2 元/m^3、3.0 元/m^3 和 2.8 元/m^3（见图 4.4）。可以看出，虽然三种作物中玉米的 WUE 较低，但经济 WP 远高于其他两种作物。这意味着需要同时考虑作物价格和 WUE 改善，以提高不同作物的经济 WP。

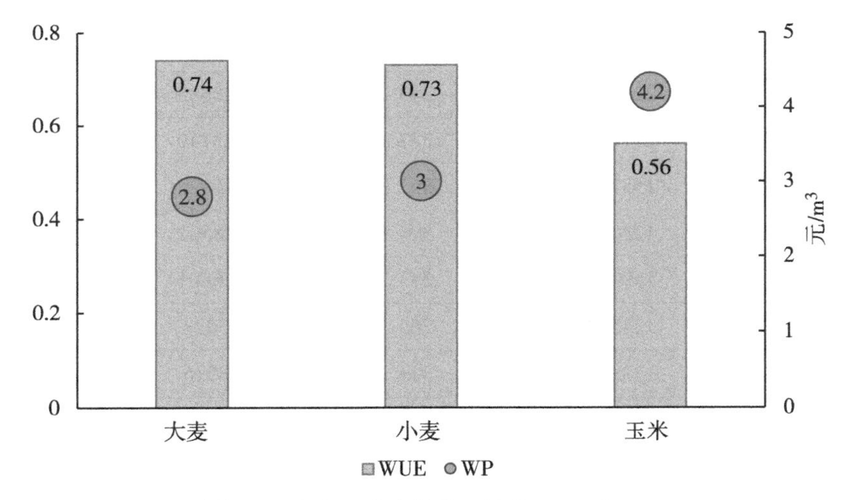

图 4.4　大麦、小麦以及玉米的 WUE 和 WP

灌区是我国农业水资源配置和灌溉管理的基本单位。在灌区尺度上主要测算了灌溉水有效利用系数，将灌溉水有效利用量与灌区引水量的比值定义为灌溉水有效利用系数。其中，作物生育期内实际消耗的灌溉水量（蒸散发量与降水量的差值）表示灌溉水的有效利用量，单位面积引水量可以表示为耕地灌溉用水量/耕地面积。与传统的灌溉水利用系数相比，灌溉水有效利用量可以通过遥感蒸散发模型进行较准确的估算，有效地规避传统计量方法中难以准确估算的部分，具有较强的可操作性。通过收集黑河流域中游主要灌区的灌溉用水数据、灌溉面积、粮食产量、亩均用水量等数据，对不同灌区的灌溉用水效率和水生产力进行了计算，具体结果见表4.1。灌区间的WUE和WP空间差异较大（见表4.2）。24个主要灌区的WUE在0.1到0.85之间，平均为0.34；WP在0.08 kg/m^3到0.89kg/m^3之间，平均为0.48 kg/m^3。WUE在临泽县平川灌区最小，在民乐县童子坝灌区最大。最大的WP（花寨0.89 kg/m^3）和最小的WP（西浚0.088 kg/m^3）均在甘州区。位于高台县的灌区WP相对较低。

表4.2 **灌区尺度WUE和WP**

区县	灌区	单位面积引水量（mm）	单位面积有效灌溉用水量（mm）	粮食产量（t）	WUE	WP（kg/m^3）
甘州区	大满灌区	817.87	350.97	22156	0.43	0.135
	西浚灌区	1411.41	370.62	17126.1	0.26	0.088
	盈科灌区	1184.73	327.55	124493	0.28	0.545
	上三灌区	1486.12	345.77	61812.5	0.23	0.731
	安阳灌区	1017.34	299.24	7120.8	0.29	0.297
	花寨灌区	562.60	304.45	5224	0.54	0.892
临泽县	梨园河	1014.08	316.35	36152	0.31	0.324
	平川	2467.81	252.63	20885	0.10	0.507
	板桥	2204.27	343.21	20685	0.16	0.390
	鸭暖	2110.80	337.24	23740	0.16	0.660
	蓼泉	1557.41	362.40	16992	0.23	0.486
	沙河	1220.31	304.81	18502	0.25	0.710
	友联	1593.28	293.19	76801	0.18	0.326
高台县	罗城	1345.70	265.03	5673	0.20	0.132
	六坝	1338.10	343.21	8516	0.26	0.283
	新坝	1465.05	335.25	13206	0.23	0.281
	红崖子	601.58	333.80	9620	0.55	0.600
	马营河灌区	695.48	317.76	60978	0.46	0.491
山丹县	寺沟灌区	458.84	250.78	9489	0.55	0.751
	明花灌区	966.67	318.55	20500	0.33	0.817
	苏油口	759.35	318.56	5040	0.42	0.428
民乐县	大堵麻	777.52	268.37	68991	0.35	0.505
	红水河	570.71	322.03	52123	0.56	0.526
	童子坝	425.64	363.67	27417	0.85	0.607

WUE 和 WP 很大程度上取决于灌区的取水量，单位面积取水量在灌区间存在较大差异（见表 4.2）。取水量大的灌区主要分布在黑河干流两侧，包括临泽县的平川、鸭暖、板桥灌区和甘州区的西浚、盈科灌区。远离干流的童子坝、花寨、红水河灌区单位面积取水量较小，小于 600 mm。平川灌区单位面积取水量最大为 2047 毫米，是寺沟灌区取水量的 4.8 倍。根据张掖市水资源公报统计数据，各灌区总用水量为 19 亿立方米，平均灌溉用水量约为 6930 立方米，小于田间规模的水配额。田间实际用水量与灌区用水量之间的差距主要是由于灌溉中水文过程的影响。前人研究表明，深渗损失和渠道输水损失占到黑河流域总用水量的 40%（Jiang Yao，et al.，2015）。在区县尺度上，利用统计数据可以得到各区县的灌溉用水量、灌溉面积、灌溉有效利用水量以及引水量等指标，最后测算得到各区县的灌溉用水效率。山丹和民乐的灌溉用水效率要高于甘临高地区，分别为 0.62 和 0.71，与灌区尺度上的结论相一致，说明沿山地区用水效率要高于平原地区。另外，在区县尺度上的平均灌溉用水效率要高于灌区尺度，这说明灌溉用水效率随着尺度效应的增大而增大。区县尺度上的平均灌溉水资源生产力，即单方水产出为 0.37kg/m^3，小于灌区尺度上的单方水产出。各区县灌溉效率和水资源生产力差异可能与种植结构有一定的关系，其中临泽、高台和甘州以种植制种玉米为主。山丹和民乐则以种植小麦和大麦为主。其中小麦和玉米在生长期内的亩均灌溉用水量差异较大，小麦的灌溉用水量在每亩 400 m^3 左右，玉米在每亩 800 m^3 左右，是小麦灌溉用水量的 2 倍。

根据莺落峡和正义峡的流量数据，两峡的流量分别为 19.3 亿和 11.1 亿立方米，这意味着整个中游的耗水量为 8.2 亿立方米。据统计，整个中游粮食产量为 112 万吨，经济总产值为 68 亿元。因此，可以得到整个流域经济系统的水产出仅为 58 元/m^3，远低于全国平均水平 105 元/m^3。由于地区产业结构不同，各地区的经济 WP 差异很大（见图 4.5）。嘉峪关市水产出为 480 元/m^3，而高台县、临泽县、民乐县、金塔县和甘州区水产出低于 50 元/m^3。究其原因主要是由地方的产业结构差异造成的，中游地区农业耗水量大，单方水产出低，所以导致整个地区单方水产出较低。从农业生产来看，流域内农业产业发展聚集效应明显，农业生产主要集中在中游地区。其中，甘州区农业产值占地区产值的 26%，种植面积最大可达 61 公顷，其次是金塔、临泽和高台，农业产值比重都超过了 30%。

由于农业主要分布在中游地区，在流域尺度上主要考察整个中游的农业用水效率和水资源生产力。结合正义峡和莺落峡的下泄量实测数据，黑河干流莺落峡站实测来水量 19.35 亿 m^3，正义峡站实测水量 11.13 亿 m^3，得到整个中游耗水 8.22 亿 m^3。整个中游粮食产量为 1128098 吨（甘临高、山丹、民乐），可以算出整个流域灌溉用水单方水产出 1.35kg/m^3，农业产值 684120 万元，农业单方水产出 8.3 元/m^3，远高于区县尺度和灌区尺度。

对 WUE 和 WP 进行了比较分析，可以看出水管理指标在三个尺度之间的变化（见图 4.6）。在灌区尺度上，WUE 和 WP 的平均值相对较小，且方差相对较大（见图 4.6（a））。如图 4.6（b）所示，与县级尺度和作物尺度不同，WUE 和 WP 在灌区尺度上表现出不一致性。有趣的是，仅在县级尺度观察到较高的 WUE 和较低的 WP。这可能归因于农产品的低经济产出，例如农作物的低销售价格。与某些灌区的低 WUE 相比，其他地区的 WUE 和 WP 一致可能是由于其丰富的地下水。地下水被证明对灌区的 ET 贡献率超

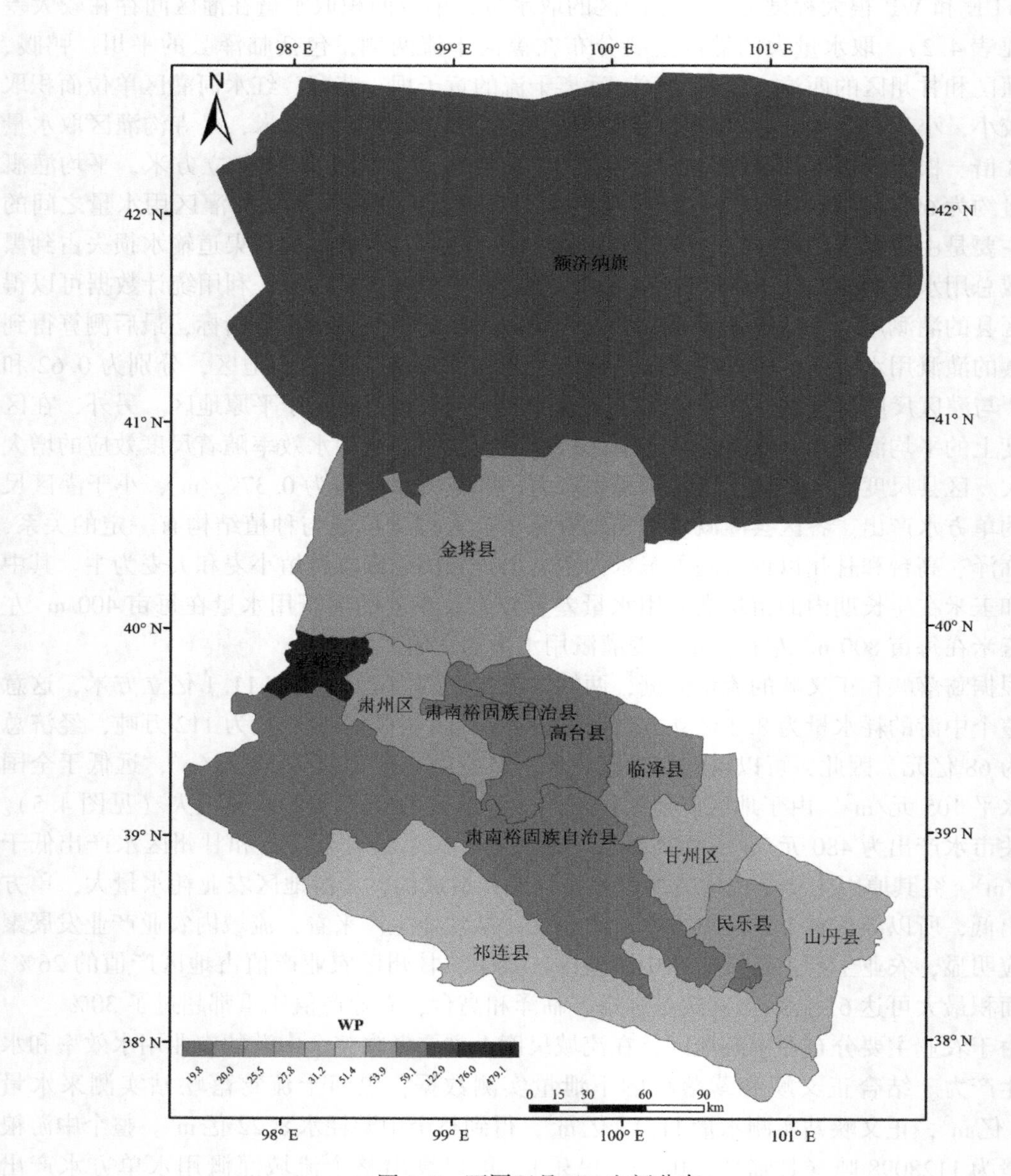

图 4.5　不同区县 WP 空间分布

过 16%（Attar H. K.，et al.，2020）。从以上结果可以看出，从 WUE 和 WP 的角度进行灌区规模管理决策可以提高农业用水效率。

为了提高灌溉过程的效率，一种流行的干预措施是从沟灌和漫灌转向滴灌。近年来，当地政府在灌区建设方面进行了大量投入，如渠道衬砌、水利设施升级改造、计量设备安装等，渠道体系和水利设施得到很大改善。然而，多项研究表明，此类干预措施并不一定能带来真正的节水（Grafton R. Q.，et al.，2018；van Halsema，Vincent，2012；Jensen

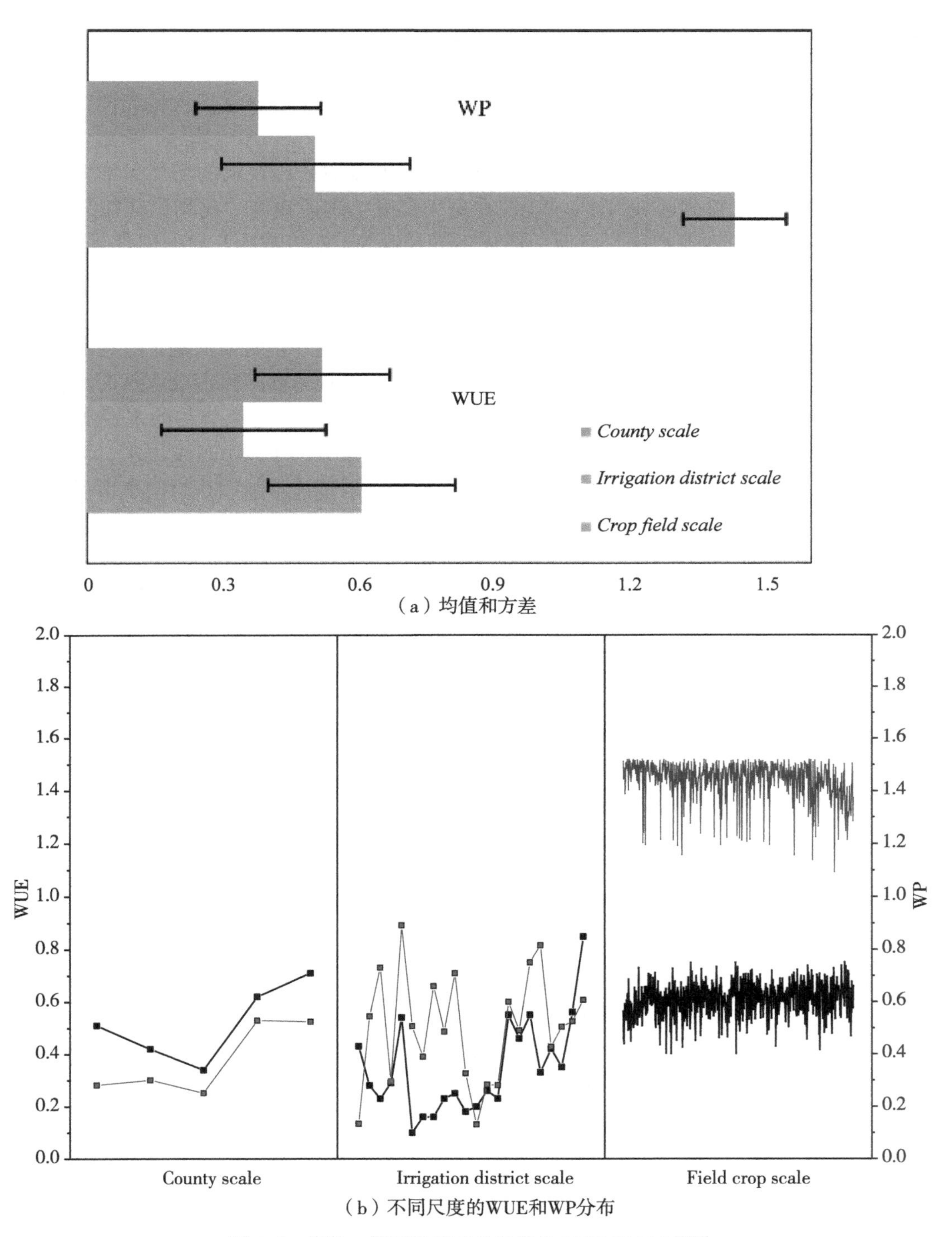

（a）均值和方差

（b）不同尺度的WUE和WP分布

图 4.6 作物、灌区以及区县尺度的 WUE 和 WP 评价

M. E., 2007)。从张掖市农业生产统计数据可以看出，2007—2012年，HRB灌溉用水总量增长了8.8%。作物转化和耕地扩张分别占总变化的23%和77%，其中粮食作物比例下降，经济作物比例上升（Li等，2018）。然而，虽然经济作物耗水量低于玉米等粮食作物，但市场需求疲软、比较优势不足，制约了区域种植结构调整。灌区应优先调整相应的作物结构以实现节水和经济目标。

与以往的研究不同，我们没有观察到WUE和WP随着研究规模的增加而增大。由于水文循环，从田间尺度到区域尺度，WUE在更大尺度上理应更高。此结论往往只考虑了水资源独特的水文和物理特征。然而，造成不同尺度WUE和WP差异的因素是复杂的，不仅包括水文循环，还包括气候条件、种植结构和管理制度。先前的研究表明，过去30年的温度和降水使HRB中作物WUE提高了8.1%~30.6%（Xue Jing, et al., 2017; Jiang Yao, et al., 2015）。从这个角度来看，WUE和WP的评估需要从基于过程的技术工程体系转向管理方案和政策维度。灌溉技术和作物空间结构是灌区尺度农业水资源管理的重要方向。但在采用灌溉技术时应注意“杰文斯悖论”现象，避免节约的水资源进一步流向农业导致农业规模的扩大。基于市场机制的水价工具有助于调节过度用水，促进节水和水资源的合理配置。未来，一个运转良好、水权明确、依法可强制执行的水市场，是水资源顺利从农业流向非农的保障。

由于与WUE和WP估计相关的不确定性，本研究的结果仍需要进一步验证。部分不确定性来自对ET的估计。虽然本研究中ET是基于高时空分辨率遥感数据估计的，但与模型输入和参数化相关的不确定性会导致估计误差（Kustas W. P., et al., 2016）。研究表明，在田间尺度上，每日ET的RMSE值从0.5到1.0毫米/天不等（Ma Yanfei, et al., 2018; Cammalleri C., et al., 2013）。此外，地表水和地下水之间的交换可能会影响土壤水分，从而导致WUE的变化。这些问题还有待更深入的讨论，且需要水文模型的支持，但这些模型过于复杂，无法在这里展开。然而，这些限制并不妨碍本研究为测量WUE和WP提供概念框架，并增强我们对流域不同尺度用水管理的理解。

4.4 小结

水资源利用效率和水资源生产力评价是指导干旱和半干旱流域农业用水管理战略制定的重要依据。本章主要基于WUE和WP之间的综合比较，分析不同管理尺度上面临的水资源管理问题，评估干旱半干旱内陆河流域水资源的最优管理尺度。研究发现，WUE和WP这两个指标在灌区尺度上存在显著的差异，巨大的差异也预示着灌区之间存在巨大的管理差距。因此，政策制定者应该加强灌区管理，针对不同的灌区水资源利用问题做出具体的决策。本章所提供的评估框架可为其他干旱和半干旱流域的农业水资源管理提供参考。

第 5 章　流域尺度社会经济系统的实体水与虚拟水分析

随着水资源供需矛盾的日益加剧，从流域尺度统筹考虑流域社会经济发展布局及流域水资源合理配置尤其重要。黑河流域作为我国西北干旱区重要的内陆河流域之一，在 20 世纪 70 年代至 2000 年之间，随着黑河中游社会经济的快速发展，尤其是农业种植规模的扩大，水资源需求量急剧增加，致使局部地区湖泊消失、地下水位下降、生态林大面积枯死、绿洲边缘生态系统持续恶化。如何比较准确地核算流域尺度社会经济系统的实体水和虚拟水，对于调整区域产业结构、实现水资源合理配置具有重要的现实意义。

本章以黑河流域为研究区，在厘清整个流域水资源利用格局的基础上，编制流域县级尺度的投入产出表，基于流域多区域水资源投入产出模型刻画实体水和虚拟水的流动过程，通过流域分地区分部门的直接用水系数、完全用水系数和水资源生产力状况来核算隐含在经济贸易中的虚拟水总量，测度各部门虚拟水进出口贸易情况，识别出重点耗水部门及部门间的水资源关联性。以虚拟水战略为视角，系统地考虑资源配置，将产品用水维度和空间缺水维度结合起来，考证虚拟水贸易下的水资源利用格局变化，以此来探讨未来流域虚拟水战略的实施方向和水资源利用格局优化的路径。

5.1　基于投入产出分析的虚拟水测算

产品和服务的生产过程除了需要直接的实体水投入外，还需要其他一些中间产品或原材料中包含的水资源即虚拟水的投入，对区域内各产业虚拟水及其贸易情况进行准确量化，才能更好地指导缺水地区进行水资源的优化配置。现有虚拟水核算主要包括 Zimmer and Renault（2003）提出的具体产品单位用水量法以及 Chapagain A. K. 等（2006）提出的投入产出分析方法。投入产出法能系统全面刻画一个地区社会经济系统水循环过程，对于地区水资源格局分析更适用。

投入产出模型采用矩阵形式来表达国民经济各部门在生产中的投入和产出情况，能详细刻画区域尺度的经济结构、技术水平、贸易结构与经济总量等信息，能揭示各部门之间相互依存与制约的数量关系，是经济学与数据的完美集成（吴锋，2015）。一般通过计算分析各种系数包括直接消耗系数、完全消耗系数、直接分配系数、完全分配系数、劳动报酬系数、国民收入系数等，来反映经济系统之间的关联以及各个部门之间的投入和产出的相互依存关系。投入产出模型已广泛地应用于水资源研究中，将水资源消耗数量与权威统计部门编制的价值型投入产出表相结合，构建水资源投入产出分析模型，不仅能从整个国民经济系统来全面研究各产业部门之间虚拟水的流动关系，还能直观准确地核算出区域间虚拟水的贸易量，是厘清流域产业用水格局、设计产业转型方案、实现水资源优化配置的重要数据支撑。

通过黑河流域多区域水资源投入产出模型，系统地分析黑河流域各产业部门的用水效率与效益、产业间与区域间的水转移、虚拟水消费与贸易情况，有利于宏观调控黑河流域的水资源在地区以及行业上的优化配置。

多区域投入产出模型可以表示为：

$$\boldsymbol{X} = \boldsymbol{AX} + \boldsymbol{Y} \tag{5.1}$$

$$\begin{pmatrix} x^1 \\ x^2 \\ \vdots \\ x^n \end{pmatrix} = \begin{pmatrix} A^{11} & A^{12} & \cdots & A^{1n} \\ A^{21} & A^{22} & \cdots & A^{2n} \\ \vdots & \vdots & & \vdots \\ A^{n1} & A^{n2} & \cdots & A^{nn} \end{pmatrix} \begin{pmatrix} x^1 \\ x^2 \\ \vdots \\ x^n \end{pmatrix} + \sum_d \begin{pmatrix} y^{1d} \\ y^{2d} \\ \vdots \\ y^{nd} \end{pmatrix} \tag{5.2}$$

其中 $\boldsymbol{A} = [A^{rd}]$，$\boldsymbol{A}^{rd} = [a_{ij}^{rd}]$，$a_{ij}^{rd} = z_{ij}^{rd} / x_j^d \boldsymbol{X} = \begin{pmatrix} x^1 \\ x^2 \\ \vdots \\ x^n \end{pmatrix}$，$\boldsymbol{Y} = \begin{pmatrix} y^{11} & y^{12} & \cdots & y^{1n} \\ y^{21} & y^{22} & \cdots & y^{2n} \\ \vdots & \vdots & & \vdots \\ y^{n1} & y^{n2} & \cdots & y^{nn} \end{pmatrix}$

z_{ij}^{rd} 为地区 r 第 i 部门对地区 d 部门 j 部门的中间投入，x_j^d 为地区 j 部门的总产出，Y 表示最终消费，$\boldsymbol{A}^{rd}$ 为中间消耗系数矩阵。

各部门的直接用水系数可以表示为：

$$q_i^r = \frac{W_i^r}{X_i^r} (i = 1,\ 2,\ \cdots,\ 48,\ r = 1,\ 2,\ \cdots,\ 12) \tag{5.3}$$

其中，q_i^r 为第 i 部门直接耗水系数；W_i^r 为第 i 部门直接耗水量；X_i^r 为第 j 部门总产出，各部门的直接耗水系数 q_i 构成耗水系数行向量 $\boldsymbol{Q} = (q_1^1,\ q_2^1,\ \cdots,\ q_{48}^{12})$。

Leontief 逆矩阵可以表示为：

$$\boldsymbol{L} = (\boldsymbol{I} - \boldsymbol{A})^{-1} = \begin{pmatrix} L^{11} & L^{12} & \cdots & L^{1n} \\ L^{21} & L^{22} & \cdots & L^{2n} \\ \vdots & \vdots & & \vdots \\ L^{n1} & L^{n2} & \cdots & L^{nn} \end{pmatrix} \tag{5.4}$$

完全用水系数是直接用水系数行向量 $\boldsymbol{Q}$ 左乘 Leontief 逆矩阵，表示一个部门直接用水和中间用水的总和。完全用水系数向量 H 可以表示为：

$$\boldsymbol{H} = \boldsymbol{QL} = \begin{pmatrix} q^1 & 0 & \cdots & 0 \\ 0 & q^2 & \cdots & 0 \\ \vdots & \vdots & & \vdots \\ 0 & 0 & \cdots & q^n \end{pmatrix} \begin{pmatrix} L^{11} & L^{12} & \cdots & L^{1n} \\ L^{21} & L^{22} & \cdots & L^{2n} \\ \vdots & \vdots & & \vdots \\ L^{n1} & L^{n2} & \cdots & L^{nn} \end{pmatrix} = \begin{pmatrix} H^{11} & H^{12} & \cdots & H^{1n} \\ H^{21} & H^{22} & \cdots & H^{2n} \\ \vdots & \vdots & & \vdots \\ H^{n1} & H^{n2} & \cdots & H^{nn} \end{pmatrix} \tag{5.5}$$

有了完全用水系数就可以进一步计算完全用水量，本地的完全需水量是产业部门的完全需水系数 $\boldsymbol{H}_j^{rd}$ 与最终使用的乘积：

$$tw_j^d = h_j^d\, y_i^d (i = j) \tag{5.6}$$

式中，tw_j^d 即为 j 部门的本地完全需水量，表示 j 产业部门在生产最终使用产品的过程中，对经济系统各部门水资源的直接和间接消耗总量。

从区域 r 转移到区域 d 的虚拟水量可以表示为：

$$VF^{dr} = (H^{d1}\ H^{d2} \cdots H^{dn}) \begin{pmatrix} y^{1r} \\ y^{2r} \\ \vdots \\ y^{nr} \end{pmatrix} \tag{5.7}$$

因此，地区 r 总的虚拟水流入量和流出量为：

$$VF^{r}_{\text{flow-in}} = \sum_{m \neq r} VF^{ir} \tag{5.8}$$

$$VF^{r}_{\text{flow-out}} = \sum_{m \neq r} VF^{ri} \tag{5.9}$$

所以，$VF^{r}_{\text{flow-in}}$ 即为地区总的虚拟水进口量，$VF^{r}_{\text{flow-out}}$ 为地区总的虚拟水出口量。

5.2 流域产业水资源利用效率及水资源生产力现状

通过投入产出分析计算可以得到流域各区县以及各行业的直接用水系数和完全用水系数。直接用水系数和完全用水系数是衡量不同行业用水情况的重要指标，因其考虑产值因素，使其在行业间更具可比性，其值表示为单位产值用水量。各行业的直接用水系数和完全用水系数如图 5.1 和图 5.2 所示。从直接用水系数来看，农业部门的直接用水系数远大于其他行业，说明农业部门的单位产值用水量较高，用水效率较低。在农业内部，不同作物的用水系数差异较大，其中以玉米的用水系数最高，平均值为 2.6m^3/元，小麦次之，为 0.8m^3/元。另外，相同部门在各区县之间的用水效率也有一定的差异，在各区县中，临泽县的玉米用水系数较其他区县更高。农业部门的完全用水系数如图 5.1（b）所示，总体来看，农业部门的完全用水系数与直接用水系数没有较大差距，说明农业部门生产过程中的间接用水较少，对其他部门用水的拉动系数较小，主要是其自身生产灌溉所投入的水量。

非农部门的直接用水系数如图 5.2（a）所示，不同颜色代表不同行业，柱形面积表示用水系数大小。从图中可以看出，各行业用水系数差异较大，用水系数较高的部门主要有非金属矿及其他矿采选业、非金属矿物制品业、食品制造及烟草加工业、金属矿采选业等。总体来看，嘉峪关市各行业直接用水系数较接近，而其他区域不同行业间的直接用水系数则差异较大，这主要是由于嘉峪关市属于工业城市，其工业技术水平较高，导致其各行业资源利用效率也相对较高。而流域以农业为主的区县，由于工业技术落后，导致水资源利用效率远远低于其他地区，如高台县的非金属矿及其他矿采选业、肃南裕固族自治县的金属矿采选业以及非金属矿物制品业。非农业部门的完全用水系数与直接用水系数差异较大。完全用水系数考虑了中间投入中包含的隐含水资源，更能反映水资源的真实消耗，同一地区同一行业的完全用水系数几乎全部高于对应的直接用水系数，且各行业用水系数之间的差距缩小了，区域间的差异也不明显。完全用水系数较高的部门是食品制造及烟草加工业、纺织业、住宿和餐饮业以及电力、热力的生产和供应业，分别为 0.08 元/m^3、0.05 元/m^3、0.04 元/m^3 和 0.05 元/m^3，分别是直接用水系数的 20 倍、300 倍、200 倍和

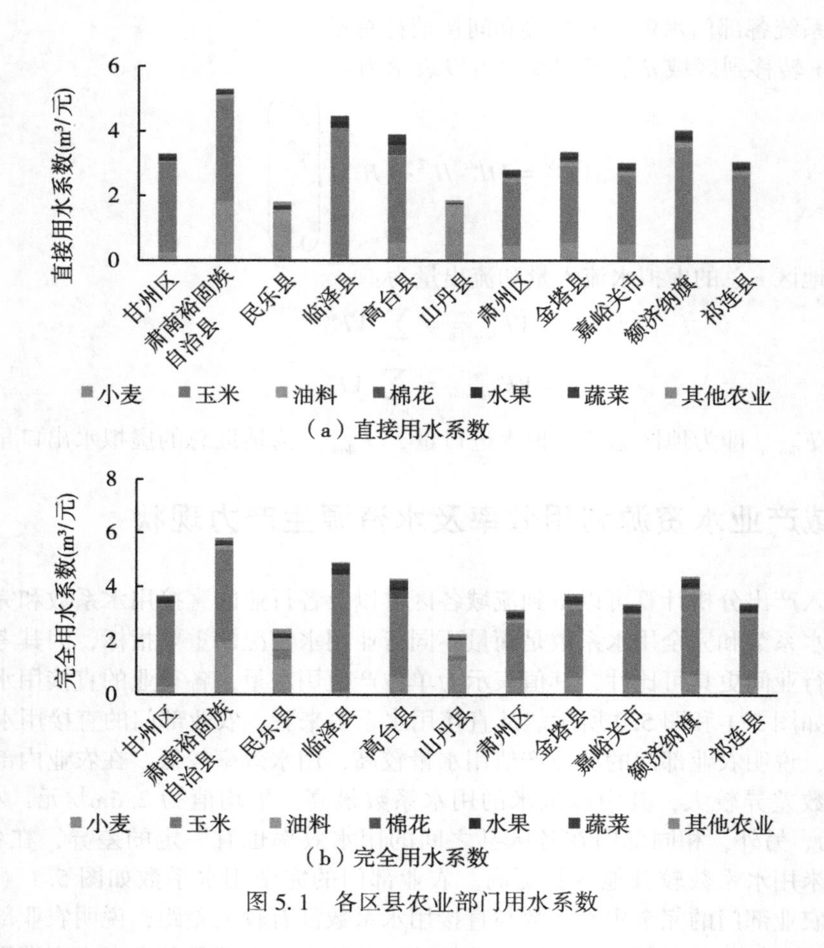

（a）直接用水系数

（b）完全用水系数

图5.1 各区县农业部门用水系数

50倍。纺织业以及住宿和餐饮业的完全用水系数远远高于其直接用水系数，说明这两个行业大量依赖其他行业部门的虚拟水调入，来满足其生产需求，对其他部门的水资源需求带动作用较大。

为了更直观地反映各产业在黑河流域的用水情况，我们将行业部门合并为简单的三产结构。在用水结构方面，2012年黑河流域第一产业的虚拟水直接和完全消耗系数最大，第三产业最小（见表5.1）。第一产业消耗虚拟水以直接用水为主，直接耗水系数约为完全耗水系数的80%；第二产业直接耗水系数仅为完全耗水系数的30%；第三产业更低，仅3%。说明第二和第三产业以间接用水为主。显然，直接用水为主的产业要消耗大量当地的水资源，而间接用水占优势的产业部门可以依靠进口或者调入水资源来加大中间投入，对当地的水资源压力较小。从地区来看，地区间的用水系数差异也很大。从张掖市内部来看，肃南县的直接用水系数比其他区县要小，这主要是因为农业内部结构差异造成的。肃南裕固族自治县以耗水量较小的畜牧业为主，所以水资源利用整体效率更高。嘉峪关市、甘州区和肃州区在第二产业水资源利用上相对有优势一些，用水系数都在0.001以下，但是差异不大。第三产业的用水系数普遍都较低，其中直接用水系

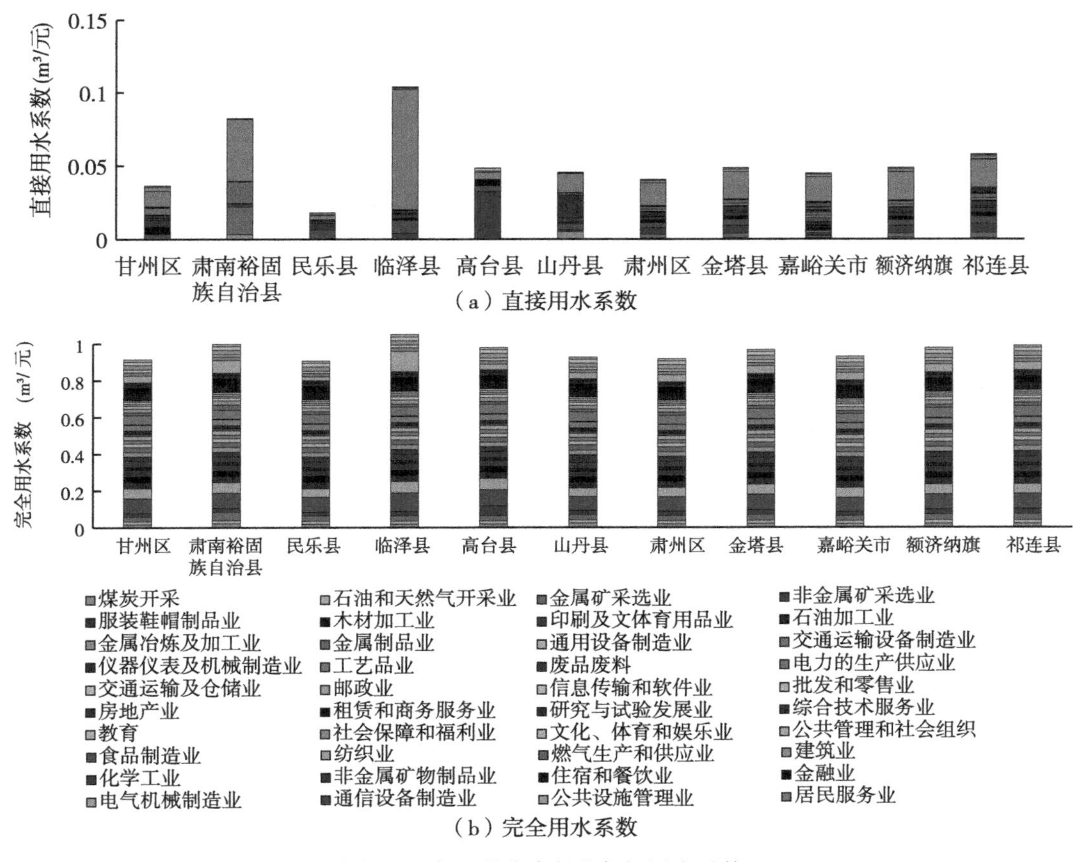

(a) 直接用水系数

(b) 完全用水系数

图 5.2 各区县非农行业部门用水系数

数最小的是山丹县和肃南县。

表 5.1 **黑河流域各区县产业用水系数** 单位：m³/元

地区	第一产业		第二产业		第三产业	
	直接用水系数	完全用水系数	直接用水系数	完全用水系数	直接用水系数	完全用水系数
甘州区	0.1711	0.2039	0.0010	0.0308	0.0005	0.0158
高台县	0.2520	0.3031	0.0015	0.0316	0.0005	0.0159
山丹县	0.1600	0.1999	0.0018	0.0313	0.0002	0.0157
民乐县	0.2368	0.2735	0.0011	0.0335	0.0011	0.0177
临泽县	0.2132	0.2513	0.0012	0.0325	0.0003	0.0165
肃南裕固族自治县	0.1253	0.1623	0.0016	0.0323	0.0002	0.0158

续表

地区	第一产业		第二产业		第三产业	
	直接用水系数	完全用水系数	直接用水系数	完全用水系数	直接用水系数	完全用水系数
金塔县	0. 1545	0. 1879	0. 0011	0. 0304	0. 0004	0. 0158
肃州区	0. 1853	0. 2218	0. 0010	0. 0327	0. 0005	0. 0167
嘉峪关市	0. 1668	0. 2009	0. 0008	0. 0309	0. 0004	0. 0160
祁连县	0. 3340	0. 3856	0. 0016	0. 0420	0. 0004	0. 0172
额济纳旗	0. 0753	0. 1128	0. 0012	0. 0362	0. 0006	0. 0164

部门水效益可以采用单位水资源的 GDP 产出测算。从表 5. 2 可以看出，第二和第三产业的水产出系数远远高于第一产业。其中，第一产业的水产出系数仅为几元/m^3，而第三产业的实体水产出系数高达上千元/m^3。从产业的虚拟水产出来看，三次产业之间的差距不大，第三产业最高，平均为 60 元/m^3 左右，第二产业的虚拟水产出近似第三产业的一半。从实体水和虚拟水产出之间的比较来看，第一产业的实体水产出和虚拟水产出差距不大。第二产业和第三产业的虚拟水产出是实体水产出的几十分之一，其中第三产业的实体水产出与虚拟水产出差距最大。

表 5. 2　**黑河流域各地区三产水产出**　单位：元/m^3

地区	第一产业		第二产业		第三产业	
	实体水产出	虚拟水产出	实体水产出	虚拟水产出	实体水产出	虚拟水产出
甘州区	5. 84	4. 91	882	32. 44	2098	63. 17
高台县	3. 97	3. 30	2023	31. 67	2067	62. 84
山丹县	6. 25	5. 00	1640	31. 95	4982	63. 79
民乐县	4. 22	3. 66	906	29. 88	928	56. 57
临泽县	4. 69	3. 98	1267	30. 75	3341	60. 70
肃南裕固族自治县	7. 98	6. 16	643	30. 93	4726	63. 26
金塔县	6. 47	5. 32	1230	32. 88	2591	63. 11
肃州区	5. 40	4. 51	1024	30. 58	2130	59. 89
嘉峪关市	5. 99	4. 98	897	32. 38	2388	62. 41
祁连县	2. 99	2. 59	611	23. 78	2275	58. 04
额济纳旗	13. 28	8. 87	834	27. 60	1585	60. 80

因流域不同区县产业结构及行业用水效率的差异，导致整个黑河流域的单方水产出差

异也较大。整个流域平均水产出为 58 元/m³。其中单方水产出最高的地区是嘉峪关市，单方水产出 480 元。单方水产出最低的是临泽县，仅为 20 元，两者相差 24 倍（见图 5.3）。究其原因主要是由地方的产业结构差异造成的，中游地区农业耗水量大，单方水产出低，所以导致整个地区单方水产出较低。祁连县和额济纳旗经济总量虽小，但单方水产出较高。单方水产出所表征的水资源生产力虽然并不能说明地区经济的优劣，但是对于水资源紧缺的干旱地区来说，提升单方水产出是整个流域社会经济发展突破水资源制约的关键。

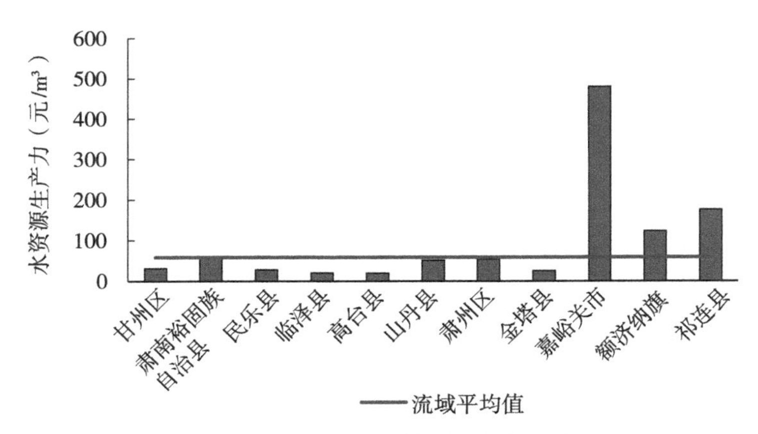

图 5.3　流域区县水资源生产力水平

水资源利用效率的特征反映了不同行业之间的用水差异，同一行业的水资源利用效率在不同地区之间也存在差异，用水效率较高的地区存在着比较优势，通过结合水资源利用效率特征，促进虚拟水在由该行业水资源利用效率高的地区流向水资源利用效率低的地区，则可以从全区域的角度，提高水资源的配置效率，实现水资源生产力的提升。

5.3　黑河流域虚拟水贸易分析

黑河流域各区县虚拟水进出口见表 5.3。从虚拟水贸易的构成来看，区域间的贸易量很小，仅不到整个虚拟水流量的 1%，虚拟水基本上流出到了流域外。黑河流域的虚拟水流入和流出量分别为 10.6 亿 m³ 和 21.1 亿 m³，净流出 10.5 亿 m³，占流域水资源总量的 1/3。从虚拟水贸易分布区域来看，祁连县、额济纳旗和嘉峪关市是虚拟水的净流入区，而位于黑河中游的甘州、高台、临泽、金塔还有其他几个区县则都是净流出区。甘州区无论在虚拟水进口（2 亿 m³）还是出口（4.7 亿 m³）在整个流域中都占很大比重。

表 5.3　**2012 年黑河流域各区县虚拟水调入调出情况**　单位：万 m³

地区	流出到流域其他县	从流域其他县流入	流出到流域外	从流域外流入	净流出到流域外
祁连县	2.36	6.89	3043.54	5077.05	-2033.51
甘州区	91.19	92.57	47302.46	20123.45	27179.01

续表

地区	流出到流域其他县	从流域其他县流入	流出到流域外	从流域外流入	净流出到流域外
肃南裕固族自治县	22.74	28.07	7096.40	5285.61	1810.79
民乐县	54.77	37.96	17769.94	5735.70	12034.24
临泽县	70.77	27.68	24215.79	4571.68	19644.11
高台县	66.12	26.08	25678.01	4614.42	21063.59
山丹县	21.87	30.24	10309.50	4558.34	5751.16
肃州区	42.10	112.98	33327.96	21301.00	12026.96
金塔县	43.63	20.02	26163.75	7503.92	18659.84
嘉峪关市	9.73	37.93	11665.25	20318.16	-8652.91
额济纳旗	0.65	8.49	4763.28	6727.54	-1964.26

从流域各区县与流域外的社会经济联系来看，甘州区、肃州区还有嘉峪关市虚拟水进口量最大，甘州区的虚拟水出口量最大，其次是肃州区和金塔县（见图 5.4）。祁连县、额济纳旗和嘉峪关市是虚拟水的净进口区。甘州区、临泽县、高台县的净输出量最大，占总输出量的 50%。对比各区县实际进出口贸易情况，黑河流域进出口贸易与虚拟水贸易有着相反的关系。整个流域的进口量较大，各区县都是商品的净进口区，说明对外部经济比较依赖。然而，除了嘉峪关市、祁连县和额济纳旗外，其他区域都是虚拟水的净输出区，进一步说明地区贸易模式主要是以出口低附加值、高耗水特征商品为主，甘州、临泽、高台、肃州以及金塔是主要的输出区。

为了具体分析导致虚拟水与贸易呈现反向流动的原因，我们对各区县虚拟水进出口的主要行业也进行了分析。由于每个区县都有 48 个行业，11 个区县总共有 528 个行业的虚拟水进出口数据，所以只选择虚拟水规模大于 150 万 m^3 的行业进行了整理。例如，行业大于 150 万 m^3 进口虚拟水规模的县只有甘州、肃南和额济纳旗，出口较大的则有甘州区、临泽县、高台县、嘉峪关市和额济纳旗。各区县虚拟水进出口的主要行业差异也比较明显。食品制造和烟草加工业无论是虚拟水进口还是出口，都是所有区县虚拟水进出口的主要行业，并且是出口虚拟水规模均最大的行业。肃南县进口虚拟水较多，有 18 个行业都在 150 万 m^3。甘州区的金属冶炼和石油化工行业是主要的虚拟水流入部门。在农业方面，甘临高的玉米均是农业内部虚拟水流出最大的行业。高台和嘉峪关的纺织业和鞋帽服饰加工业也是虚拟水出口的主要部门，在工业方面也流出了大量的虚拟水，说明高台和嘉峪关在工业上具有一定的优势，有大量的产品外流。

另外，我们对区县间的虚拟水流动情况也进行了分析。表 5.4 是各区县间的虚拟水贸易矩阵，其中行向是流出，列向为流入，对角线为本地使用商品的虚拟水量，如甘州区流向肃南裕固族自治县的虚拟水量为 13.35 万 m^3。从流域内部来看，甘州区、临泽县、高台县分别输出了 91 万、71 万和 66 万 m^3 的虚拟水到流域其他区县，而肃南是流域内主要

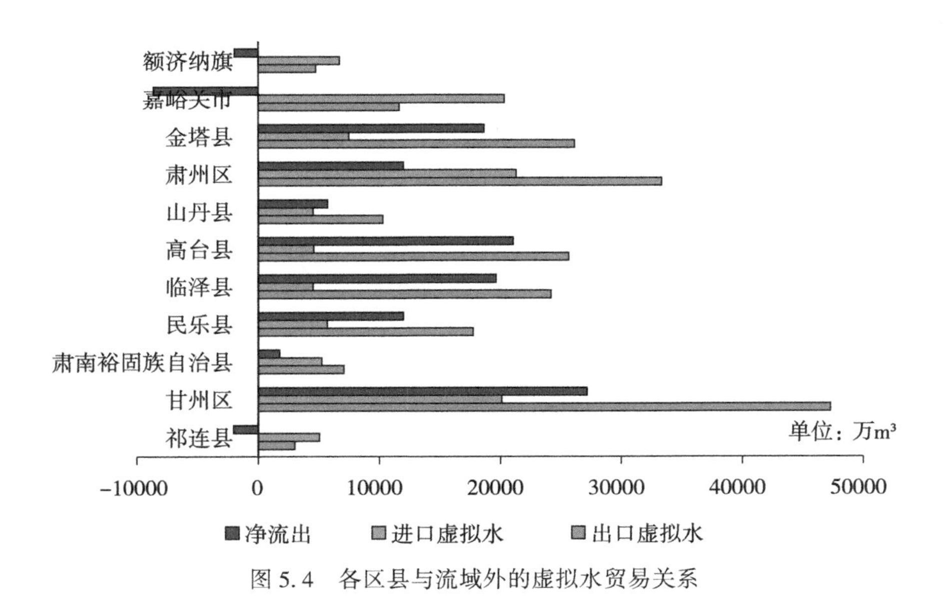

图 5.4 各区县与流域外的虚拟水贸易关系

的虚拟水接收区。整体来看，流域内部各区县间总的虚拟水输出（426 万 m^3）和输入（429 万 m^3）相差不大。这也表明流域区县间的贸易对缓解地区水压力十分有限。

表 5.4 **区域间虚拟水贸易** 单位：万 m^3

	甘州区	肃南裕固族自治县	民乐县	临泽县	高台县	山丹县	肃州区	金塔县	嘉峪关市	额济纳旗	祁连县
甘州区	3699	13.35	14.27	8.23	6.63	6.30	27.56	4.38	7.25	1.78	1.45
肃南裕固族自治县	10.24	190	2.46	1.29	0.99	0.86	4.08	0.62	1.64	0.33	0.24
民乐县	22.72	3.13	800	5.68	3.92	3.28	9.34	2.02	3.32	0.65	0.71
临泽县	19.41	4.14	8.29	574	6.14	4.91	19.79	2.64	3.81	0.91	0.72
高台县	15.23	2.53	5.27	5.56	574.36	6.22	22.34	2.98	4.41	0.96	0.87
山丹县	4.56	0.64	1.56	1.48	2.01	345.13	7.03	1.39	2.34	0.41	0.44
肃州区	10	2.23	3.06	2.86	3.47	4.95	2638	4.47	8.32	1.60	1.01
金塔县	7.38	1.15	2.05	1.78	2.10	2.88	18.72	442	5.64	1.03	0.90
嘉峪关市	1.89	0.67	0.64	0.53	0.53	0.54	2.70	1.11	153	0.72	0.40
额济纳旗	0.75	0.16	0.21	0.16	0.17	0.18	0.84	0.23	0.79	12.08	0.15
祁连县	0.52	0.09	0.14	0.11	0.12	0.13	0.55	0.17	0.43	0.12	41.69

图 5.5 展示了区域间的虚拟水流动关系，图中内圈最宽圆带的颜色代表对应最外圈文

字标明的区域，由此圆带向外辐射的流表示该区域输出给其他区域的虚拟水，即虚拟水流动去向。总体来看，流域内区县贸易主要集中在甘州、高台和临泽。甘州区是所有区县中区域间最大的虚拟水流入区及流出区，而祁连县、额济纳旗、嘉峪关市与流域内其他地区交易总量较小。甘州区的虚拟水主要流向高台县、临泽县、民乐县、金塔县。

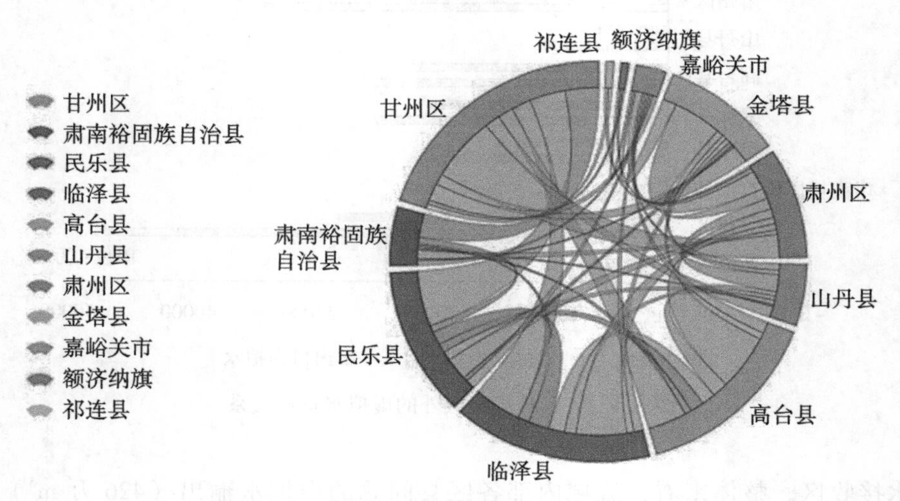

图 5.5　黑河流域各区县虚拟水贸易关系

黑河流域作为水资源极为稀缺的地区，通过农产品贸易将水资源大量输往外地，这一现象违背了国际贸易中的比较优势理论，也就是所谓的 Lieontif 悖论。黑河流域虚拟水大量外流有两方面的原因：一方面是产业结构不合理，黑河流域经济发展落后，农业用水所占比例过大，所以需要从产业结构上来调整未来的虚拟水格局；另一方面，农业自身用水系数较高，用水效率低，这主要是因为水资源利用技术落后，水资源管理不完善，农业生产中对水资源重要性的认识不足，再加之水价过低，水资源的价值无法得到充分体现。

5.4　区域虚拟水压力分析

水资源压力是指人类活动对水资源产生的超量负荷，表示区域当前的水资源量所承载的当地生活、生产用水压力。水资源压力分析一直是水资源管理、水资源安全甚至可持续发展等领域的研究重点。通过分析地区的水资源压力，能更好的为区域水资源综合管理提供决策依据。从供给-需求角度进行水资源压力分析是较为直观和准确的分析方法。虚拟水作为水资源需求管理中的创新视角，为水资源管理提供了新的思路，通过进出口贸易来调节地区水压力，能够很好的弥补传统的工程性调水投资大以及技术性节水周期长等不足。所以从虚拟水的角度来分析区域水压力指数，可以更好地了解地区虚拟水压力状态，分析开展虚拟水战略的必要性和可行性。

为了分析虚拟水贸易对区域水压力的影响，本节根据（Pfister S.，et al.，2009）提出的水压力指标，构建了虚拟水影响压力指数，分析当前流域虚拟水贸易对区域水压力的影响：

虚拟水压力指数计算公式为：

$$\mathrm{VWSI}=\frac{WC+VW_{ex}-VW_{im}}{Q} \tag{5.10}$$

其中，WC 表示总的用水量，VW_{im} 表示虚拟水进口量，VW_{ex} 是虚拟水输出量，Q 是总的可用水量。通常来说，虚拟水压力指数在0.4以下表示水压力较小，大于0.8时说明水压力比较大。

通过计算可以得到流域各区县虚拟水压力指数，如表5.5所示。虚拟水压力指数超过0.8的区域有甘州区、临泽县、高台县、山丹县、民乐县，其中临泽县的虚拟水压力指数最大。金塔和肃州的虚拟水压力也都超过了0.4的阈值，说明存在一定的虚拟水压力。虚拟水压力较小的区域包括肃南县、祁连县、额济纳旗。这几个区域都是人类社会经济活动较少的区域，而且肃南裕固族自治县和祁连县处于黑河上游地区，水资源相对较丰富。值得注意的是，这里主要是从社会经济角度分析的水压力，没有考虑生态需水，额济纳旗虽然处于下游缺水地区，但其主要是生态需水量较大，所以基于生产的水压力并不大。

表5.5 **基于虚拟水的各区县水压力指数**

地区	虚拟水压力指数
甘州区	0.8912
肃南裕固族自治县	0.0314
民乐县	0.8724
临泽县	1.4314
高台县	1.1848
山丹县	1.0590
肃州区	0.4796
金塔县	0.5758
嘉峪关市	0.2102
额济纳旗	0.0069
祁连县	0.0015

由于虚拟水压力主要是由水资源量和虚拟水的进出口量所决定的，而对于黑河流域来说，以输出虚拟水量为主。图5.6是各区县各行业虚拟水输出比重，各区域虚拟水贸易重点部门各不相同。甘临高地区以农业为虚拟水输出主要部门，其中临泽县和高台县的农业输出虚拟水量占总虚拟水输出量的40%以上，且以玉米为主要的输出部门，因此，农业部门尤其是玉米的出口加大了这些地区的虚拟水压力。另外，从整个流域来看，食品制造及加工业在各地区虚拟水输出中都占有很大的比重，其中占到嘉峪关市输出水量的35%

左右。额济纳旗和祁连县的纺织业是最大的虚拟水输出部门，占整个虚拟水输出量的30%以上。其次，化学工业和金属冶炼及压延业也是整个流域虚拟水输出的重点部门。

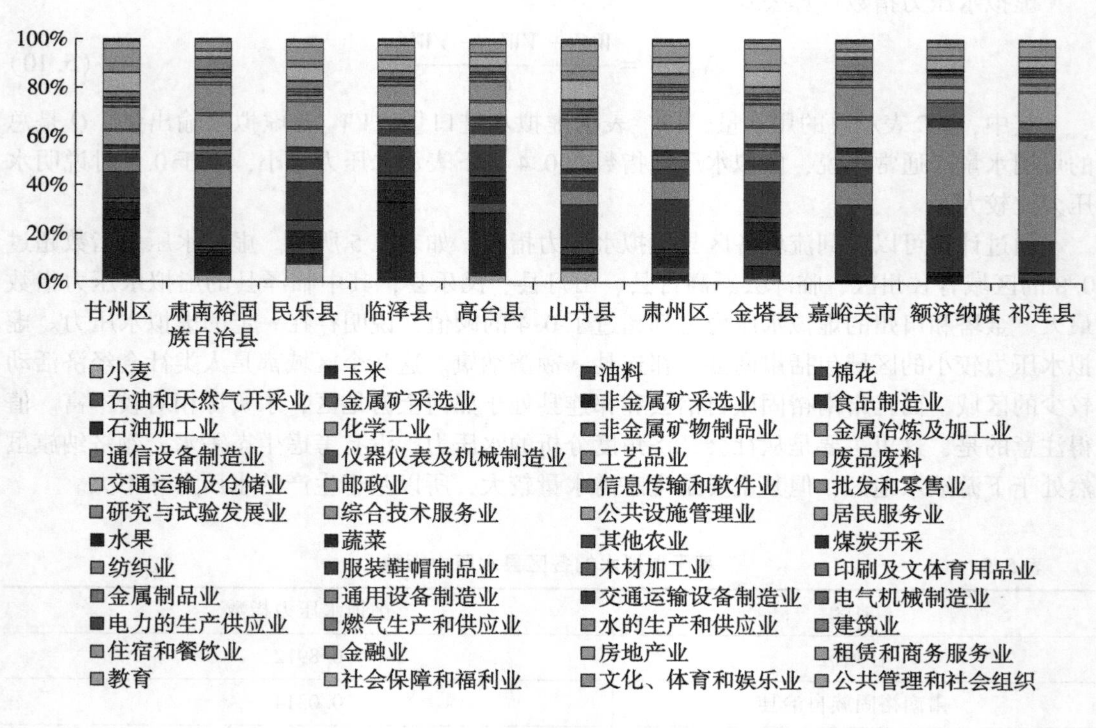

图 5.6　黑河流域各区县各部门虚拟水出口比重

概言之，黑河流域虚拟水贸易格局加大了区域水压力，流域虚拟水以向外输出为主，内部虚拟水贸易量较小，可以忽略不计。结合各地区水压力指数和虚拟水重点流出部门，可以通过适当调整流域虚拟水贸易来调节区域水压力。从整个流域来看，虚拟水压力主要集中在黑河中游地区，亟须通过调整虚拟水贸易和产业结构来调节水压力。

5.5　基于虚拟水理论的水资源利用格局优化

虚拟水重新定义了水和生产之间的关系，刻画了水在产业以及地区间的流动，扩大了水资源的优化配置范围。对社会资源的强调是虚拟水战略最突出的特点，可以充分调动社会资源来缓解水资源稀缺，提升社会适应性能力。相对于第一性的自然缺乏，没有充分的社会调节能力去应对资源不足并进行相关的调整是更需要重视的管理能力的缺失。实施虚拟水战略，是贫水地区充分利用社会资源，通过有效的管理来提升社会调节能力的重要手段。

虚拟水理论并不局限于传统的虚拟水贸易理论，应以系统思考的方法寻找与问题相关的各种各样的影响因素，其具体实施包含行业、产业、区域和制度四个层面，每一个层面都有具体的内涵和措施，本研究分别从这几个方面具体阐释流域未来虚拟水战略实施的内涵，为水资源利用格局优化的路径选择奠定基础。

5.5.1 农业用水效率提升

农业是用水大户，对虚拟水的流向起着决定性作用。农业也关系着国家粮食安全等战略问题，农业种植面积和结构无法大幅度调整，通过减少面积的水资源节约方法整体效果有限。而农业单位产值用水节省空间虽然有限，但是其放大效应显著，能极大地降低农业用水量从而降低农业单位产品的虚拟水含量，所以从农业用水效率上对虚拟水进行调整是虚拟水调节最重要部分。在可利用水资源有限的情况下，要充分挖掘农业节水潜力，以提高农作物水分利用效率为核心，大力发展节水农业，提高水资源生产力，即提高单方水的产出。农业用水效率上升也会在产品贸易中减少虚拟水输出，从而使产品在水资源维度更具比较优势。近年来，我国在农业节水方面取得了长足进步，但与农业发展特别是缺水地区高效灌溉需要相比，农业节水在技术推广和应用方面还存在着比较大的差距。

5.5.2 产业结构优化

虚拟水归根结底是区域产业结构的反映。区域产业结构是客观存在的“原像”，虚拟水结构是产业结构反映的“镜像”（张洁宇，马超，2016）。虚拟水的经济价值体现在虚拟水资源在转移中如何作用于区域的经济增长。对于贫水的内陆河流域来讲，解决第一产业向二、三产业转移“虚拟水”，在产业内部形成正反馈环，从而更高效地配置水资源，是虚拟水战略实施的关键。所以实施产业结构的优化调整，是区域虚拟水战略的落脚点。通过调整区域产业结构，促进水资源从回报率较低的部门流向回报率较高的部门，实现水资源在产业间的优化配置，从而提升水资源生产力。黑河流域种植业生产规模过大、用水过多以及产品输出造成虚拟水的大量损失是造成水资源短缺的重要原因。合理调整第一和第二、第三产业的产业布局，促进第二、第三产业的发展，能促进区域虚拟水流向更趋向合理化。

5.5.3 水资源管理制度完善

水权和水价等水资源管理制度是促进区域虚拟水调整的重要政策手段。水资源的经济价值被低估、水权定义不清晰以及无法流转一直被认为是导致水资源利用效率低下及结构不合理的重要原因。加强水资源的社会化管理，建立以水权、水市场理论为基础的水资源管理制度，是提高水资源外部效益分配的重要手段。明确水权能促进水资源在不同行业间的交易和重新配置，从而促进水资源的二次分配更加合理化。水价提升能通过要素市场影响整个水资源需求结构，进而引起水资源在不同行业间的重新分配。合理的水价是促进水资源稀缺性被认识的重要手段，通过水资源和水资源密集型产品的价格来反映水资源的稀缺程度，促进区域生产和贸易向节水和高效益转变。所以未来应该建立以水资源生产力提升为目标的水资源管理制度体系，充分利用水权、水价等水资源需求管理手段来引导水资源的合理分配和流动。

5.5.4 区域间分工协作

区域经济学理论认为，在社会经济系统中，每个区域都是更大的区域所包含的子系统，因而区域产业结构评价应该从更大的范围来进行系统与整体的评价。在水资源管理中，我们通常倡导以流域为单元进行管理，将整个流域看做一个整体的系统来合理分配水资源。以黑河流域为例，首先应该从整个流域的角度，根据比较优势理论，分析各个区县不同产品及要素的优势，充分发挥各个区县的生产优势，建立具有比较优势的生产系统，从而促进区域分工走向合理化，提高整个区域的发展效率。

虽然不同地区由于生产技术差异导致同一种产品的生产用水有一定的差异，但是基于产品本身的特性，整体来说，不同的地区各行业的用水差异是有相似性的，所以区域内部的用水结构优化可能会导致趋同效应。因此，不仅要考虑区域内自身的用水结构，更应该了解区域间用水结构的内在联系，协调区域用水，实现所有区域用水结构的共同优化。区域间水资源利用优化包括流域不同区县间以及流域内与流域外的分工与协作。梯度理论指出各区域之间在经济、技术发展水平上存在梯度，以流域为例，流域上、中、下游具有不同的水资源禀赋和产业结构，如何通过产业空间结构的变动来影响水资源利用，提升流域的水资源生产力水平，使虚拟水贸易趋向合理化，是流域水资源管理需要解决的产业空间配置问题。

5.6 小结

投入产出分析能宏观地反映整个经济系统之间的内在关联，是国民经济分析和产业政策分析的重要方法。一般通过计算分析各种系数包括直接消耗系数、完全消耗系数、直接分配系数、完全分配系数、劳动报酬系数、国民收入系数等，来反映经济系统之间的关联以及各个部门之间的投入和产出的相互依存关系。本章以流域多区域投入产出数据为基础核算了流域社会经济系统水平衡。虚拟水策略是突破流域社会经济系统的闭合环路构建与流域外社会经济系统交互提升社会经济系统水资源生产力的战略方案，实践证明其具有区域适宜性。本研究系统核算了流域内区县间及流域内外的虚拟水资源量，从虚拟水理论的角度分析了流域社会经济系统水资源利用格局与虚拟水流。研究发现，黑河流域农业用水占比过高导致社会经济系统整体水资源生产力低下，并且向流域外大量输出虚拟水产品，导致地区的水资源压力明显。黑河流域进出口虚拟水流量计算发现，流域以高耗水、低附加值的农产品出口为主，农业虚拟水流动占比较高，流域内社会经济的产业结构基本决定了虚拟水的流向，亟须采用虚拟水理念提高流域内产业间水资源需求的竞争范式。最后，本章从行业、产业、区域和制度四个层面解释了实施虚拟水理念的内涵与外延，为相关研究提供了理论支撑。

第6章　水资源社会核算在流域水资源管理中的应用

社会核算矩阵（Social Accounting Matrix，SAM）乘数模型分析是厘清水资源与经济社会发展关系，研究水资源在整个国民经济系统中分配机制的重要方式之一，并且也可以相对分析经济冲击以及产业结构转型如何影响不同类型水资源的分配和使用。本章以甘肃省张掖市高台县为例，编制了2012年高台县嵌入水资源的社会核算矩阵，对黑河流域水资源矛盾突出县域水资源与社会经济相关产业部门之间的关系进行分析，并运用社会核算矩阵乘数模型及乘数分解方法测度县级尺度上水资源与社会、国民经济部门之间的数量关系，从不同层面和角度探讨水资源利用过程中对国民经济产业部门以及对社会各部门的影响，针对研究结果对当前的产业结构现状进行分析，为产业结构调整和改善水资源利用状况提供宏观社会经济发展方面的参考。

6.1　地区水资源社会核算矩阵

6.1.1　水资源社会核算矩阵简介

水资源社会属性的认识不能片面地“以水论水”，而应把水资源利用与经济发展、产业结构、社会公平联系起来，既考虑宏观经济系统中的投入产出关系，也重视宏观经济发展与水资源配置之间的相互制约、相互促进关系（程国栋，等，2015；左其亭，等，2011）。很多学者在投入产出理论的基础上，通过建立水资源的投入产出模型将水资源使用与社会经济发展的投入产出分析结构联系起来，探讨水资源效益的合理分配问题（蔡国英，等，2013；陈锡康，等，2003）。虽然水资源投入产出模型在一定程度上刻画了产业部门的用水特征以及产业部门间的水交换关系，但是对于整个区域的系统经济分析方面还缺乏考量。除此之外，投入产出分析未能充分体现居民、企业和政府等经济主体间的相互影响，以及收入再分配效应对最终产出的影响（党玮，2012）。社会核算矩阵是在投入产出（IO）表的基础上增加了生产要素、居民、政府、世界其他地区等非生产性部门构成的，可以全面反映各种经济主体之间发生的交易。所以，有学者提出将水资源作为一种生产要素纳入国民经济核算，评估水资源在社会经济发展中的作用，对自然-社会二元水循环中的水资源与经济生产的联动关系问题进行更加深入、科学、量化的分析（Deng Xinagzheng，et al.，2015；徐中民，陈东景，2002）。

随着SAM理论技术和乘数分析方法的不断更新和日渐成熟，它被广泛地应用于解决产业结构调整、就业、收入分配和减少贫困等诸多现实问题。在我国，SAM的研究主要集中在编制方法，乘数分解、数据处理、关联分析等方面（李善同，等，1996）。范金等（2010）详细描述了如何结合投入产出表，以及其他经济社会发展数据来进行宏观SAM编制，并编制了2007年中国宏观SAM。党玮（2011）探讨了地区社会核算矩阵的编制方法，并将其应用于居民收入分配分析中。徐中民等（2002）基于社会账户体系，以甘肃省临泽县平川乡为例，详细描述了SAM的建立过程，并利用乘数分析方法分析了该地区的经济发展状况。高颖（2008）探讨了中国资源-经济-环境SAM的编制方法，并在2000年基准SAM的基础上拓展构造了一个含有资源、环境账户的细化SAM表。张同斌等（2011）编制了中国高新技术产业细化SAM，研究了高新技术对国民经济各部门的带动效应。唐文进等（2011）编制了水利社会核算矩阵，并利用水利社会核算矩阵乘数模型考察大规模水利投资对中国经济的拉动效应。本文吸取前人研究成果，探讨水资源社会核算矩阵的编制及其在水资源矛盾突出地域水资源对社会经济的制约以及水资源合理分配分析中的应用。

6.1.2　水资源社会核算矩阵编制方法

1）编制原则

SAM是在国民经济核算框架内对IO表的扩展，在IO表的基础上增加了非生产性机构部门，如居民、政府、国外等，不仅反映生产部门之间、非生产部门之间以及生产部门与非生产部门间的联系，而且反映了国民经济的再分配和决定社会福利水平的收入分配关系，其重点从关注生产过程扩大到各类结构部门之间的联系、影响和反馈。因此，用SAM来研究市场经济中不同部门和行为者之间的关系成为最佳选择。SAM在CGE模型中的作用包括：首先为CGE模型提供一个全面描述基础年份各个经济指标的数据集，再由CGE模型中的各个具体方程实现其参数的取值，如反映厂商、消费者、政府行为的一些参数。

SAM是宏观社会经济系统以及中观经济账户的一种矩阵表现形式，嵌套了描述生产的投入产出表与国民收入、生产账户，全面地刻画了经济系统中生产部门之间、非生产部门之间及生产部门与非生产部门之间通过要素市场、商品市场而发生的交易和收入转移活动。SAM的构建方法主要有两种，一是自上而下法；二是自下而上法。本文采用自上而下（Top-down）的方法，从整体到局部、从宏观到微观，首先编制高度集成化的宏观社会核算矩阵，再根据研究需要进行相关账户的分解，得到微观的社会核算矩阵，其间宏观SAM中的元素为账户的细分提供对应子矩阵的总量控制数据。具体编制步骤如图6.1所示。

2）SAM账户划分

社会核算矩阵的部门划分具有很大的灵活性，研究者可以根据所要研究的对象和分析的问题，对SAM中的部门账户进行调整。通常来说SAM账户包括六大类，生产要素账户、机构部门账户、生产活动账户、商品账户、贸易账户以及资本账户。本文在传统SAM的基础上增加了水资源账户，将水资源作为要素加入社会核算矩阵。其中宏观SAM共包括商品、活动、要素（劳动力账户）、要素（资本账户）、要素（地表水）、要素（地下水）、居民账户、企业账户、政府账户、国外账户、资本账户、存货变动等14个账

户，具体结构见表6.1。细化的水资源SAM维度见表6.2。

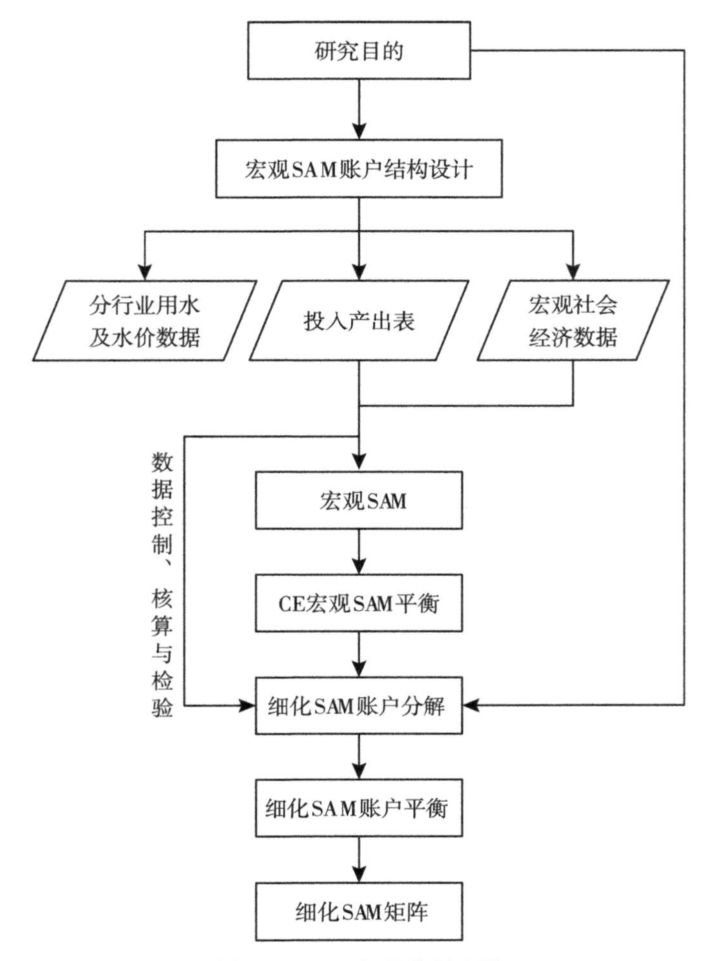

图6.1　SAM矩阵编制步骤

由于宏观SAM提供的信息非常有限，为了更加深入研究问题，需要对SAM中的一些账户进行细分。结合高台县的实际情况，以及已经编制完成的高台县2012年IO表，根据研究问题的需要和行业部门间的相关性，我们将IO表中原有的48个行业部门合并为27个部门，其中包括7个农林牧渔业部门、8个工业部门、1个建筑部门和11个服务业部门（见表6.3）。之所以对农业进行细分，是因为农业是当地的支柱产业，也是用水量最大的部门，了解农业内部用水结构，可以为农业内部结构调整提供指导。另外根据当地用水情况，以及考虑后续分析地下水对当地生态环境的影响，水资源被进一步分为地表水和地下水。

经过细化后的SAM表更能反映系统内部结构，便于对整个社会经济系统进行更细致深入的分析，根据不同的研究需要，后续还可以在以上的划分基础上对一些账户进一步细分，研究一些特定的社会经济问题，细化SAM表结构（见表6.3）。表中每一格中的数值

表6.1 宏观水资源SAM账户结构

收入/支出				1	2	3	4	5	7	8	9	10	11	12	13	14
				COM	ACT	LAB	VACAP	SWAT	HS	ENT	GSUB	GOV	ROW	CAP	STOCK	TOT
1		商品	COM		中间使用				居民消费			政府消费	出口	固定资本形成	存货净变动	总需求
2		活动	ACT	总产出												总产出
3	要素	劳动力	LAB		劳动者报酬											要素收入
4	要素	资本	VACAP		资本回报											要素收入
5	要素	地表水	SWAT		水资源费											要素收入
6	要素	地下水	GWAT		水资源费											要素收入
7	机构	居民	HS			劳动收入	资本收入			企业转移支付	政府补贴	政府其他支付	县外收益			居民收入
8	机构	企业	ENT				资本收入									企业收入
9	机构	政府补贴	GSUB		生产补贴							政府补贴支出	县外收益	政府债务收入		生产补贴

续表

收入/支出				1	2	3	4	5	7	8	9	10	11	12	13	14
				COM	ACT	LAB	VACAP	SWAT	HS	ENT	GSUB	GOV	ROW	CAP	STOCK	TOT
10		政府收入	GOV	进口税	生产税			水资源费	个人所得税	企业直接税						政府总收入
11		ROW	ROW	进口			县外外资本投资收益					对外转移支付				ROW 支出
12		资本账户	CAP						居民储蓄	企业储蓄		政府储蓄	县外净储蓄			总储蓄
13		存货变动	STOCK											存货变动		存货变动
14		汇总	TOT	总供给	总投入	要素支出	要素支出	要素支出	居民支出	企业支出	政府补贴	政府支出	ROW 总收入	总投资	存货净变动	

表6.2　　细化水资源SAM维度

收入/支出				1	2	3	4	5	6	7	8	9	10	11	12	13	14
				COM	ACT	LAB	VACAP	SWAT	GWAT	HS	ENT	GSUB	GOV	ROW	CAP	STOCK	TOT
1		商品	COM		27×27					27×1			27×1	27×1	27×1	27×1	总需求
2		活动	ACT	27×27													总产出
3	要素	劳动力	LAB		1×27												要素收入
4	要素	资本	VACAP		1×27												要素收入
5	要素	地表水	SWAT		1×27												要素收入
6	要素	地下水	GWAT		1×27												要素收入
7	机构	居民	HS			1×1	1×1				1×1	1×1	1×1	1×1			居民收入
8	机构	企业	ENT				1×1										企业收入
9		政府补贴	GSUB		1×27								1×1	1×1	1×1		生产补贴

续表

收入/支出				1	2	3	4	5	6	7	8	9	10	11	12	13	14
				COM	ACT	LAB	VACAP	SWAT	GWAT	HS	ENT	GSUB	GOV	ROW	CAP	STOCK	TOT
10		政府收入	GOV	1×27	1×27			1×1	1×1	1×1	1×1						政府总收入
11		ROW	ROW	1×27			1×1						1×1				ROW支出
12		资本账户	CAP							1×1	1×1		1×1	1×1			总储蓄
13		存货变动	STOCK												1×1		存货变动
14		汇总	TOT	总供给	总投入	要素支出	要素支出	要素支出	要素支出	居民支出	企业支出	政府补贴	政府支出	ROW总收入	总投资	存货净变动	

代表每个子矩阵的维度，其余为空。

表6.3　　　　　　　　　　　　**SAM细化表中的部门划分**

农业	小麦	建筑业	建筑业
	玉米	第三产业	运输邮电业
	油料		批发和零售业
	棉花		住宿和餐饮业
	水果		金融业
	蔬菜		房地产和房屋租赁业
	其他农业		教育科技服务业
工业	煤炭及天然气开采业		水利、环境和公共设施管理业
	矿采选业		居民服务和其他服务业
	食品及服装木材加工制造业		卫生、社会保障和社会福利业
	石油及化工业		文化、体育和娱乐业
	金属及非金属制品业		公共管理和社会组织
	通用交通设备电器制造业		
	电力和燃气生产和供应业		
	水的生产和供应业		

6.1.3　数据来源及处理

本文SAM表编制的数据基础包含48个行业的2012年黑河流域县级投入产出表以及国民经济收入核算数据。投入产出表是在统计以及调研的基础上进行编制的。在SAM中，每种生产活动的中间投入、居民和政府对各种商品的消费、各部门商品的进出口额、各部门的资本形成额、劳动力要素、从各项生产活动中所取得的报酬均取自2012年高台县投入产出表。另外，还有张掖市及高台县统计年鉴数据、高台县分行业用水水量数据（见图6.2）以及高台县分行业用水水价资料等。在本章的SAM编制过程中，我们先将那些可以直接从官方统计资料中获得的统计数据填入表中，而将那些含义不甚明确或者重要性不是很大的科目作为整个账户的平衡项来处理。如活动账户下对应的“中央政府的生产补贴”，需要用推断的方式产生；还有一些数据需作为余项处理，是矩阵的平衡项，如居民账户中“企业对居民的转移支付”，在居民的劳动收入、资本收益、政府转移收入已经获得数值的条件下，“企业对居民的转移支付”可作为余项处理。

最后，由于数据来源的不同，数据缺失等会导致账户项之间出现不平衡，需对整个矩阵进行平衡处理。目前处理这种不平衡的方法主要包括RAS法和交叉熵法（Cross Entropy Method，CE法），这两种方法各有优缺点。当拥有各方面的信息来源并且用于诸如乘数分析及用CGE估计模型各种结构变化的分析时，则应该选择CE方法。因此，本章采取CE法，并用GAMS软件环境程序来实现矩阵平衡运算过程。

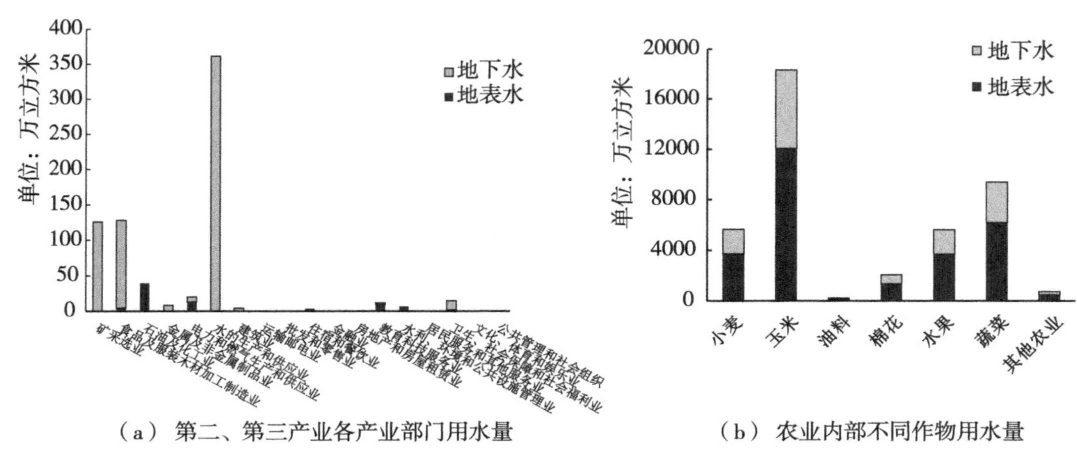

（a）第二、第三产业各产业部门用水量　　（b）农业内部不同作物用水量

图 6.2　高台县分行业地表水地下水用水量

6.2　水资源 SAM 乘数模型及其分解

固定价格乘数分析中的最基本假定：经济系统中的收入来自生产部门支付给要素的报酬，而这些收入本质上都源自经济主体的注入，正是由于这种注入引发了乘数效应并参与了增值过程。

SAM 乘数刻画一个账户的外生需求增加一个单位，对国民经济系统中的总产出和其他要素、机构部门的拉动作用。所以需要先将 SAM 的账户按照是否受系统内外因素的影响划分为内生账户和外生账户。内生账户指部门的投入产出受其他部门的影响，着重考察系统内交易主体通过交易市场发生联系，由经济活动内生决定的账户；而外生账户是指其价值量由外生决定，受系统外因素决定的账户，也就是外生冲击直接来源的部门，如各种政策工具、不受国内机构控制的账户。本文将生产活动账户、要素账户（劳动力与资本）和机构（居民与企业）划分为内生账户，这些账户通过要素市场和商品市场，生产部门和居民部门之间发生生产结构和收入分配方面的联系，且不受系统外因素的影响；而将政府账户、资本账户和 ROW 作为外生账户。

为了分析 SAM 的乘数效应，我们需要先定义一个平均支出倾向矩阵 $\boldsymbol{A}_n$，该矩阵中的元素值为内生账户中的各个元素除以其所在列的合计值得到，并且由于行和与列和相等的关系，内生账户的总收入 $\boldsymbol{y}_n$ 可以表示为：

$$\boldsymbol{y}_n = (\boldsymbol{I} - \boldsymbol{A}_n)\boldsymbol{x} = \boldsymbol{M}_a\boldsymbol{x} \tag{6.1}$$

式中，$\boldsymbol{M}_a$ 称为账户乘数矩阵，反映了 SAM 中各账户间的基本关联；注入矩阵 $\boldsymbol{x}$ 包括政府和国外对居民和企业的现金转移支付，以及政府消费、投资和出口等引致的对国内产品的需求；$\boldsymbol{M}_a$ 中的每个元素都反映了来自外生账户的冲击对内生账户的总效应。利用账户乘数矩阵可以方便地分析外生账户冲击对产出、居民收入以及要素等内生账户的影响。

为了更好地分析水利投资对各内生账户所产生影响的特征和作用路径，可以对其进行分解。SAM 乘数效应可以分解为直接（转移乘数）效应、间接（开环乘数）效应和诱导（闭环乘数）效应。

转移乘数效应（T）：刻画了内生账户内部通过直接转移而产生的影响，包括生产部门之间以及机构部门之间的直接转移情况；

开环乘数效应（O）：刻画了不同账户之间发生的乘数效应，反映了当经济系统中的某个账户受到冲击影响时对其余账户所产生的影响；

闭环乘数效应（C）：反映了当有外部注入时，该注入在经济系统中循环所带来的对某个账户的影响，收入流在账户之间的循环流动状况，如收入以消费需求的形式从生产活动转移到要素，然后再分配到机构部门，最后又回到生产部门。

图 6.3 形象地展示了乘数矩阵分解后的三种效应之间的关系。

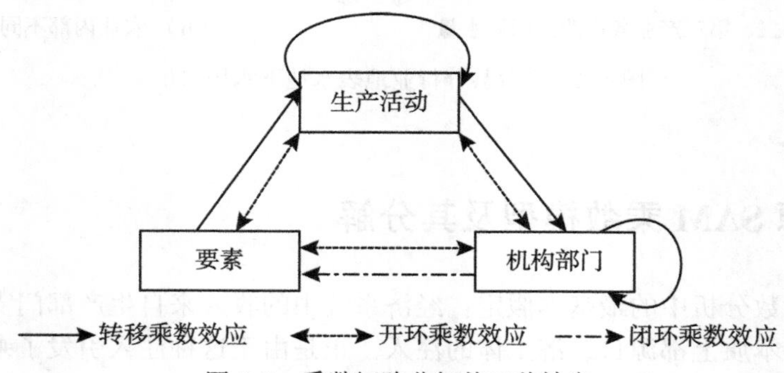

图 6.3　乘数矩阵分解的三种效应

令

$$A^{*} = (I - \tilde{A}n)^{-1}(An - \tilde{A}n) \tag{6.2}$$

式（6.1）经过一系列数学变换可以得到：

$$y_n = (I - A^{*3})^{-1}(I + A^{*} + A^{*2})(I - \tilde{A}n)^{-1}x \tag{6.3}$$

所以矩阵乘数可以表示为：

$$M_a = M_{a3}M_{a2}M_{a1} \tag{6.4}$$

$$M_{a1} = (I - \tilde{A}n)^{-1},\ M_{a2} = (I + A^{*} + A^{*2}),\ M_{a3} = (I - A^{*3})^{-1},$$

$$\begin{aligned} M_a &= I + (M_{a1} - I) + (M_{a2} - I)M_{a1} + (M_{a3} - I)M_{a2}M_{a1} \\ &= I + T + O + C \end{aligned} \tag{6.5}$$

其中，T 表示转移乘数效应的净贡献；O 表示开环效应或是交叉乘数效应的净贡献；C 则为闭环效应或是循环效应的净贡献。

基于 SAM 乘数模型，对高台县 SAM 进行了乘数分解。一个行业部门的乘数大小反映了该经济部门在整个经济系统中的作用。表 6.4 为乘数分解结果。从分解结果可以看出，农业部门的转移效应值普遍较小，说明其在生产活动账户内部作用有限；工业部门的乘数效应和转移效应值较大，其在生产过程中创造的直接影响较大。所以，从生产内部来讲，工业所带来的经济效益要大于农业部门。然而，农业部门的闭环效应超过工业部门，说明农业部门对高台县整体国民经济体系潜在影响较大，相对来说工业部门的影响力反而较弱。总体来说，高台县农业发展阶段不高，主要还是初级生产，产业链条较短，但是通过闭环效应，农业对整个国民经济的影响还是非常可观的。而且高台县农业产值占 GDP 的 40%，说明农业在整个国民经济体系中发挥着很重要的基础作用。最后，作为第三产业部门的教育、文化、卫生、管理等部门，乘数效应都较小，因为它们的社会公共行业性质，所以对其他生产活动账户产出的拉动效应不大。

表 6.4　**SAM 乘数净效应及其分解**

外来冲击	乘数	转移效应	开环效应	闭环效应
	M =	***T*** +	***O*** +	***C*** +
小麦	3.2138	0.7624	1.7272	0.7242
玉米	2.5003	0.0788	1.6966	0.7249
油料	2.9165	0.0144	2.0000	0.9021
棉花	3.0261	0.1240	2.0000	0.9021
水果	2.4719	0.0259	1.7093	0.7368
蔬菜	2.7149	0.1503	1.7734	0.7912
其他农业	3.0371	0.5152	1.7487	0.7732
煤炭及天然气开采业	3.2142	0.9200	1.7546	0.5396
矿采选业	2.9389	0.5470	1.9373	0.4546
食品及服装木材加工制造业	3.3959	1.2284	1.5319	0.6355
石油及化工业	3.5020	1.3101	1.6244	0.5675
金属及非金属制品业	4.3576	2.0936	1.7076	0.5564
通用交通设备电器制造业	3.6630	1.7034	1.4741	0.4855
电力和燃气生产和供应业	3.5528	1.3064	1.7485	0.4979
建筑业	3.7973	1.3794	1.7999	0.6179
运输邮电业	3.6152	1.1785	1.8521	0.5846
批发和零售业	3.6807	1.3872	1.6780	0.6155
住宿和餐饮业	3.4473	1.0754	1.8085	0.5634
金融业	3.5194	1.1637	1.6970	0.6588
房地产和房屋租赁业	3.3793	0.8413	1.9113	0.6268

续表

外来冲击	乘数	转移效应	开环效应	闭环效应
	M =	***T*** +	***O*** +	***C*** +
教育科技服务业	2.9106	0.1562	1.9230	0.8314
水利、环境和公共设施管理业	3.4510	0.8075	1.9137	0.7298
居民服务和其他服务业	3.3178	0.8891	1.8295	0.5992
卫生、社会保障和社会福利业	2.5903	0.4014	1.6248	0.5640
文化、体育和娱乐业	2.7263	0.4337	1.6369	0.6556
公共管理和社会组织	2.8766	0.0989	1.9160	0.8618

总体来看，张掖市高台县仍然是以农业为主的经济结构，农业的发展和农业科技进步能极大地促进当地经济的发展。但是由于当地农业仍处于较低的发展阶段，以初级生产为主，没有深入构建完善的农副产品产业链和深加工体系，所以导致农业在生产部门内部所产生的效应较小，远不及第二和第三产业。所以应当进一步挖掘农业生产链条，扩大农业科技投入，形成规模性及系统性农业。

6.3　基于 SAM 的情景分析

张掖市高台县是丝绸之路经济带上的重要交通枢纽和旅游地，同时作为重要的农产品生产基地，一方面积极抢抓“一带一路”战略机遇，大力发展外向型现代农业，加大农产品向中亚出口规模；另一方面为抓住经济发展的机遇，需要加大政府投资和消费力度，改变社会经济结构，带动劳动力向第二、第三产业的转移。这种外来经济刺激会进一步影响当地内部社会经济结构、农民收入以及生产决策，进而影响水资源的分配和流向。我们设置了三类不同的情景来探索不同的政策将如何影响国民经济，以及如何影响不同部门的用水需求。

情景 A：高台县位于“一带一路”经济带，作为连接中国与其他中亚国家的港口，在农业、旅游和交通等方面发展经济的机会很多。基础设施、公共服务等设施建设将产生巨大的政府投资和消费。这将是对整个经济的有力注入，将促进许多部门的发展，从而导致不同经济实体之间的收入增加和再分配。因此，在这种情况下，我们探讨政府投资将如何影响当地经济、就业、工资和收入。

情景 B：高台县作为西北地区重要的农业生产基地，充分发挥优势，发展外向型农业，扩大对哈萨克斯坦、吉尔吉斯斯坦等中亚国家的农产品出口。这种对农业出口的刺激不仅会影响农业部门的生产，还会进一步影响其他部门。农业占当地经济的 1/3 以上，消耗了约 95%的水资源总量。由于地表水难以满足用水需求，扩大农业出口将给水资源特别是地下水的利用和开发带来压力。在这种情况下，模拟农业与其他部门之间的关系以及扩大农业出口对水资源需求的影响。

情景 C：农业用水价格低一直被认为是农业用水效率低的主要原因。如何通过市场来提高用水效率，是管理者和学者们热议的话题。水价一直被认为是水资源管理的重要手段（Huang，et al.，2010；Venot，et al.，2008）。2015 年，中国实施水价改革，高台县被选为首批水价改革试点地区。地表水价从 0.1 元/m^3 提高到 0.15 元/m^3，地下水从 0.01 元/m^3 涨到 0.1 元/m^3，几乎是原来的十倍。农业作为经济体系中的基础产业，与其他部门有着密切的联系。毫无疑问，农业水价改革将在不同部门之间产生一系列连锁反应。此外，作为众多生产活动的重要投入，农业用水价格的变化无疑会对企业的生产和投资决策以及总价格水平和通货膨胀产生影响。

本节将通过应用经典的 SAM 乘数分析方法，通过"一带一路"经济发展情景来具体说明 SAM 乘数的效应，即当任何一个内生账户得到外生注入时，通过账户乘数对其他内生账户产生的影响。

（1）政府加大不同产业部门投入对劳动力工资以及居民收入的影响。

不同部门冲击对劳动力工资的乘数效应见表 6.5。我们可以看到，农业部门的工资乘数效应明显大于第二产业和第三产业。相对来说第二产业的乘数效应最小，这可能是因为第二产业原本工资基数就比较大，弹性较小，加大第二产业投入对工资的效应不是很明显。反而是劳动力工资比较低的农业，在外界经济刺激下，对劳动力工资的影响更大。这可能是因为农业的劳动力工资相对较低且更具弹性，并且对外生账户的变化反应灵敏。同时，从表 6.6 中也可以发现，农业部门对居民收入乘数普遍高于工业部门，这与前面农业部门对工资影响是相吻合的，进一步说明农业部门对居民收入具有很大的促进作用，反映了农业仍是高台县的支柱产业。

以上分析能反映高台县的实际情况，高台县农业人口占 70%，且农村劳动力主要是从事农业生产，农民的收入也主要来源于农业。所以政府加大农业投入，能显著提高农村劳动力工资，改善农村就业环境，促进农村劳动力就业，从而增加居民的整体收入。

表 6.5　　**不同产业部门对劳动力的影响**

外来冲击	受影响终端	乘数	转移效应	开环效应	闭环效应
i	*j*	*MA*	***T***	***O***	***C***
小麦	劳动力	0.9281	0.0000	0.7706	0.1575
玉米		0.9608	0.0000	0.8031	0.1577
油料		1.1962	0.0000	1.0000	0.1962
棉花		1.1962	0.0000	1.0000	0.1962
水果		0.9769	0.0000	0.8167	0.1602
蔬菜		1.0485	0.0000	0.8764	0.1721
其他农业		1.0170	0.0000	0.8488	0.1682

续表

外来冲击 *i*	受影响终端 *j*	乘数 *MA*	转移效应 ***T***	开环效应 ***O***	闭环效应 ***C***
煤炭及天然气开采业	劳动力	0.8150	0.0000	0.6768	0.1382
矿采选业		0.4886	0.0000	0.3803	0.1083
食品及服装木材加工制造业		0.5391	0.0000	0.4335	0.1056
石油及化工业		0.6557	0.0000	0.5323	0.1234
金属及非金属制品业		0.6221	0.0000	0.5011	0.1210
通用交通设备电器制造业		0.5679	0.0000	0.4506	0.1174
批发和零售业	劳动力	0.7332	0.0000	0.5994	0.1339
住宿和餐饮业		0.5988	0.0000	0.4763	0.1225
金融业		0.8113	0.0000	0.6680	0.1433
房地产和房屋租赁业		1.0813	0.0000	0.9005	0.1808
教育科技服务业		0.6476	0.0000	0.5249	0.1227
水利、环境和公共设施管理业		0.8211	0.0000	0.6785	0.1426
居民服务和其他服务业		1.1415	0.0000	0.9541	0.1874

表6.6　　不同产业部门对居民收入的影响

外来冲击 *i*	受影响终端 *j*	乘数 *MA*	转移效应 ***T***	开环效应 ***O***	闭环效应 ***C***
小麦	居民	0.9664	0.0000	0.8028	0.1637
玉米		0.9674	0.0000	0.8036	0.1638
油料		1.2039	0.0000	1.0000	0.2039
棉花		1.2039	0.0000	1.0000	0.2039
水果		0.9832	0.0000	0.8167	0.1665
蔬菜		1.0558	0.0000	0.8770	0.1788
其他农业		1.0318	0.0000	0.8571	0.1747
煤炭及天然气开采业	居民	0.8481	0.0000	0.7045	0.1436
矿采选业		0.6644	0.0000	0.5519	0.1125
食品及服装木材加工制造业		0.6480	0.0000	0.5382	0.1097
石油及化工业		0.7573	0.0000	0.6291	0.1283
金属及非金属制品业		0.7425	0.0000	0.6167	0.1257
通用交通设备电器制造业		0.7201	0.0000	0.5982	0.1220

续表

外来冲击	受影响终端	乘数	转移效应	开环效应	闭环效应
i	*j*	*MA*	***T***	***O***	***C***
批发和零售业	居民	0.8214	0.0000	0.6823	0.1391
住宿和餐饮业		0.7518	0.0000	0.6245	0.1273
金融业		0.8791	0.0000	0.7302	0.1489
房地产和房屋租赁业		1.1095	0.0000	0.9216	0.1879
教育科技服务业		0.7526	0.0000	0.6252	0.1275
水利、环境和公共设施管理业		0.8750	0.0000	0.7268	0.1482
居民服务和其他服务业		1.1500	0.0000	0.9553	0.1948

（2）加大农业出口规模对其他部门以及水资源需求的影响。

作为西北重要的农产品生产基地，张掖市高台县具有很好的农产品生产优势及战略优势，并积极发展外向型农业，扩大农业出口至哈萨克斯坦、吉尔吉斯斯坦等中亚国家。农产品的出口需求刺激，不仅会对农业内部产生影响，也会进一步影响其他部门。农业作为基础产业，其产品也进一步用于其他产业的生产或销售。从表 6.7 可以看出，农业部门对食品服装制造加工业和批发零售业的影响较大，对水的生产和供应业以及房地产和房屋租赁业的影响相对较小，即若农业增加 1000 个单位的外部注入，则会导致食品及其他制造业的产出成百地增加。说明农业与食品服装制造加工业和批发零售业联系比较紧密，与其他两个行业则联系较小。所以扩大农业出口会进一步促进食品服装制造加工业和批发零售业的发展。

表 6.7　**扩大农业出口对其他部门的影响**

外来冲击	受影响终端	乘数	转移效应	开环效应	闭环效应
i	*j*	*MA*	***T***	***O***	***C***
小麦	食品及服装木材加工制造业	0.1509	0.0266	0.0000	0.1243
玉米		0.1468	0.0223	0.0000	0.1244
油料		0.1549	0.0000	0.0000	0.1549
棉花		0.1549	0.0010	0.0000	0.1449
水果		0.1265	0.0000	0.0000	0.1265
蔬菜		0.1623	0.0265	0.0000	0.1358
其他农业		0.3654	0.2326	0.0000	0.1327

续表

外来冲击	受影响终端	乘数	转移效应	开环效应	闭环效应
i	j	MA	T	O	C
小麦	水的生产和供应业	0.0011	0.0000	0.0000	0.0011
玉米		0.0011	0.0001	0.0000	0.0010
油料		0.0013	0.0002	0.0000	0.0011
棉花		0.0013	0.0002	0.0000	0.0011
水果		0.0011	0.0002	0.0000	0.0009
蔬菜		0.0012	0.0000	0.0000	0.0012
其他农业		0.0011	0.0002	0.0000	0.0009
小麦	批发和零售业	0.0196	0.0065	0.0000	0.0131
玉米		0.0133	0.0002	0.0000	0.0131
油料		0.0163	0.0009	0.0000	0.0154
棉花		0.0163	0.0016	0.0000	0.0147
水果		0.0133	0.0008	0.0000	0.0125
蔬菜		0.0146	0.0003	0.0000	0.0143
其他农业		0.0268	0.0128	0.0000	0.0140
小麦	房地产和房屋租赁业	0.0057	0.0022	0.0000	0.0035
玉米		0.0038	0.0002	0.0000	0.0035
油料		0.0044	0.0001	0.0000	0.0043
棉花		0.0044	0.0005	0.0000	0.0039
水果		0.0036	0.0008	0.0000	0.0028
蔬菜		0.0041	0.0003	0.0000	0.0038
其他农业		0.0066	0.0029	0.0000	0.0038

农产品的出口不仅对区域内部产生影响，市场对农产品的调入调出对区域水平衡也有较大影响。农业对水资源的需求量依然占据水资源需求中的主要地位，从虚拟水的角度来看，粮食的调出即相当于水资源的调出。从表 6.8 中可以看出农业对水资源的影响。整体来看，农业部门对地表水的需求较大，地下水相对较小。以玉米为例，需求增加 1000 单位，将导致地表水水资源费用增加 92 个单位。按照价格折算大概需要 920 立方米的水，地下水大概需要 100m^3。所以当有 1000 单位的粮食调出相当于 1000 立方米的水量也被调

到区域外。

表 6.8 **扩大农业出口对水资源需求的影响**

外来冲击	受影响终端	乘数	转移效应	开环效应	闭环效应
i	j	MA	$\boldsymbol{T}$	$\boldsymbol{O}$	$\boldsymbol{C}$
小麦	地表水	0.0058	0.0000	0.0017	0.0041
玉米		0.0917	0.0000	0.0876	0.0041
油料		0.0051	0.0000	0.0000	0.0051
棉花		0.0051	0.0000	0.0000	0.0051
水果		0.0801	0.0000	0.0759	0.0042
蔬菜		0.0217	0.0000	0.0172	0.0045
其他农业		0.0068	0.0000	0.0025	0.0044
小麦	地下水	0.0010	0.0000	0.0003	0.0007
玉米		0.0008	0.0000	0.0001	0.0007
油料		0.0008	0.0000	0.0000	0.0008
棉花		0.0008	0.0000	0.0000	0.0008
水果		0.0007	0.0000	0.0000	0.0007
蔬菜		0.0009	0.0000	0.0001	0.0007
其他农业		0.0020	0.0000	0.0012	0.0007

干旱区地处北方缺水地区，水资源短缺、水资源与社会经济发展不协调以及生态缺水等水资源问题已经严重影响着社会经济的可持续发展。水资源在直接影响着张掖市的农业布局与战略规划，在制定农业发展规划上，必须考虑水资源承载力。农业出口规模扩大应该建立在水资源效率提高的基础上，促进区域的可持续发展。

（3）农业水价改革影响测算。

如何通过市场的手段来提高农业用水效率一直是管理者和学者们所关注的热点。在我国农业水价过低一直被认为是导致农业用水效率低下的主要原因，水价也一直被认为是水资源管理的重要手段。所以在 2015 年，我国开始了水价改革试点工作。而张掖市高台县被选为我国水价改革首批试点区，水价进行了大幅调整，地表水水价由原来的 0.1 元/m^3 调整为 0.15 元/m^3，而地下水更是由原来的 0.01 元/m^3 直接调整为 0.1 元/m^3。农业作为基础产业，与其他部门有着紧密的联系，农业水价改革也会产生一系列连锁反应。

本文从社会核算矩阵（SAM）价格模型的角度评估了水价改革对不同生产部门和家庭收入价格产生的影响。SAM 价格乘数模型研究在价格可变化的情况下价格的形成过程，分析一个部门的产品价格受到外生影响而产生波动时对经济体中其他商品价格影响的大小，即部门产品价格变动 1 个百分点最终导致部门产品价格变动的百分比。从表 6.9 和表

6.10中可以看出，总体来说地表水水价改革所带来的影响将比地下水更大，这可能是因为目前地表水仍是主要的用水形式。第二产业对地下水价格变化的反应较大，因为第二产业高度依赖地下水。我们进一步对行业进行聚合，得到传统的三产结构，以便更直观地了解结果。三大部门中，农业部门受到的影响最大。当地表水价格外生提高1个单位，通过反馈作用，最终使农业部门价格上升0.03个单位，工业部门上升0.018个单位，劳动要素价格上涨0.005个单位，居民生活成本（CPI）提高了0.005个百分点。所以农业水价的提高也会导致其他部门价格的上涨，从而导致居民生活成本的提高，所以在制定水价政策时应充分考虑农民的收入成本效益，避免打消农民的积极性，损害农民的福利。

表6.9 灌溉水价改革对不同生产部门的影响

目标部门	地表水			地下水		
	乘数	开环效应	闭环效应	乘数	开环效应	闭环效应
	M=	*O*+	*C*+	*M*=	*O*+	*C*+
小麦	0.0058	0.0017	0.0041	0.0010	0.0003	0.0007
玉米	0.0917	0.0876	0.0041	0.0008	0.0001	0.0007
油料	0.0051	0.0000	0.0051	0.0008	0.0000	0.0008
棉花	0.0051	0.0000	0.0051	0.0008	0.0000	0.0008
水果	0.0801	0.0759	0.0042	0.0007	0.0000	0.0007
蔬菜	0.0217	0.0172	0.0045	0.0009	0.0001	0.0007
其他农业	0.0068	0.0025	0.0044	0.0020	0.0012	0.0007
煤炭及天然气开采业	0.0108	0.0077	0.0030	0.0020	0.0015	0.0005
矿采选业	0.0352	0.0327	0.0026	0.0018	0.0014	0.0004
食品及服装木材加工制造业	0.0162	0.0126	0.0036	0.0079	0.0073	0.0006
石油及化工业	0.0083	0.0051	0.0032	0.0015	0.0010	0.0005
金属及非金属制品业	0.0369	0.0338	0.0031	0.0106	0.0101	0.0005
通用交通设备电器制造业	0.0091	0.0063	0.0027	0.0021	0.0017	0.0004
电力和燃气生产和供应业	0.0080	0.0052	0.0028	0.0015	0.0010	0.0005
建筑业	0.0210	0.0175	0.0035	0.0031	0.0025	0.0006
运输邮电业	0.0086	0.0053	0.0033	0.0011	0.0006	0.0005
批发和零售业	0.0075	0.0040	0.0035	0.0015	0.0009	0.0006
住宿和餐饮业	0.0105	0.0073	0.0032	0.0014	0.0009	0.0005
金融业	0.0076	0.0038	0.0037	0.0019	0.0013	0.0006
房地产和房屋租赁业	0.0056	0.0021	0.0035	0.0014	0.0008	0.0006
教育科技服务业	0.0054	0.0007	0.0047	0.0011	0.0004	0.0008

续表

目标部门	地表水			地下水		
	乘数	开环效应	闭环效应	乘数	开环效应	闭环效应
	$M=$	$O+$	$C+$	$M=$	$O+$	$C+$
水利、环境和公共设施管理业	0.0059	0.0018	0.0041	0.0010	0.0004	0.0007
居民服务和其他服务业	0.0052	0.0018	0.0034	0.0010	0.0004	0.0006
卫生、社会保障和社会福利业	0.0042	0.0010	0.0032	0.0009	0.0004	0.0005
文化、体育和娱乐业	0.0061	0.0024	0.0037	0.0020	0.0014	0.0006
公共管理和社会组织	0.0054	0.0006	0.0049	0.0011	0.0003	0.0008

表 6.10　**水价改革乘数导致的行业与经济主体的价格测算**

平均值	第一产业	第二产业	第三产业	劳动力	资本	居民	企业
地表水	0.0309	0.0182	0.0065	0.0051	0.0021	0.0051	0.0021
地下水	0.0010	0.0038	0.0013	0.0008	0.0037	0.0008	0.0003

6.4 小结

本章结合黑河流域各县域社会经济数据、水土资源利用数据，结合已编制完成的2012年黑河流域县级投入产出表，编制完成了包含水资源账户的黑河流域典型县域（高台县）社会经济核算矩阵，并利用社会核算矩阵乘数分析模型，对包含水资源的微观社会核算矩阵进行乘数分解，揭示水和经济、社会之间的相互影响机制。研究发现张掖市高台县农业发展面临阶段不高、农业用水受限、产业链条较短等问题，导致农业在生产内部作用十分有限。但是通过乘数效应可以发现，农业作为高台县支柱产业对整个国民经济的潜在影响是非常大的，但是迫切需要加大农业科技投入，完善农业产业链。地处丝绸之路黄金带，高台县发展外向型农业，加大农业对中亚国家的出口，对增加就业、提高农民收入和带动其他产业发展以及地区经济发展具有很重要的作用。但是农业对水资源依赖性较强，其发展受到水资源制约，增大农业出口，会导致水资源的进一步外流，可能会导致地下水的开采进一步加剧，具有不可持续性。所以农业出口规模扩大应该建立在水资源效率提高的基础上，提高水资源利用效率是实现地区产业结构转变、解决水-生态-社会经济矛盾的主要出路。水价是一把双刃剑，在一定程度上能促进水资源的节约利用，但是同时也会导致居民生产生活成本提高，福利受到损害。如何兼顾效率、公平制定合理的水价政策是目前亟须解决的问题。

第7章　流域水-社会经济系统集成模型理论基础与建模方法

水资源系统与社会经济系统是一个相互影响、相互依存且密不可分的复杂系统，水资源作为主要的生产资料直接影响着社会经济系统的规模和稳定性，社会经济系统对水资源的利用方式也随着人类的认识、生产技术水平与社会意识的提高而不断进步。刻画水资源在社会经济系统中的流转过程，分析水资源利用方式转变对社会经济以及水资源生产力的影响，对于促进区域水资源高效合理的利用具有重要意义。CGE模型具有刻画社会经济系统宏观行为的优点，是定量分析水价、水权、水资源配置和水市场的有力工具，同时也是分析社会经济系统变化对水资源需求预测的有效手段。本章重点介绍了以CGE模型为基础，包含水、土资源要素的区域水资源生产力评估模型（RESWP）的理论框架与构建过程，以便更好地服务于流域社会经济系统的水资源适应性方案的甄选研究。

7.1　模型理论基础

7.1.1　模型特点

水资源作为基础性的自然资源和战略性的经济资源，其开发利用涉及经济、社会、资源、生态、环境等多方面。各方面因素相互作用和联系，形成水-经济复杂巨系统，传统的单一的水资源研究方法已不能满足实践需要，需要建立描述经济社会水资源系统在内的统一模型，模拟水资源系统的运行变化，为有关部门提供科学的定量决策。在揭示社会经济、水资源系统规律的基础上，耦合水资源政策的影响分析模块是未来我国水资源问题研究的一大热点。定量评价各项水资源政策对协调资源、环境和经济所发挥的作用和影响，对于相关机构合理与有效地制定水资源政策具有重要的参考意义。可计算一般均衡模型作为一种系统建模与分析技术，能够刻画多个地区与多个部门之间的经济联系，并且可以定量模拟多项政策和经济活动对经济系统所造成的影响，因而被广泛用于水资源-社会经济模型分析中。

本研究中的流域水资源生产力评估模型（RESWP）属于静态多区域CGE模型，是在澳大利亚TERM模型的基础上构建的。它遵循“自下而上”的原则，将每个区域看做一个独立的经济体，通过商品区域间贸易与要素流动，将多个不同的区域经济联系起来，最后形成多区域一般均衡模型。多区域模型中每个区域的生产、消费、投资、政府购买等模块与单区域可计算一般均衡模型基本一致，都具有能够优化决策行为的经济主体。在此基础上，多区域模型能够模拟政策效应的区域特征，分析区域政策通过影响区域间商品与要素流动对其他区域经济产生的波及与反馈效应。因为区域经济之间结构性差异，同样的政策冲击对不同区域的影响差异也较大。多区域模型可以通过给定研究区域的某一个地区政策冲击，观察其他地区以及整个研究区的政策响应，为研究区域之间、整体与个体之间的关系提供了很好的分析平台。

RESWP 模型在传统水资源多区域模型的基础上，主要做了三方面的改进。首先，在原有生产函数中加入了水、土资源要素，形成了生产结构的四层嵌套，对水、土，水-土与劳动力和资本，以及不同类型用水之间的替代性进行了区分，通过调整生产函数结构能更好地分析政策冲击对水资源需求的影响。其次，将农业部门细分为小麦、玉米、油料、棉花、蔬菜、水果以及其他农业部门，充分认识不同农作物用水强度差异，为农业内部种植结构调整以及提升农业用水效率提供具体到不同部门的决策支持。最后，考虑到地表水、地下水和其他水的管理、供给、使用部门和价格差异较大，模型中将水资源划分为地表水、地下水和其他水（包括自来水和废水回用）等三种要素类型引入模型，通过对不同类型的水进行区分，能够为政府制定分类水价政策，如地表水和地下水价差异较大，为具体的水资源调整提供更具现实意义的参考。本章改进后的模型更加适合于黑河流域水资源问题的研究。

RESWP 模型包含黑河流域的 11 个区（县），包含多区域、多个产业和用户，多数变量都具有地区、产业、用户维度。主要的数据集合包括商品集合、生产部门集合、区域集合、商品来源集合、用户集合等，具体见表 7.1。

表 7.1　**模型中主要参数集**

集合	集合名称	索引	集合描述	集合维度
SRC	商品来源地	s	（国内，进口）	2
COM	商品集合	c	48 种不同商品	48
MAR	商品贸易矩阵	m	商品运输矩阵（交通，贸易，金融）	3
IND	行业	i	行业集合	48
LAB	劳动力	o	不同类型劳动力集合	1
DST	商品使用地	d	商品最终使用地	12
PRD	商品生产地	r	商品生产产地	12
TRAD	商品运输	p	商品运输方式	12
FINDEM	最终使用	f	最终使用包括（居民消费，投资，政府消费，出口）	4
USER	用户	u	用户=行业+最终消费	52

资料来源：参考（Horridge，2000）进行修改。

7.1.2 核心模块

RESWP 模型以 CGE 模型为基础通过耦合水资源与社会经济系统，刻画水资源参与整个社会经济系统的生产、消费和流动环节过程，能系统全面地分析水资源与社会经济系统的关系。RESWP 的核心模块主要包括生产模块、居民消费模块、投资需求模块、出口需求、政府需求、存货模块、区域间贸易模块以及供需平衡模块。模型定量刻画了社会经济主体之间的行为决策、数量流以及传导机制，主体具有自适应优化行为的特征，在社会经济过程中能进行反馈调整和优化决策。模型的构建基于传统的新古典主义经济学，经济主体都是理性人假设，所有的主体都是价格接受者，在完全竞争市场的零利润条件下，方程系统的求解基于供给平衡原则，以成本最小化、效用最大化进行求解。下面分别介绍相关模块及其核心方程。

7.1.2.1 生产模块

RESWP 模型的生产模块是一个包含四层嵌套的生产结构，在模型中允许一个产业生产多种不同类型产品，同时在生产投入上考虑劳动力、土地与资本等多种初级要素，这种多投入-多产出的生产规模由一系列的可分性假设保持其可控性。模型中所有的生产部门均采用成本最小化、规模报酬稳定假设的生产技术原则拉力决策生产。生产模块的框架采用多层嵌套的 Leontief 和常替代弹性 CES（Constant Elasticity substitution）函数来描述，处于同层嵌套结构的投入要素间存在不同的替代和互补关系。RESWP 模型在此基础上增加了水土资源模块，参考一些国际主流的 CGE 模型对水土资源与社会经济系统关联关系的研究，大多是在生产结构中将水土资源作为一种生产要素引入模型，而且结合黑河流域的实际情况发现，水土资源比较紧张，尤其是水资源已经成为制约当地经济发展的主要因素，所以水土资源作为生产要素引入模型是合理的。经过改进的生产模块包含四层嵌套的生产结构，每个部门的生产活动都可以用四层嵌套的生产函数描述，结构如图 7.1 所示，每一层的具体嵌套过程如下：

顶层嵌套应用 Leontief 生产函数描述生产过程中的中间投入商品组合、初级要素和其他成本之间的组合，其以固定投入比例影响总产出，具体方程如下：

$$\mathrm{XCOM}_{c,\ i} = \mathrm{scom}_{c,\ i} \cdot \mathrm{XTOT}_{c,\ i} \tag{7.1}$$

$$\mathrm{XPRIM}_{c,\ i} = \mathrm{sprim}_{c,\ i} \cdot \mathrm{XTOT}_{c,\ i} \tag{7.2}$$

$$\mathrm{XOCT}_{c,\ i} = \mathrm{soct}_{c,\ i} \cdot \mathrm{XTOT}_{c,\ i} \tag{7.3}$$

$$\mathrm{PTOT}_i = \sum_{c \in \mathrm{COM}} \mathrm{scom}_{c,\ i} \times \mathrm{PCOM}_{c,\ i} + \mathrm{sprim}_i \times \mathrm{PPRIM}_i + \mathrm{soct}_i \times \mathrm{POCT}_i \tag{7.4}$$

总产出方程参数及说明见表 7.2。

表 7.2 **总产出方程参数**

参　数	参 数 说 明
$XTOT_{i,d}$	地区 d 部门 i 总产出数量
$XCOM_{c,i,d}$	地区 d 部门 i 生产过程中中间商品 c 投入品数量
$XPRIM_{i,d}$	地区 d 部门 i 生产过程要素投入数量
$XOCT_{i,d}$	地区 d 部门 i 生产过程中其他投入品数量

续表

参　　数	参数说明
$PTOT_{i,d}$	地区 d 部门 i 总产出价格
$PCOM_{c,i,d}$	地区 d 部门 i 生产过程中中间商品 c 投入品价格
$PPRIM_{i,d}$	地区 d 部门 i 生产过程要素投入价格
$POCT_{i,d}$	地区 d 部门 i 生产过程中其他投入品价格
$scom_{c,i,d}$	地区 d 部门 i 生产过程中中间商品 c 投入品份额
$sprim_{i,d}$	地区 d 部门 i 生产过程要素投入份额
$soct_{i,d}$	地区 d 部门 i 生产过程中其他投入品份额

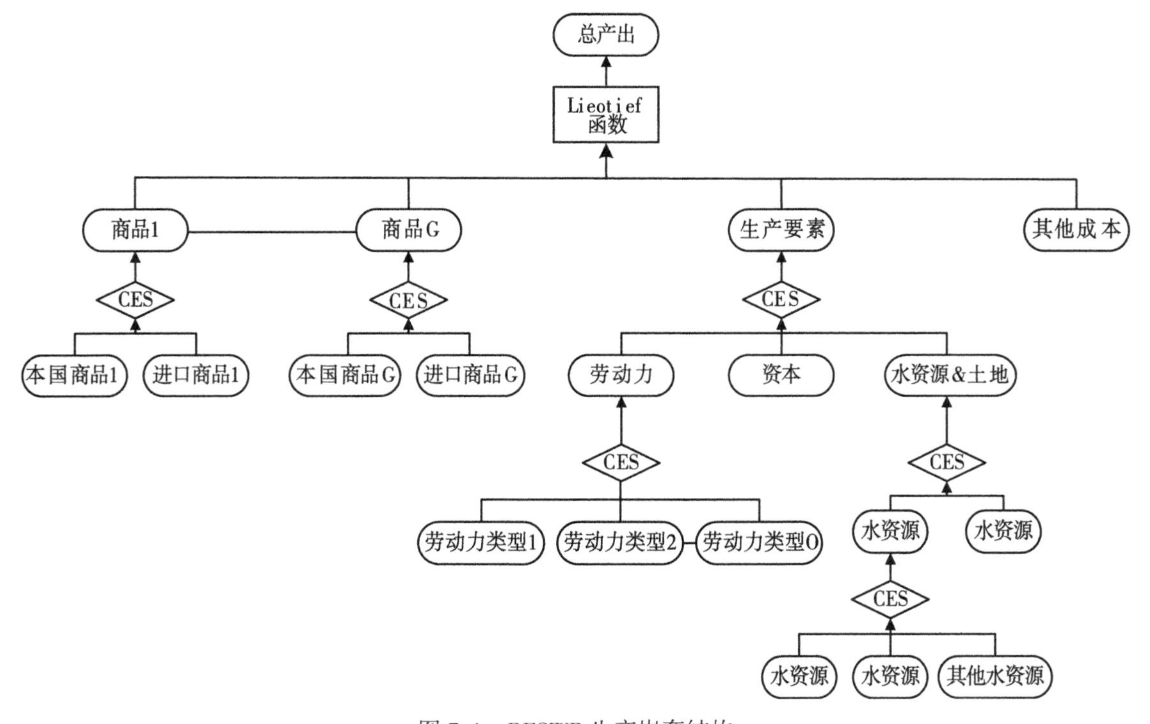

图 7.1　RESWP 生产嵌套结构

第二层嵌套结构中每种中间投入品又可分为国内产品与进口产品之间的组合，两者之间的组合根据其替代弹性来决定，因此采用 CES 函数描述。

$$XDCOM_{c,\ i} = sdc_{c,\ i} \cdot \left[\frac{PCOM_{c,\ i}}{PDCOM_{c,\ i}}\right]^{\sigma com_c} \tag{7.5}$$

$$XICOM_{c,\ i} = sic_{c,\ i} \cdot \left[\frac{PCOM_{c,\ i}}{PICOM_{c,\ i}}\right]^{\sigma com_c} \tag{7.6}$$

$$PCOM_{c,i} = \left[sdc_{c,i} \cdot PDCOM_{c,i}^{1-\sigma_{com_c}} + sic_{c,i} \cdot PICOM_{c,i}^{1-\sigma_{com_c}} \right]^{\frac{1}{1-\sigma_{com_c}}} \tag{7.7}$$

中间投入生产函数方程参数及说明见表7.3。

表7.3　**中间投入生产函数方程参数**

参　数	参数说明
$XDCOM_{c,i,d}$	地区 d 部门 i 生产过程中国内商品数量
$XICOM_{c,i,d}$	地区 d 部门 i 生产过程中进口商品数量
$sdc_{c,i,d}$	地区 d 部门 i 生产过程中国内商品份额
$sic_{c,i,d}$	地区 d 部门 i 生产过程中进口商品份额
$PDCOM_{c,i,d}$	地区 d 部门 i 生产过程中国内商品价格
$PICOM_{c,i,d}$	地区 d 部门 i 生产过程中进口商品价格
σ_{comc}	地区 d 部门 i 生产过程中国内商品和进口商品替代弹性

第二层的初级要素投入也采用CES函数描述水-土地、资本、劳动力之间的组合，为考虑技术进步的影响，增加了技术进步参数 $alab_{i,d}$，$alwt_{i,d}$ 和 $acap_{i,d}$。要素价格之间的相对变化将导致相对较低价格水平的要素需求比重提高。

$$\frac{XLAB_{i,d}}{XPRIM_{i,d}} = alab_{i,d} \cdot \left[\frac{PPRIM_{i,d} \cdot alab_{i,d}}{PLAB_{i,d}} \right]^{\sigma prim_i} \tag{7.8}$$

$$\frac{XLWT_{i,d}}{XPRIM_{i,d}} = alwt_{i,d} \cdot \left[\frac{PPRIM_{i,d} \cdot alwt_{i,d}}{PLND_{i,d}} \right]^{\sigma prim_i} \tag{7.9}$$

$$\frac{XCAP_{i,d}}{XPRIM_{i,d}} = acap_{i,d} \cdot \left[\frac{PPRIM_{i,d} \cdot acap_{i,d}}{PCAP_{i,d}} \right]^{\sigma prim_i} \tag{7.10}$$

要素总需求量等于不同要素需求量之和：

$$XPRIM_{i,d} \cdot PRIM_{i,d} = PLWT_{i,d} \cdot XLWT_{i,d} + PLAB_{i,d} \cdot XLAB_{i,d} + XCAP_{i,d} \cdot PCAP_{i,d} \tag{7.11}$$

初级要素生产函数方程参数及说明见表7.4。

表7.4　**初级要素生产函数方程参数**

参　数	参数说明
$XCAP_{i,d}$	地区 d 部门 i 生产过程中初级要素中资本投入数量
$XLAB_{i,d}$	地区 d 部门 i 生产过程中初级要素中劳动力投入数量
$XLWT_{i,d}$	地区 d 部门 i 生产过程中初级要素中水-土要素投入数量
$XLND_{i,d}$	地区 d 部门 i 生产过程中初级要素中土地投入数量

续表

参　　数	参数说明
$PCAP_{i,d}$	地区 d 部门 i 生产过程中初级要素中资本投入价格
$PLAB_{i,d}$	地区 d 部门 i 生产过程中初级要素中劳动力投入价格
$PLWT_{i,d}$	地区 d 部门 i 生产过程中初级要素中水-土要素投入价格
$acap_{i,d}$	地区 d 部门 i 生产过程中初级要素中资本投入技术进步系数
$alab_{i,d}$	地区 d 部门 i 生产过程中初级要素中劳动力投入技术进步系数
$alwt_{i,d}$	地区 d 部门 i 生产过程中初级要素中水-土要素投入技术进步系数
σ_{primi}	地区 d 部门 i 生产过程中要素间替代弹性

第三层为水资源与土地之间的复合，一般来讲，水资源的投入可以一定程度上替代土地的使用，土地的适量投入也可以替代部分水资源的利用，因此在生产结构中利用 CES 生产函数设置水土之间的复合。

$$\frac{XRWT_{i,d}}{XLWT_{i,d}} = arwt_{i,d} \cdot \left[\frac{PLWT_{i,d} \cdot arwt_{i,d}}{PRWT_{i,d}}\right]^{\sigma_{lwt_i}} \tag{7.12}$$

$$\frac{XLND_{i,d}}{XLWT_{i,d}} = alnd_{i,d} \cdot \left[\frac{PLWT_{i,d} \cdot alnd_{i,d}}{PLND_{i,d}}\right]^{\sigma_{lwt_i}} \tag{7.13}$$

$$PLWT_{i,d} \cdot XLWT_{i,d} = PRWT_{i,d} \cdot XRWT_{i,d} + PLND_{i,d} \cdot XLND_{i,d} \tag{7.14}$$

水土要素投入 CES 生产函数方程参数及说明见表 7.5。

表 7.5　**水土要素投入 CES 生产函数方程参数**

参　　数	参数说明
$XLND_{i,d}$	地区 d 部门 i 生产过程中初级要素中要素土地投入数量
$XRWT_{i,d}$	地区 d 部门 i 生产过程中初级要素中总用水的数量
$PLND_{i,d}$	地区 d 部门 i 生产过程中初级要素土地投入价格
$PRWT_{i,d}$	地区 d 部门 i 生产过程中总用水的价格
$alnd_{i,d}$	部门 i 生产过程中水土组合要素土的技术进步系数
$arwt_{i,d}$	地区 d 部门 i 生产过程中总用水的技术系数

第四层为不同类型水资源之间的复合，由于不同的水资源有相同的功能而具有一定的替代性，因此不同类型水资源之间选择 CES 生产函数表达，并且考虑了不同类型的水资源技术进步。

$$\frac{XSWT_{i,d}}{XRWT_{i,d}} = aswt_{i,d} \cdot \left[\frac{PRWT_{i,d} \cdot aswt_{i,d}}{PSWT_{i,d}}\right]^{\sigma_{rwt_i}} \tag{7.15}$$

$$\frac{XUWT_{i,d}}{XRWT_{i,d}} = auwt_{i,d} \cdot \left[\frac{PRWT_{i,d} \cdot auwt_{i,d}}{PUWT_{i,d}}\right]^{\sigma_{rwt_i}} \tag{7.16}$$

$$\frac{XOWT_{i,d}}{XRWT_{i,d}} = aowt_{i,d} \cdot \left[\frac{PRWT_{i,d} \cdot aowt_{i,d}}{POWT_{i,d}}\right]^{\sigma_{rwt_i}} \tag{7.17}$$

$$PRWT_{i,d} \cdot XRWT_{i,d} = [XSWT_{i,d} \cdot PSWT_{i,d} + XUWT_{i,d} \cdot PUWT_{i,d} + XOWT_{i,d} \cdot POWT_{i,d}] \tag{7.18}$$

不同类型水资源要素投入生产函数方程参数及说明见表7.6。

表7.6　**不同类型水资源要素投入生产函数方程参数**

参　数	参数说明
$XRWT_{i,d}$	地区 d 部门 i 生产过程中初级要素中总用水的数量
$XSWT_{i,d}$	地区 d 部门 i 生产过程中地表水的数量
$XUWT_{i,d}$	地区 d 部门 i 生产过程中地下水的数量
$XOWT_{i,d}$	地区 d 部门 i 生产过程中其他水的数量
$PRWT_{i,d}$	地区 d 部门 i 生产过程中总用水的价格
$PSWT_{i,d}$	地区 d 部门 i 生产过程中地表水的价格
$PUWT_{i,d}$	地区 d 部门 i 生产过程中地下水的价格
$POWT_{i,d}$	地区 d 部门 i 生产过程中其他水的价格
$arwt_{i,d}$	地区 d 部门 i 生产过程中总用水的技术系数
$aswt_{i,d}$	地区 d 部门 i 生产过程中地表水的技术系数
$auwt_{i,d}$	地区 d 部门 i 生产过程中地下水的技术系数
$aowt_{i,d}$	地区 d 部门 i 生产过程中其他水的技术系数
σ_{rwti}	地区 d 部门 i 生产过程中国内商品和进口商品替代弹性

7.1.2.2　居民消费模块

居民在一定的预算约束下购买商品来实现效用最大化。居民家庭消费结构是一个两层的嵌套，其顶层采用线性支出系统 Klein-Rubin 函数描述消费商品的组合，底层采用 CES 函数描述国内商品与进口商品之间的消费组合（见图7.2）。

$$WSUBSIST_d = \sum_{c \in C} PHOU_{c,d} \cdot NHOU_d \cdot XSUBSIST_{c,d} \tag{7.19}$$

$$XHOU_{c,d} \cdot PHOU_{c,d} = MBS_{c,d} \cdot (WHOUTOT_d - WSUBSIST_d) \tag{7.20}$$

$$WHOUTOT_d = PHOUTOT_{c,d} \cdot XHOUTOT_{c,d} \tag{7.21}$$

$$PHOUTOT_{c,d} = \sum_{c \in C} BUDGSHR_{c,d} \cdot PHOU_{c,d} \tag{7.22}$$

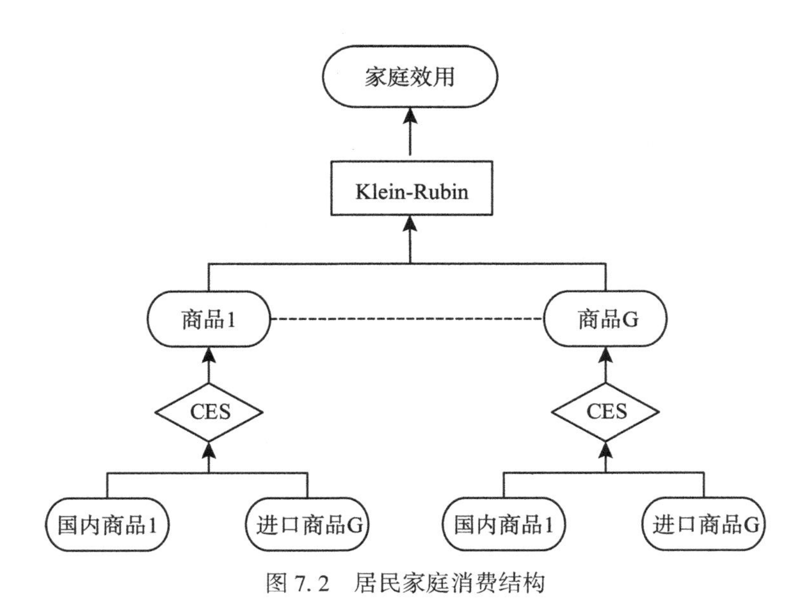

图 7.2 居民家庭消费结构

模型中包括两个重要参数：支出弹性参数（也称为边际预算份额）和份额参数 $MBS_{c,d}$。居民消费支出可以分为用于购买生活必需品的基本生活支出和其他生活支出，其中份额参数是基本生活支出与其他生活支出比值的负数。居民消费函数方程参数及说明见表 7.7。

表 7.7 **居民消费函数方程参数**

参 数	参数说明
$WSUBSIST_d$	地区 d 居民消费必需支出
$XSUBSIST_d$	地区 d 居民消费必需支出数量
$XHOU_{c,d}$	地区 d 居民对商品 c 消费数量
$PHOU_{c,d}$	地区 d 居民对商品 c 购买价格
$WHOUTOT_d$	地区 d 居民消费支出
$XHOUTOT_d$	地区 d 居民消费数量
$PHOUTOT_d$	地区 d 居民消费价格指数
$NHOU_d$	地区 d 居民数量
$BUDGSHR_{c,d}$	地区 d 商品 c 的消费份额

7.1.2.3 投资需求模块

在投资模块中，一般假设资本的生产将国内生产的中间产品和进口的商品作为投入，描述投资需求的函数与描述生产结构的函数有相同的嵌套方式，而且在投资需求结构方程构建中，顶层函数也是采用 Leontief 进行中间商品组合的描述，下一层则利用 CES 函数描述国内生产的中间产品和进口商品组合情况。

区域 d 生产部门对商品 c 的投资需求与总投资水平及投资技术系数的乘积成正比关系，且采用 Lenotief 函数。

$$XINV_{c,i,d} = AINV_{c,i,d} \cdot XINVTOT_{i,d} \tag{7.23}$$

商品投资价值可以表示为投资价格指数与投资需求量的乘积：

$$PINVTOT_{i,d} \cdot XINVTOT_{i,d} = \sum_{c \in C} PINVEST_{c,d} \cdot XINV_{c,i,d} \tag{7.24}$$

$$GRET_{i,d} = PCAP_{i,d} / PINVTOT_{i,d} \tag{7.25}$$

$$XINVTOT_{i,d} = CGRO_{i,d} \cdot XCAP_{i,d} \tag{7.26}$$

$$CGRO(i, d) = FINV(i, d) \cdot \left(\frac{GRET(i, d)^2}{INVSLACK}\right)^{0.33} \tag{7.27}$$

投资需求方程参数及说明见表 7.8。

表 7.8　**投资需求方程参数**

参　数	参 数 说 明
$AINV_{c,i,d}$	d 地区产业 i 的投资品 c 所占比例
$XINV_{c,i,d}$	d 地区产业 i 的投资品 c 需求量
$XINVTOT_{i,d}$	d 地区产业 i 固定资产投资量
$PINVTOT_{i,d}$	d 地区产业 i 的固定资产投资价格
$PINVEST_{i,d}$	d 地区产业 i 的投资品价格
$GRET_{i,d}$	d 地区产业 i 的资本回报率
$GGRO_{i,d}$	d 地区产业 i 的资本增长率

7.1.2.4　政府消费、出口以及存货模块

政府消费与价格无关，只与三个政府消费变动量有关，其可以表示为：

$$XGOV_{c,s,d} = FGOVTOT_d \cdot FGOV_{c,s,d} \cdot FGOVS_{c,d} \tag{7.28}$$

出口需求由出口数量变化指数与出口价格以及出口替代弹性决定，其中 PHI 为汇率。

$$\frac{XEXP_{c,s,d}}{FQEXP_{c,s}} = \left(\frac{PPUR_{c,s,EXP,d}}{FPEXP_{c,s}/PHI}\right)^{-EXPELAST_c} \tag{7.29}$$

存货量由总产出和变动指数决定。

$$XSTOCK_{i,d} = FSTOCKS_{i,d} \cdot XTOT_{i,d} \tag{7.30}$$

政府消费出口以及存货需求方程参数及说明见表 7.9。

表 7.9 政府消费出口以及存货需求方程参数

参数	参数说明
$XGOV_{c,s,d}$	地区 d 政府从 s 地购买商品 c 数量
$FGOVS_{c,s,d}$	政府购消费变动指数
$FGOVTOT_{c,s,d}$	政府购买变动指数
$XEXP_{c,s,d}$	地区 d 来源 s 的商品 c 出口数量
$FQEXP_{c,s}$	出口数量变化指数
$PPUR_{c,s,"EXP",d}$	出口价格
$XSTOCKS_{i,d}$	地区 d 产业 i 存货数量
$FSTOCKS_{i,d}$	存货变动指数

7.1.2.5 区域间贸易模块

前面的模块都沿袭了传统的 CGE 模型理论架构，区域间贸易模块是多区域模型区别于其他单区域模型的地方。区域 d 商品 c 总需求量等于区域 d 所有用户对商品 c 的需求数量之和。

$$XTRADR_{c,s,d} = \sum_i XINT_{c,s,i,d} + XHOU_{c,s,d} + XGOV_{c,s,d} + XEXP_{c,s,d} \tag{7.31}$$

$$XTRADMAR_{c,s,m,r,d} = ATRADMAR_{c,s,m,r,d} \cdot XTRAD_{c,s,r,d} \tag{7.32}$$

$$PDELIVRD_{c,s,r,d} \cdot XTRAD_{c,s,r,d} = PBASIC_{c,s,r} \cdot XTRAD_{c,s,r,d} + \sum_{m\in M} PSUPPMARP_{m,r,d} \cdot XTRADMAR_{c,s,m,r,d} \tag{7.33}$$

$$PUSE_{c,s,d} \cdot XTRADR_{c,s,d} = \sum_{r\in R} PDELIVRD_{c,s,r,d} \cdot XTRAD_{c,s,r,d} \tag{7.34}$$

$$\frac{XTRAD_{c,s,r,d}}{STRAD_{c,s,r,d}} = XTRADR_{c,s,d} \cdot \left(\frac{PDELIVRD_{c,s,r,d}}{PUSE_{c,s,d}}\right)^{-\sigma DOM_c} \tag{7.35}$$

$$XSUPPMARP_{m,r,d} \cdot PSUPPMARP_{m,r,d} = \sum_{p\in P} XSUMPPMAR_{m,r,d,p} \tag{7.36}$$

$$XSUPPMAR_{m,r,d,p} = XSUPPMARP_{m,r,d} \cdot \left(\frac{PDOM_{m,p}}{PSUPPMARP_{m,r,d}}\right)^{-\sigma MAR_m} \tag{7.37}$$

区域贸易方程参数及说明见表 7.10。

表 7.10 区域贸易方程参数

参数	参数说明
$XTRADR_{c,s,d}$	地区 d 对来源 s 商品 c 的需求数量
$XTRAD_{c,s,r,d}$	由地区 r 运往地区 d 的来源 s 商品 c 数量

续表

参　数	参 数 说 明
$XTRADMAR_{c,s,m,r,d}$	地区 r 至地区 d 来源 s 商品 c 所需运输品 m 数量
$PDELIVRD_{c,s,r,d}$	由地区 r 运往地区 d 的来源 s 商品 c 价格
$PUSE_{c,s,d}$	运至地区 d 的来源 s 商品 c 价格
$XSUPPMARP_{m,r,d}$	运输品 m 数量，用于将商品由地区 r 运至地区 d
$PSUPPMARP_{m,r,d}$	运输品 m 价格，用于将商品由地区 r 运至地区 d
$XSUPPMAR_{m,p,r,d}$	地区 p 供给的运输品 m 数量，由地区 r 运至地区 d
$XSUPPMARRD_{m,p}$	地区 p 供给的运输品 m 数量
σ_{DOMc}	商品 c 的国内不同来源地区替代弹性
σ_{MARc}	运输品 m 供给替代弹性

7.1.2.6　区域供需平衡模块

区域 r 生产的商品 c 等于由该地区供给所有区域的商品总量。

$$XTOTDEM_{c,s,r} = \sum_{d\in D} XTRAD_{c,s,r,d} \tag{7.38}$$

$$XCOM_{c,r} = XTOTDEM_{c,DOM,p} \tag{7.39}$$

$$XCOM_{m,p} = XTOTDEM_{m,DOM,p} + XSUPMARRD_{m,p} \tag{7.40}$$

$$PPUR_{c,s,u,d} = PUSE_{c,s,d} + TUSER_{c,s,u,d} \tag{7.41}$$

$$\begin{aligned} COMTAXREV_d = \sum_{c\in C}\Big\{\sum_{s\in S}\Big\{\sum_{i\in I}(TUSE_{Rc,s,u,d}-1)\cdot PUSE_{c,s,d}\cdot XINT_{c,s,i,d} \\ +(TUSER_{c,s,HOU,d}-1)\cdot PUSE_{c,s,d}\cdot XHOU_{c,s,d} \\ +(TUSER_{c,s,GOV,d}-1)\cdot PUSE_{c,s,d}\cdot XGOV_{c,s,d} \\ +(TUSER_{c,s,INV,d}-1)\cdot PUSE_{c,s,d}\cdot XINV_{c,s,d} \\ +(TUSER_{c,s,EXP,d}-1)\cdot PUSE_{c,s,d}\cdot XEXP_{c,s,d}\Big\} \end{aligned} \tag{7.42}$$

区域供需平衡方程参数及说明见表 7.11。

表 7.11　**区域供需平衡方程参数**

参　数	参 数 说 明
$TOTDEM_{c,s,r}$	对源于地区 r 来源 s 商品 c 的需求数量
$TOTDEM_{c,DOM,p,r}$	对源于地区 r 国内商品 c 的需求数量

续表

参　　数	参数说明
$TUSER_{c,s,u,d}$	地区 d 用户 u 对来源 s 商品 c 所支付的商品税
$COMTAXREV_d$	地区 d 的商品税收入

7.1.3 闭合方式

CGE 模型由大量的方程和变量组成，且变量数往往和方程数不一致，所以需要通过确定外生变量的方式，来确保模型能有均衡解。模型的闭合主要就是为了选择合适的外生变量，以确保 CGE 模型能进行求解。在模型中，外生变量的不同选择以及模型闭合的不同选择，反映了要素市场和宏观行为的不同假设。

模型的均衡模块包括两部分：一是市场出清，即商品市场和要素市场供需相等；二是零利润条件，厂商接受的价格等于边际成本。对于本地产品来说，本地总供给等于中间使用、居民消费、输出、政府消费、投资需求、库存的加总；外地输入品总输入要等于中间使用、居民消费、政府消费、投资和库存的总和。

模型的具体闭合方式需要根据研究来确定，模型采用短期闭合假定资本总量固定，在行业间也不能自由流动，因此各行业投资回报率是不同的，从而影响行业投资。由于存在价格黏性，实际工资不变，劳动力在各部门自由流动，总就业量由模型内生决定。政府支出和税率外生。劳动力增长、技术进步和资本累积共同驱动经济增长。土地供给总量不变，考虑到土地流转并非完全市场化，受政府管控性强，因此在模型中，假设土地在行业间跟随租金不完全流动。

7.2 模型数据库构建

7.2.1 多区域投入产出表

投入产出表是水资源一般均衡模型的数据基础，中国国家统计局逢 2、逢 7 年份编制投入产出基本表，逢 0、逢 5 年份编制投入产出延长表。由于投入产出表的数据信息较多，数据收集困难，目前绝大多数的投入产出表只编制到了省级尺度，省级以下的投入产出表十分稀少。黑河流域作为中国干旱区水资源研究的重点地区，在水资源相关数据的核算上具有较好的基础。通过收集社会经济数据以及多次对黑河各区县实地调研，本研究采集了大量的一手数据，为黑河流域构建流域和区县尺度的投入产出表提供了数据基础。黑河流域投入产出表具有重大意义，是首个县级尺度的流域投入产出表，为流域水社会经济耦合分析开创了新的研究方法和数据基础。同时为流域尺度区县单元的模型直接提供了基础输入参数，首次实现了流域尺度水-经济社会系统精细刻画，弥补流域尺度社会经济系统建模的数据缺陷。流域尺度投入产出表的具体编制方法可以参考相关研究成果（Zhou Qing, et al., 2017；Liu Xiuli, et al., 2016；吴锋，等，2015；Deng Xiangzheng, et al.,

2014）。

结合编制的2012年黑河流域各区县的单区域投入产出表和黑河流域11区县与流域外共12个单元的584行列的多区域投入产出表（见图7.3），本研究在此基础上对流域的水土资源进行核算，并嵌入水土资源要素，构建了水-社会经济系统集成分析模型。模型采用自下而上的方式构建，包括48个生产部门，其中包含玉米、小麦、蔬菜、水果、油料、其他农业共7个农业部门。

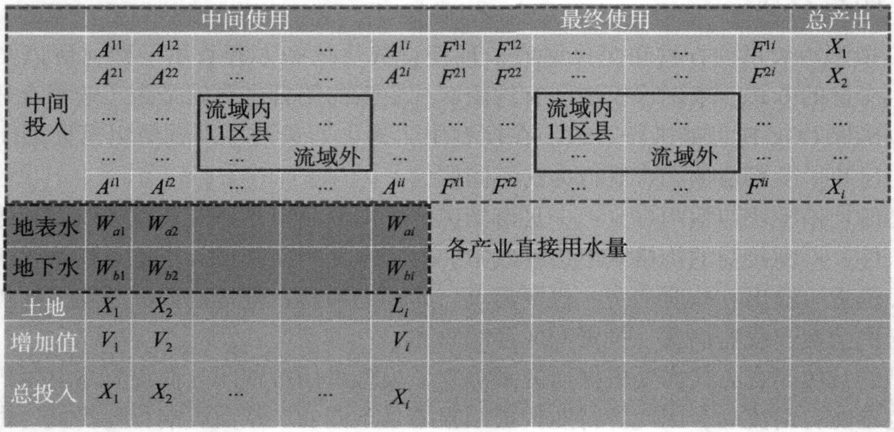

	中间使用					最终使用					总产出
中间投入	A^{11}	A^{12}	…	…	A^{1i}	F^{11}	F^{12}	…	…	F^{1i}	X_1
	A^{21}	A^{22}	…	…	A^{2i}	F^{21}	F^{22}	…	…	F^{2i}	X_2
	…	…	流域内11区县	…	…	…	…	流域内11区县	…	…	…
	…	…	…	流域外	…	…	…	…	流域外	…	…
	A^{i1}	A^{i2}	…	…	A^{ii}	F^{i1}	F^{i2}	…	…	F^{ii}	X_i
地表水	W_{a1}	W_{a2}			W_{ai}	各产业直接用水量					
地下水	W_{b1}	W_{b2}			W_{bi}						
土地	X_1	X_2			L_i						
增加值	V_1	V_2			V_i						
总投入	X_1	X_2	…	…	X_i						

图7.3　黑河流域多区域投入产出表

区域间商品贸易、资本流动和要素流动是构建多区域可计算一般均衡模型的重要基础数据，区域间贸易的统计数据较难获取，一般可以选用引力模型来间接估算，地区间贸易引力模型可以表示为（赵永，等，2008）：

$$\frac{G(r,\ d)}{G(\ *\ ,\ d)} \propto \frac{\sqrt{G(r,\ \ *\ )}}{S(r,\ d)^{k}}(r \neq d) \tag{7.43}$$

其中，$G(r,\ d)$ 为区域 r 到区域 d 的贸易流，$G(r,\ *)$ 为 r 地某一商品的产量，$G(*,\ d)$ 为 d 地的需求量，$S(r,\ d)$ 为两地之间的距离，K 为与商品相关的参数。

7.2.2　水土资源核算

要素市场是社会发展进步的原动力。CGE的特点是可以根据需要对要素进行拆分，即遵循“研究什么、细分什么”的原则。现有研究多将土地、各类自然资源、环境等从资本和劳动两类传统生产要素中剥离或单列作为并列的生产要素纳入模型（刘宇，等，2016）。本研究将水土资源作为与劳动、资本并列的生产要素纳入模型，对水土资源进行单独核算，通过要素合成进入模型。

7.2.2.1　水资源核算

水资源进入CGE模型中的方式有三种：以生产或消费的约束条件外挂、以中间投入品参与生产、以生产要素的方式进入模型。本模型结合了后两种方式，对水资源的自然要素属性与中间投入商品属性进行区分，构造基于价值型的要素与中间投入品的多维水资源投入产出表，这样更有利于刻画水资源在社会经济系统中的竞争与分配机制。

因为整个模型中的要素和商品都是以价值量的形式在系统中流通的，所以需要对不同行业水资源使用量和价格进行统计和区分。根据甘肃省水资源公报数据、水利普查数据并结合实地调查法核算了黑河流域的各区（县）48 部门投入产出表相匹配的水资源利用数据。农业部门的用水数据如图 7.4 所示。从图中可以看到，甘州区、肃州区、金塔县是农业用水量最大的区域，三个地区农业总用水量占流域总用水量的 50%。甘临高（代指甘州区、临泽县和高台县）以玉米种植业为主，肃州和金塔则以水果种植业为主。

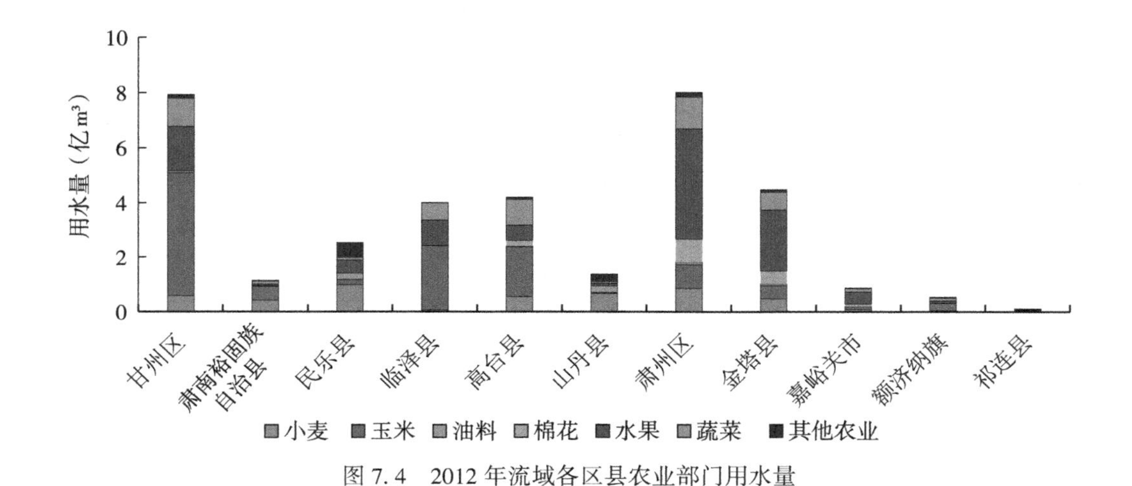

图 7.4 2012 年流域各区县农业部门用水量

非农行业用水量最大的区县分别是嘉峪关和肃州区，用水量最大的部门是石油加工业，另外燃气业和纺织业也是流域主要的非农用水行业（见图 7.5）。为了能有针对性地对地表水和地下水进行调控，我们对水资源类型进行了区分，按照来源分为地表水、地下水、自来水、其他用水。农业部门的用水来源主要分为地表水、地下水以及其他用水，工业和服务业以地下水、自来水和其他用水为主。

除了用水量以外，还需要水价才能计算出各产业的水资源价值。黑河流域各县市的水价根据水源与产业各异。农业部门的地表水水价为 0.15 元/m³，地下水水价为 0.01 元/m³，其他用水水价也为 0.15 元/m³，非农部门的地表水、地下水、其他用水的水价均为 0.15 元/m³，但是非农部门的自来水定价各有差异，居民生活用水为 1.45 元/m³，普通工业部门用水价格为 2.10 元/m³，行政事业单位用水为 1.80 元/m³，经营服务业用水价格为 2.20 元/m³，基建用水价格为 3.30 元/m³。根据各部门的价格和用水量就可以计算出各自的水资源价值。

7.2.2.2 土地资源核算

土地资源作为一种支持社会经济行为的主要自然资源，因其异质性和多功能性，一直

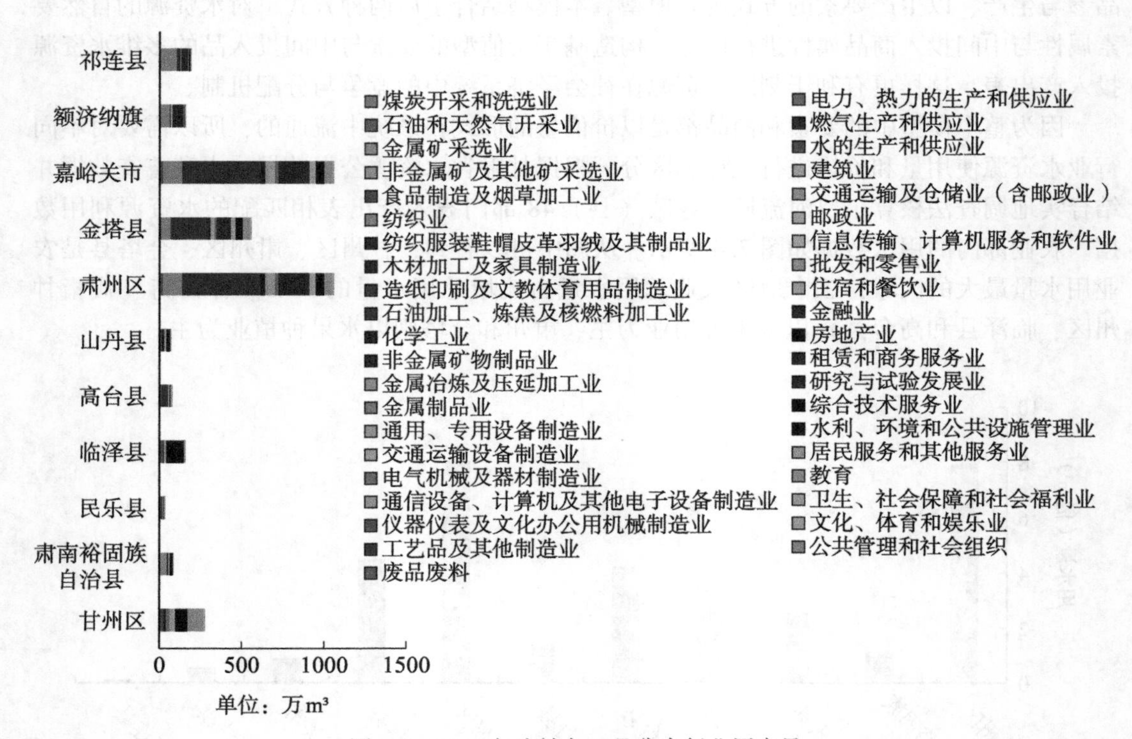

图 7.5　2012 年流域各区县非农行业用水量

以来都备受关注（封志明，等，2008；钱海滨，等，2001）。我国很早就开展了关于土地资源资产化管理的研究，探讨土地资源资产的界定及其价值核算（薛智超，等，2015；陈琪，1989）。本文参照《SEEA 2012》的思路，采用净现值法和市价法对土地资源价值进行核算。工业建设用地和居民住宅用地利用市价法来计算，根据土地招拍的平均价格除以其使用年限来计算，其中工业使用年限 40 年，居民住宅 70 年，非农业用地采用净现值法根据面积乘以土地租金来进行价值核算。

本研究中土地分部门的面积采用统计数据与遥感方法相结合的方式。因为农业部门的土地利用比较复杂，所以采用黑河流域各县市统计年鉴中的各种作物的播种面积作为各部门的土地面积。研究区各种作物播种面积见表 7.12，播种面积最大的是玉米，近 8 万公顷，其次是小麦、油料作物、蔬菜等。其土地租金按照区域平均承包价格 500 元/亩计。

表 7.12　**2012 年各区县不同作物播种面积**

地区	播种面积（公顷）						
	播种面积	粮食	小麦	玉米	棉花	油料	蔬菜
甘州区	61.83	48.47	6.19	39.15	—	0.72	7.89
高台县	34.7	21.33	5.25	14.31	2.66	0.21	6.5

续表

地区	播种面积（公顷）						
	播种面积	粮食	小麦	玉米	棉花	油料	蔬菜
山丹县	40.34	27.04	13.61	0.72	—	5.08	0.89
民乐县	61.25	41.19	18.91	3.05	—	4.55	1.49
临泽县	27.4	21.43	0.73	20.03	0.13	0.04	4.72
肃南裕固族自治县	7.02	4.49	1.63	1.63	—	0.09	0.3
金塔县	30.25	7.23	4.37	2.74	7.28	0.63	6.6
肃州区	47.03	19.03	4.38	14.33	—	0.67	13.34
嘉峪关市	3.99	1.21	0.39	0.76	—	0.19	1.77
祁连县	2.235	0.951	0.152	—	—	0.794	0.017
额济纳旗	4.512	0.338	—	—	—	—	—

数据来源：各区县统计公报。

非农部门的土地利用数据采用高分辨率遥感与实地验证纠偏的方法，最后利用遥感解译计算各部门的土地面积（Li，et al.，2015）。由于非农行业主要集中在张掖的甘州区和嘉峪关地区，因此，我们以这两个地方的土地利用图来对地区的非农行业土地利用进行简单的介绍。图7.6是嘉峪关和甘州区的土地利用功能分类图，通过土地功能分类的空间数据分析发现，甘州区第三产业用地占绝对优势，中心地带以商业和服务业用地为主，其中住宿与餐饮业以及批发和零售业用地最多。非金属矿物制品业、食品制造及烟草加工业、化学工业、金属冶炼业等工业部门主要分布在郊区。嘉峪关市则是工业用地占多。可以发现，嘉峪关市占地面积最大的是交通运输及仓储业，占地面积155.54公顷，其他工业用地包括：通用、专用设备制造业、食品制造及烟草加工业、非金属矿物制品业。产业用地与当地产业的发展状况密切相关，通过调整产业用地能够进一步促进地区经济结构的变化。

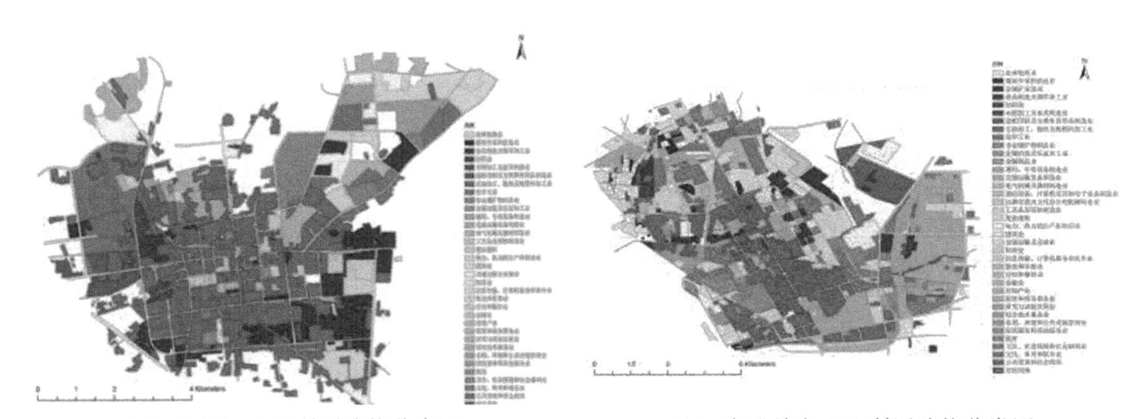

（a）甘州区土地利用功能分类图　　（b）嘉峪关市土地利用功能分类图

图7.6　土地利用功能分类图

本节主要基于水资源普查信息统计，核算了行业用水、耗水信息，厘清了行业使用的地表水、地下水及其他用水。另外，通过土地适宜性分类图，核算社会经济系统产业用地投入。通过将水资源价值和土地资源价值嵌入投入产出表，为区域水土资源耦合效应研究模型构建提供了数据支撑，便于利用模型开展区域资源要素配置和产业结构调整研究。

7.2.3　由多区域投入产出表到 RESWP 模型结构

CGE 模型最为关键的是数据库的构建，因为数据库的精度直接关系到模拟结果的好坏。投入产出表数据与 CGE 数据模型结构基本相同，表 7.13 是 CGE 模型的基本结构，主要包括国内生产者、投资者、家庭消费、商品出口、政府消费和库存变化几个部分。列向代表了对商品消耗的不同经济主体，商品可以是本地生产的，也可以是进口的。商品可以被其他产业当做中间投入进行消耗，也可以被家庭、政府消费，也可以作为产品出口，最后的部分归入库存。除了中间投入之外，商品的生产需要生产要素的投入，在本研究中包括：劳动力、资本、土地、地表水、地下水、其他来源水。生产税包括产出税或者补贴。其他成本包括了公司的各种混杂的税收。总的来说，每个产业有可能生产任何类型的商品，其生产的对应关系通过 MAKE 矩阵来描述。

表 7.13　**模型数据结构**

投入 \ 产出	产业	投资	居民	出口	政府	存货变动
商品流	$V1BAS_{c,s,i}$	$V2BAS_{c,s,i}$	$V3BAS_{c,s}$	$V4BAS_{c,s}$	$V5BAS_{c,s}$	$V6BAS_{c,s}$
运输品	$V1MAR_{c,s,m,i}$	$V2MAR_{c,s,m,i}$	$V3MAR_{c,s,m}$	$V4MAR_{c,s,m}$	$V5MAR_{c,s,m}$	
商品税	$V1TAX_{c,s,i}$	$V2TAX_{c,s,i}$	$V3TAX_{c,s}$	$V4TAX_{c,s}$	$V5TAX_{c,s}$	
劳动力要素	$V1LAB_{i}$					
资本要素	$V1CAP_{i}$					
土地要素	$V1LND_{i}$					
地表水	$V1SWT_{i}$					
地下水	$V1UWT_{i}$					
其他水	$V1OWT_{i}$					
生产税	$V1PTX_{i}$					
其他投入	$V1OCT_{i}$					

注：c=48，商品数；i=48，行业数；s=2，本地生产和调入；o=1，劳动力类型；m=2，边际服务商品数。

CGE 数据模型与投入产出表不同的地方在于它区分国内商品和进口商品，有详细的边际商品账户并且对投资账户区分了产业，因此从投入产出表到 CGE 数据结构需要做一些调整。如将投入产出表中的存货变动与其他账户合并为新的存货变动账户；根据各商品的平均进口比例，对基本商品流账户进行分解；根据商品流通税率，从商品流账户分离出商品税账户；将边际商品账户的部分价值分离出来，形成边际商品账户等。

从 CGE 数据库到 RESWP 数据库还需要构建贸易矩阵，主要需要经历三个步骤。首先，需要对地区数据进行分解；然后在地区数据分解的基础上，计算区域商品总需求和总供给的差值，得到区域的贸易量；最后，根据引力模型估算区域间商品的贸易矩阵，并进行协调平衡处理。考虑到已有相关的研究，本文不再赘述，具体操作步骤可以参见（Wittwer G.，et al.，2013；Horridge M.，et al.，2008）。

7.3 模型参数推导

水资源 CGE 模型主要包括两类参数：一是份额参数，包括居民消费支出份额、平均税率等，主要以模型构建的一致性数据集为基础，采用校准方法求得（陆平，2015；刘金华，2013）；二是弹性参数。CGE 模型中弹性参数较多，通常有三类参数需要外生确定：生产要素之间的替代弹性、居民需求函数弹性以及贸易函数中的弹性。生产函数的弹性参数主要由经典统计方法、Bayesian 方法和 GME 方法求得；贸易函数的弹性常采用 GME 方法，或由直接外生法确定；需求函数是由居民效用函数推导而得，效用函数的参数常用经典计量经济方法估计（徐卓顺，2009）。对于弹性参数，目前很多模型是基于已有研究结果或经验给出相关弹性参数值，很少有基于研究区的实证数据测算得到。而通常这些参数都是一些比较宏观尺度的，例如国家或者省级尺度的，对于地区的适用性还有待商榷。考虑到模型中的一些重要参数是整个模型的关键，整个模型都是在这些参数的基础上进行估计，如果参数设置不合理会导致结果也不合理。水土替代弹性是本研究中的一个重要弹性参数，决定了水土资源对社会经济发展方式转变的响应程度，同时也决定了相关水资源生产力调控措施对区域经济和水土资源影响的效果。因此，本研究对研究区的水土替代弹性利用实证数据进行了估计。

7.3.1 水土替代弹性

生产函数中要素的替代弹性大小决定了生产过程中各种投入要素或产品之间的相互替代难易程度以及各种外部冲击政策对整个经济系统所产生的影响程度（严婷婷，2015）。要素之间的替代弹性大，说明生产者易于针对外来冲击调整各种投入品，且调整成本比较小，外来冲击对经济系统造成的影响就比较小。

利用计量经济学来估算生产函数中要素替代弹性一直是一个重要而活跃的研究领域，有很多学者对农业生产中投入要素的产出弹性和替代弹性进行分析，然而关注点主要集中在土地、劳动力或物质资本与其他要素的替代弹性方面，针对土地和灌溉用水的替代弹性的研究并不多见（李谷成，等，2015；吴玉鸣，2010）。利用干旱区的实证调研数据对灌溉用水和土地之间的替代弹性进行计量估计的研究更加匮乏。因此，本研究基于实证调研数据对水土替代弹性参数进行估计。

根据生产函数理论，农户在生产活动中通过投入要素组合，来获得一定的产出。假定农户生产函数为 Translog 形式：

$$\ln y = \beta_0 + \beta_A \ln A + \beta_W \ln W + \beta_L \ln L + \beta_K \ln K + \beta_{AW} \ln A \ln W + \beta_{AL} \ln A \ln L + \beta_{AK} \ln A \ln K + \beta_{Lw} \ln L \ln W + \beta_{KW} \ln K \ln W + \beta_{LK} \ln L \ln K + \frac{1}{2}\beta_{AA} \ln A^2 + \frac{1}{2}\beta_{WW} \ln W^2 + \frac{1}{2}\beta_{LL} \ln L^2 + \frac{1}{2}\beta_{KK} \ln K^2 \tag{7.44}$$

其中，y 为产量，A, W, L, K 分别为生产中投入的劳动力、水资源、土地以及资本要素，β_s 为相关项系数。

产出弹性可以定义为：在技术水平和投入要素的价格不变的条件下，某一要素投入量的相对变动所引起的产出量的相对变动，即产出量变动的百分比与要素投入量变动的百分比的比值，其公式为：

$$\gamma_i = \frac{\mathrm{d}y/y}{\mathrm{d}x_i/x_i} = \frac{\mathrm{dln}y}{\mathrm{dln}x_i} \tag{7.45}$$

其中，各种投入要素的产出弹性按照式（7.45）计算并展开，可得：

$$\gamma_A = \beta_A + \beta_{AA}\ln A + \beta_{AW}\ln W + \beta_{AL}\ln L + \beta_{AK}\ln K \tag{7.46}$$

$$\gamma_W = \beta_W + \beta_{AW}\ln A + \beta_{WW}\ln W + \beta_{WL}\ln L + \beta_{WK}\ln K \tag{7.47}$$

$$\gamma_L = \beta_L + \beta_{AL}\ln A + \beta_{WL}\ln W + \beta_{LL}\ln L + \beta_{LK}\ln K \tag{7.48}$$

$$\gamma_K = \beta_K + \beta_{AK}\ln A + \beta_{WK}\ln W + \beta_{LK}\ln L + \beta_{KK}\ln K \tag{7.49}$$

所谓的替代弹性是指，在技术水平和投入价格不变的条件下，边际技术替代率的相对变动引起的投入比率的相对变动，所以水土要素的替代弹性可以表示为：

$$\sigma_{WA} = \frac{\mathrm{dln}\left(\frac{W}{A}\right)}{\mathrm{dln}MRTS_{AW}} = \frac{\mathrm{dln}\left(\frac{W}{A}\right)}{\mathrm{dln}\left(\frac{MP_A}{MP_W}\right)} \tag{7.50}$$

其中，MRTS 是技术边际替代率，MP_A和 MP_W分别是土地和灌溉用水的边际产品。

基于超越对数生产函数的包含灌溉用水产出弹性的水土替代弹性计算公式为：

$$\sigma_{WA} = \frac{1}{1 + \dfrac{-\beta_{WA} + \dfrac{\gamma_W}{\gamma_A}\beta_{AA}}{-\gamma_W + \gamma_A}} \tag{7.51}$$

根据式（7.51）模型，灌溉用水和土地在几何平均数处的替代弹性为：

$$\sigma_{WA} = \frac{-(\beta_A + \beta_W)}{-(\beta_A + \beta_W) + ({\beta_A}^2\beta_{WW} - 2\beta_{AW}\beta_A\beta_w + \beta_{AA}{\beta_w}^2)/\beta_A\beta_W} \tag{7.52}$$

将 Translog 模型估计得出灌溉面积和灌溉用水对总产量的影响系数代入式（7.52），可求得土地与灌溉用水的替代弹性。值得注意的是，此处利用 Translog 生产函数模型得到的是可变的水土替代弹性，即在每个不同的样本点，水土替代弹性有不同的取值。不过，通过 Translog 生产函数模型得出的这一弹性在样本均值处的估计结果，与运用常弹性生产函数模型得出的估计结果相差无几。

水土替代弹性度量了灌溉作物播种面积和灌溉用水之间的可替代性，代表了对于灌溉作物来说灌溉用水和土地之间相互替代的容易程度（见图 7.7）。两者之间可替代性越高，则替代弹性越大。从水土替代弹性的定义来看，它是灌溉用水和土地投入比例的变化与二者边际替代率变化关系的衡量。当水土替代弹性值大于 1 时，说明灌溉用水和土地的比例变化大于其边际替代率的变化，相反则小于其边际替代率的变化。由于边际替代率表示某一点上一单位投入要素可替换另一种投入要素单位数的比率，因此，替代弹性小于 1 时，表示灌溉用水和土地投入比率的变化慢于两种要素可替代比率的变化。也就是说，若替代弹性小于 1，欲实现某一特定的总产量，灌溉用水和土地投入比例的较大变化只会引起两要素相互替代比率的较小变化，要素间替代的可能性较弱，两种投入要素不容易相互替代。相反，当水土替代弹性大于 1 时，灌溉用水和土地之间的替代则较容易（严婷婷，2015）。

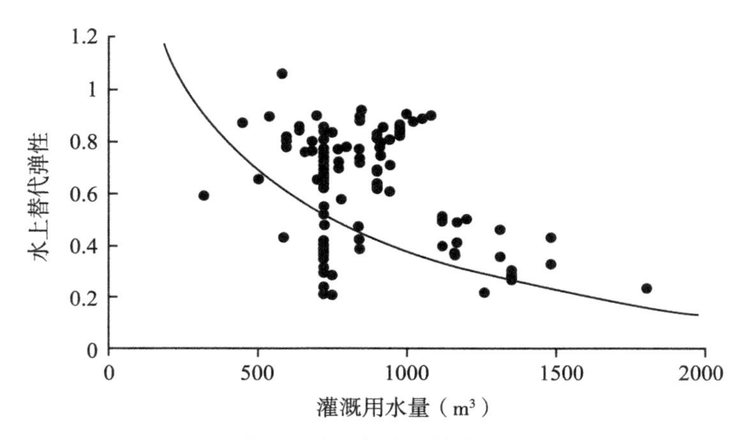

图 7.7 灌溉用水量与水土替代弹性的关系

目前各项研究中水土替代弹性的取值一般为 0.04～0.7（Calzadilla A.，et al.，2011；严婷婷，2015），但均未超过 1，说明灌溉用水和土地之间较难替代。本研究所得到的平均水土替代弹性为 0.43，说明在农业生产过程中水土替代弹性较弱，两者较难替代。使用 Translog 生产函数模型还可以分析水土替代弹性与灌溉用水总量的关系。结果显示，随着灌溉用水总量的增大，水土替代弹性的值将逐渐降低（见图 7.7）。本研究的结论与前人的研究结论相一致，孙中孝（2017）研究发现随着水土替代弹性的增加，玉米水生产率随之增加，当水土替代弹性从 0 增加到 0.7 时，玉米的地表水生产率从 1.83 元/m^3 增加到 2.21 元/m^3，玉米地下水生产率由 5.23 元/m^3 提高到 6.35 元/m^3，综合水生产率由 1.31 元/m^3 提高到 1.59 元/m^3。

7.3.2 线性支出系统函数参数

居民对不同商品和服务的购买量可以由线性支出系统（Linear Expenditure System，LES）模型来表达。LES 函数需要计算居民消费的边际消费倾向 $\beta_{c,r}$ 和居民的最低消费量 $\varphi_{c,r}$ 边际消费倾向可通过下面式子求出：

$$\beta_{c,r}=\varepsilon_{c,r}\cdot P_{c,r}\cdot X_{c,r}/Y_r \tag{7.53}$$

其中，$X_{c,r}$、Y_r 可由基期投入产出表数据得到。$\varepsilon_{c,r}$ 为地区 r 居民对商品 c 的需求收入弹性。

居民的最低消费量可以通过下面的方法进行校准：

$$\varphi_{c,r}=\left(P_{c,r}*\frac{X_{c,r}}{Y_r}+\frac{\beta_{c,r}}{F_r}\right)*Y_r/P_{c,r} \tag{7.54}$$

$$F_r=-Y_r\Big/\left(Y_r-\sum P_{c,r}*\varphi_{c,r}\right) \tag{7.55}$$

F_r 即为 Fisch 参数，Ragnar 等（1957）给出了不同经济状况国家的 Frisch 参数取值。其中，较富裕国家为-0.1，经济状况好的为-0.7，中等收入的为-2，比较贫穷的为-4，经济困难的则为-10。结合流域现状，本研究中的弹性取值范围为-2 到-3，不同的部门和区域略有差异。

7.4 模型检验

7.4.1 求解方法

澳大利亚学派遵循的是 Johansen 的求解方法，将非线性方程系统通过微分的方式进行线性化，方程求解的直接结果是变量以百分比的形式进行体现的。这样求解的最大优点就是可以求解较大的方程系统，因为求解线性方程组比求解非线性方程组要相对简单很多。本部分以最简单的方程作为例子解释模型如何通过线性化并解释其求解原理。假设一个方程为：

$$F(y,\ x)=0 \tag{7.56}$$

其中，y 是内生变量，x 是外生变量。F 是非线性方程系统。在很多情况下，给定 x 我们并不能给出 y 关于 x 的显示方程。根据隐函数求解方式，我们先对方程进行全微分处理，得到：

$$F_y(y,\ x)\,\mathrm{d}y+F_x(y,\ x)\,\mathrm{d}x=0 \tag{7.57}$$

其中，F_y 和 F_x 分别是 F 关于 y 和 x 的微分矩阵，我们假设 $y=100\mathrm{d}y$，$x=100\mathrm{d}x$，y，x 分别是 Y 和 X 中的元素。相应地有：

$$G_y(y,\ x)=F_y(y,\ x)\cdot\hat{}Y \tag{7.58}$$

$$G_x(y,\ x)=F_x(y,\ x)\cdot\hat{}X \tag{7.59}$$

$\hat{}Y$，$\hat{}X$ 分别是对角矩阵，因此线性方程变为了：

$$G_y(y,\ x)\cdot y+G_x(y,\ x)\cdot x=0 \tag{7.60}$$

这些方程组利用线性代数的知识很容易求解，但是这个只是对于 y 和 x 的很小的变化精确，如果 y 和 x 的变化很大，就会产生线性误差。内生变量 y 会随着外生变量 x 从 x_0 变化到 x_F 变化而变化。因此 Johansen 的线性预测 x_J 与真实值 y_{exact} 之间就存在误差，而且步长 x 越大，线性误差 y 就越大。

7.4.2 敏感性分析

模型的敏感性分析主要是通过调整外生参数来分析模型重要变量的变化情况，

RESWP 模型中的外生参数很多，都需要进行模型的敏感性校验。由于本研究的重点是水资源政策问题，所以重点分析与水有关的部分参数，这里主要选取生产函数中水-土替代弹性参数 δ_{lw} 进行敏感性分析。

选取条件系统敏感性分析（SSA）方法，在其他参数不变的条件下，以 δ_{lw} 参数的变化率为随机变量生成服从［-100%，100%］的均匀分布系列，给定固定冲击，观察实际 GDP、居民收入、政府收入和总用水量的变化情况。假设水价上涨 10%，其结果如表 7.14 所示。从表中我们可以看出，居民消费平均上涨了 0.06%，标准差为 0.03，各变量指标的标准差都不超过 0.005，说明模型稳定性较好。

表 7.14　　**模型敏感性分析**

指标	甘州区	肃南裕固族自治县	民乐县	临泽县	高台县	山丹县	肃州区	金塔县	嘉峪关市	额济纳旗	祁连县
居民消费	0.06	-0.08	-0.04	-0.02	-0.06	0.05	-0.11	-0.13	-0.04	-0.05	0.11
	0.003	*0.003*	*0.005*	*0.003*	*0.004*	*0.003*	*0.002*	*0.003*	*0.002*	*0.002*	*0.002*
部门投资	-0.09	-0.02	-0.08	-0.07	-0.08	-0.09	-0.04	-0.03	-0.05	-0.05	-0.05
	0.003	*0.004*	*0.003*	*0.003*	*0.003*	*0.003*	*0.004*	*0.003*	*0.005*	*0.003*	*0.003*
出口	-0.41	-0.37	-0.34	-0.42	-0.44	-0.34	-0.34	-0.36	-0.34	-0.35	-0.35
	0.005	*0.003*	*0.003*	*0.004*	*0.005*	*0.003*	*0.003*	*0.003*	*0.003*	*0.002*	*0.002*
进口	0.11	0.13	0.10	0.11	0.11	0.11	0.15	0.14	0.14	0.13	0.13
	0.003	*0.003*	*0.003*	*0.003*	*0.003*	*0.003*	*0.003*	*0.002*	*0.003*	*0.002*	*0.002*
CPI	0.06	0.06	0.06	0.07	0.07	0.06	0.06	0.07	0.06	0.06	0.07
	0.001	*0.001*	*0.001*	*0.001*	*0.001*	*0.001*	*0.001*	*0.001*	*0.001*	*0.001*	*0.001*
实际 GDP	-0.10	-0.10	-0.09	-0.14	-0.20	-0.03	-0.04	-0.07	-0.02	-0.01	0.07
	0.007	*0.003*	*0.006*	*0.006*	*0.008*	*0.004*	*0.001*	*0.002*	*0.001*	*0.001*	*0.001*
工资	-0.34	-0.41	-0.39	-0.38	-0.40	-0.34	-0.42	-0.43	-0.39	-0.39	-0.31
	0.003	*0.003*	*0.004*	*0.003*	*0.003*	*0.003*	*0.003*	*0.003*	*0.003*	*0.003*	*0.002*
资本存量	-0.15	-0.19	-0.17	-0.17	-0.18	-0.16	-0.13	-0.13	-0.15	-0.14	-0.15
	0.002	*0.003*	*0.002*	*0.002*	*0.002*	*0.002*	*0.002*	*0.002*	*0.002*	*0.002*	*0.002*

注：斜体为各变量对应的标准差。

7.4.3 可靠性检验

一般均衡模型主要是通过设置变量为内生和外生来确定模型的闭合规则。闭合规则既反映了对所要解决问题的理解，又为模型验证提供了可能。因此，可靠性检验的标准是，当一种闭合规则下的内生化变量值为另一种闭合规则下的外生化变量取值时，在其他变量维持不变的情况下，如果模型计算结果差别不大，说明模型稳定性较好。

在模型中，xcap 是表征固定资产存量的变量，与其相对应的变量为投资报酬率变量 gret。在其他闭合规则不变前提下，分别定义 xcap 为外生变量，gret 为内生变量，并设置取值的冲击为情景，观察内生变量的变化；再重新定义 xcap 内生变量，gret 为外生变量，将之前的情景结果赋值给新的情景，观察 xcap 的结果是否与冲击值一样。假设对资本冲击 5%，对产出、就业和用水量三个指标结果进行分析，从表 7.15 可以看到，在两种情景下，模型结果变化都在±0.5%以内，说明模型稳定性较好，满足相关模型模拟精度要求。

表 7.15　　模型稳定性检验

地区	产出			就业			用水量		
	S1（%）	S2（%）	变化量（%）	S1（%）	S2（%）	变化量（%）	S1（%）	S2（%）	变化量（%）
甘州区	−0.2607	−0.2610	0.1	−0.1452	−0.1448	−0.3	−7.1522	−7.1665	0.2
肃南裕固族自治县	−0.1832	−0.1828	−0.2	−0.1582	−0.1579	−0.2	−7.9603	−7.9682	0.1
民乐县	−0.6887	−0.6894	0.1	−0.4295	−0.4278	−0.4	−7.1487	−7.1558	0.1
临泽县	−0.2628	−0.2631	0.1	−0.1564	−0.1561	−0.2	−6.0136	−6.0317	0.3
高台县	−0.4794	−0.4804	0.2	−0.3045	−0.3033	−0.4	−7.4103	−7.4251	0.2
山丹县	−0.4594	−0.4603	0.2	−0.3144	−0.3150	0.2	−8.6844	−8.6670	−0.2
肃州区	−0.1728	−0.1733	0.3	−0.1889	−0.1895	0.3	−3.2520	−3.2553	0.1
金塔县	−0.3518	−0.3532	0.4	−0.3147	−0.3163	0.5	−4.7268	−4.7315	0.1
嘉峪关市	−0.0116	−0.0116	0.2	−0.0207	−0.0207	0.2	−3.0548	−3.0609	0.2
额济纳旗	−0.0630	−0.0629	−0.1	−0.0437	−0.0437	0.1	−5.8185	−5.8244	0.1
祁连县	−0.0542	−0.0543	0.1	−0.0583	−0.0584	0.1	−4.4834	−4.4879	0.1

7.5　小结

CGE 模型以瓦尔拉斯一般均衡理论为基础，把经济系统中的经济主体、商品和生产要素等通过价格系统连接到一起，全面考察经济系统中各种商品和生产要素之间的供需关系。一方面可以客观描述经济系统中市场的主观能动作用，另一方面又可以真实刻画经济体中各个部门之间的联动关系。水资源 CGE 模型通过将水资源纳入社会经济系统分析中，刻画了水在整个生产、消费和分配环节中的循环和约束机制，实现了水与社会经济系统的集成分析。本章主要介绍了水-社会经济系统集成模型的理论基础，以 Gempack 工具为建模环境，集成了流域的 11 个区（县）投入产出表，研发了流域尺度水-社会经济系统集成分析模型。对不同行业部门的水土资源消耗量进行了核算，并开展了价值量评估，在此基础上构建了水、土资源要素置入的生产函数嵌套结构以及模型相关子模块函数表达。此外，研究基于实证分析方法对模型关键参数水土替代弹性进行了估算。最后，对模型进行了校验，综合评估了模型的可靠性和稳定性。

第8章　农业水资源利用效率测算

西北内陆河流域水资源先天不足，社会经济发展受水资源制约严重。农业作为用水大户，面临着水资源利用效率低下、水资源生产力低的问题，但同时其节水潜力也巨大。因此，分析农业生产用水效率及其影响因素，提升农业生产用水效率进而实现水资源的优化配置具有重要意义。

农户作为农业用水的最小决策单元，基于投入最小化或产出最大化原则在各种生产活动间进行资源的调配，其微观用水行为和方式直接影响水资源的利用效率。本章基于随机前沿的农业水资源生产效率模型，从微观层面实证分析农户的水资源利用效率及其影响因素。在此基础上探索农业生产用水效率提升途径和策略，并基于水-社会经济模型定量评估农业水资源利用效率提升方案对区域水资源配置以及水资源生产力的影响，为农业水资源终端管理的节水激励措施选择与实施提供理论参考和依据。

8.1　农业生产用水效率的相关理论

8.1.1　农业生产用水效率

农业作为用水大户，用水量占全社会总用水量的70%左右，因此，农业水资源生产力的提升，即农业水资源利用效率的提升，一直是研究人员关注的重点。农业水资源利用效率指投入水平一定，达到相同产出时的用水量与最优用水量的比值（Wichelns D.，2015；Singh R.，et al.，2010；Dinar A.，1993；Kopp R. J.，1981）。生产技术效率是微观经济学中效率研究的一个重要概念，主要用来衡量经济个体在现有技术水平下以最小投入获取最大产出的技术利用能力。Farrell M. J.（1957）关于生产技术效率的研究为水资源生产力研究开创了一个新的分析框架，使技术进步的概念脱离了原有的平均生产函数，而与边界生产函数联系起来。生产技术效率描述了实际生产活动接近生产前沿面的程度，当经济主体的生产行为达到最佳状态时，生产行为落在生产前沿边界上，非最优的生产集则落到生产函数的内部。

生产技术效率反映了生产配置有效状态的投入或产出与实际投入或产出之比，即在其他投入要素固定不变的条件下，现有资源可能实现最大产出，或者在给定产出水平下最小可能投入（王学渊，2008）。因此，农业水资源生产技术效率等于一定生产条件约束下可行的最小水资源使用量与实际水资源使用量之比。水资源作为一种生产要素和其他要素一起进入生产，传统的单要素生产率无法反映真实的水资源生产利用情况，生产技术效率作为农业生产用水效率的衡量指标能够反映生产要素间的相互影响，以及生产效率和管理条件的变化对水资源利用的影响。

生产的有效配置状态可以用一组前沿面来表示（见图 8.1）。Kopp（1981）首次给出有关生产前沿面的定义：在不减少其他产出或增加其他投入的情况下，生产技术上不可能增加任何产出或减少任何投入，则该投入产出向量是技术有效的。假设利用要素组合（X，W）来生产产品 P，生产函数为 $Y=f(X; W)$，农业水资源的生产技术效率可以表示为：

$$WTE_i = \text{Min}\{\mu: f(X_i, W_i) > Y(W_e)\} \tag{8.1}$$

其中，WTE_i为水资源生产技术效率，μ 为水资源无效规模参数，W_i为实际用水量，W_e为生产可行最小用水量。当 $WTE_i=1$ 时，表示水资源实现有效利用，此时，要素组合落到随机前沿曲面上。当生产要素组合落到曲面之外时，$WTE_i<1$，说明水资源的实际投入水平与生产有效状态最小投入水平存在差异，差异越大，说明浪费程度越高。

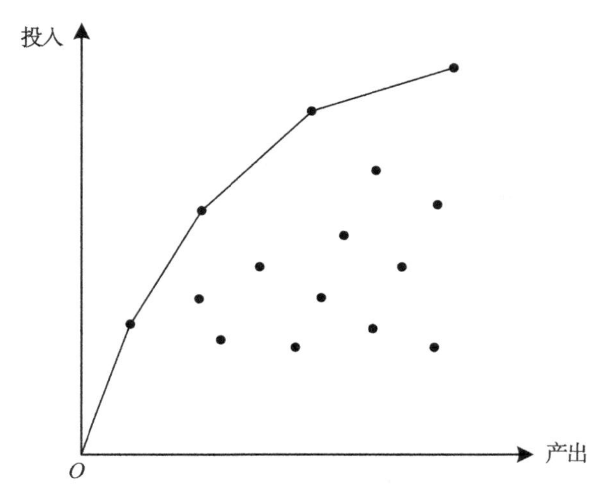

图 8.1 生产前沿面描述

基于前沿面理论的生产技术效率从优化的视角将水资源生产效率与经济技术效率联系起来，度量了农业水资源生产低效配置现状与生产有效配置之间的差距，从而可以对各主体的水资源使用行为进行优化。水资源生产技术效率充分考虑了技术水平、资源条件、组织程度、管理水平等多方面的因素，是一种综合性的效率指标，有助于在宏观和微观两个层面上规划出更清晰可行的农业用水管理政策。

8.1.2 农业水资源生产技术效率计算方法

用于效率分析的方法通常有参数和非参数分析法，但两种方法因其各有千秋而有所争议。非参数方法，以数据包络分析（DEA）为代表；另一类参数方法，以随机前沿生产函数分析（SFA）为代表。DEA 方法包含了线性规划的方法，而随机边界法包含了计量经济的方法。SFA 是 20 世纪 70 年代末由 Meeusen 等提出的，与 DEA 相比，它考虑了随机误差对技术效率的影响，还可以定量分析各种相关因素对个体间效率差异的具体影响

(Meeusen W. 等，1977)。采用随机前沿模型方法也有明显的缺陷，它必须事先设定一定的生产函数形式 C-D 函数或超越对数函数和行为约束，这不可避免地造成对生产率估计的较大偏误。和 C- D 生产函数相比，超越对数生产函数的包容性要高，因为它可以被认为是任何形式的生产函数的二阶泰勒近似，其缺点是会消耗更多的自由度。目前关于农业用水效率的研究主要从两个层面展开：一是基于农户调查数据的灌溉用水效率测度研究；二是基于省级农业用水数据的用水效率测度研究。

生产技术效率计算的核心是生产前沿面的估计，技术有效的所有投入产出向量集合构成生产前沿面。目前关于生产前沿面的研究主要有两类方法，一类为参数方法，以随机前沿生产函数分析（SFA）为代表；另一类为非参数方法，以数据包络分析（DEA）为代表(Green W. H.，2008)。其中参数类方法需要预先假定或构造一种具体的生产函数形式，然后基于计量经济学方法估计位于生产前沿面上的函数参数。非参数方法主要是基于数学规划方法，不需要事先假定生产函数形式和随机误差分布。

1）随机前沿生产函数法

随机前沿生产函数法（SFA）是一种典型的参数类方法，Aigner D. 等（1977）和 Meeusen W. 等（1977）分别提出的随机边界生产函数以及后来计量经济学的发展，为生产技术效率的研究奠定了坚实的理论和方法基础。

随机前沿生产函数一般模型可以表示为：

$$Y = f(X, \beta)\exp(u - v) \tag{8.2}$$

其中，Y 表示产出，X 表示各种投入要素；β 为待估计参数。$f()$ 为给定技术条件及投入情况下所能获得的生产前沿。随机前沿生产函数法把模型误差项分为随机误差项和管理误差项，将导致生产无效性的各种可控因素和不可控因素加以区分，v 为随机干扰部分，表示任何可能出现的对生产决策造成影响的不可控因素，u 为管理误差部分，对生产过程造成冲击的可控因素，也是导致生产无效的主要因素。当 $u=0$ 时，效率值为 1，生产观测点就恰好处于生产前沿面上，不存在技术无效的部分。

随机前沿生产函数法有一些明显的不足。首先，很难找到一个自由度强又能全面反映所观测样本点最大可能生产边界的函数形式，而且事先人为确定影响生产函数的随机因素和生产技术效率的决定因素的分布具有很大的主观性，这种主观性降低了参数估计的有效性(Odeck J.，2007)。另外，参数方法使用的是中性技术进步假定，导致技术进步效率测度偏差，无法体现生产前沿移动带来的生产资源配置效率变化和技术变化的一致性描述。当考虑到价格等因素时，其数据处理也更为复杂。

2）DEA 法

DEA 法又称数据包络分析法，最早是由美国运筹学家 Chames A.（1978）提出。数据包络分析实际上就是一种运用线性规划方法度量生产单元相对效率的数学过程。通过连接所有观测生产样本点形成分段曲线组合，得到一个凸性的生产可能性集合，从而构建一条非参数包络前沿线，将所有观测样本包含在其中，生产有效点位于生产前沿面上，无效点处于最大可能生产边界之下。衡量一个决策单元 k 是否 DEA 有效，即是否处于由包络线所组成的生产前沿面上，主要通过构造 N 个生产观测样本，如果任何一个样本的各项产出都不低于 k 单元的产出，则所有样本的各项投入都低于样本 k 的投入值。以上即是求解以下线性规划问题：

$$\min_{\rho,\ \lambda} \rho$$

$$\text{s.t}\ Y_j \lambda_j \geqslant Y_k \tag{8.3}$$

$$X_j \lambda_j \geqslant \rho X_k \tag{8.4}$$

$$\lambda \geqslant 0,\ j = 1,\ 2,\ \cdots,\ N$$

如果求解结果 ρ 小于 1，则决策单元非 DEA 有效，否则是无效的。

DEA 的优点在于它不需要事先设定生产函数的具体形式，可以直接通过与最优生产决策单元比较，找出效率改进途径，并且可以处理多投入和多产出情况。学者们针对不同研究对象对 DEA 模型进行了改进，如将规划方法改为对偶规划，引入松弛变量得到很多变种模型，如 DEA-Malmquist 模型、超效率 DEA 模型、三阶段 DEA 模型、四阶段 DEA 模型、Bootstrap DEA 模型等（胡博，2017；Sav G. T.，2013）。

3）两种方法的比较

用于效率分析的参数和非参数分析法各有其利弊和适用范围。随机前沿生产函数方法的主要优点是它通过估计生产函数，能对经济主体的生产过程进行描述，并能够对生产技术效率的影响因素进行控制。与 DEA 相比，它考虑了随机误差对生产技术效率的影响，还可以定量分析各种相关因素对个体间效率差异的具体影响（王学渊，2010）。随机前沿生产函数采用极大似然法估计各个参数，其估计结果更加稳定，而 DEA 则选取一个或几个有效率决策单元构成生产前沿面，容易受异常点影响。DEA 方法更加简单易行，不需预先确定生产前沿面的具体形状，也不需事先假设非效率项的分布形式，能够以实物指标来测算生产前沿面。另外，DEA 方法还可以处理多产出问题，对样本的数量要求不高。而随机前沿函数法只能处理单产出问题，而且对数据要求量高。总体来说，随机前沿函数在处理微观样本数据时应用较多，而 DEA 则在宏观小样本情况下应用较多，但在实际应用中具体选择哪种方法，需要结合研究问题以及数据情况来进行选择。

8.2 流域农业生产用水效率现状分析

8.2.1 农业生产用水效率模型及方法选择

目前关于农业生产用水效率的研究主要从两个层面展开：一是基于微观调查数据；二是基于省市级统计数据。由于 SFA 更适合大样本微观数据计算，而 DEA 适合小样本宏观数据效率估计（Speelman S. 等；2008）。在粮食生产过程中，充分考虑非人为可控随机因素，如降水量变化、温度变化和光照变化对粮食生产的影响，是很有必要的。因此选择 SFA 对农业生产用水效率进行估计更为合适。

投入或成本最小化是生产资源有效配置的根本要求。在微观层面上，将农户视为单独的生产主体，在技术和经营管理水平的约束下，考虑其他生产要素的影响，在保证既定产出水平的同时最小可能地投入水资源。根据 Kopp 对农业生产用水效率的定义，可以将其表示为：

$$IE_i = [\min\{\lambda : f(x_i,\ w_i;\ \beta) = y_i\}] \rightarrow (0,\ 1] \tag{8.5}$$

保持其他投入要素以及产出不变的情况下，式（8.5）中农业生产用水效率 IE_i 为可能达到的最小用水比例 $\lambda \in (0, 1]$。

农业生产用水效率的测算是以农业生产技术效率的测算为基础的，根据 Battese 等（1995）首先定义测算农户生产技术效率的随机前沿生产函数方程为：

$$y_{it} = f(x_{it},\ w_{it};\ \beta)\exp(v_{it} - u_{it}) \tag{8.6}$$

生产函数（8.6）描述了农户 i 在时期 t 的产量与各种投入要素向量 x_{it} 的关系。w_{it} 为灌溉用水量，β_s 是各种投入变量的系数。误差项包含两部分：v_{it} 系统误差，包含影响产量的一些不可控的随机因素；u_{it} 表示生产中的技术无效率状态，反映了农户产出与生产前沿面水平的差距，是一个非负值。为参数估计方便起见，通常令 $\gamma = \dfrac{\sigma_u^2}{\sigma_v^2 + \sigma_u^2}$，$\gamma$ 的值在 0 和 1 之间。如果 γ 接近 1，说明产出与最大产出的误差主要来源于技术非效率因素，若 γ 接近 0，则说明产出与最大产出的差距主要来自统计误差。

超越对数生产函数包容性好，且易估计，可以被认为是任何生产函数的近似，如柯布-道格拉斯生产函数、常弹性生产函数等都是超越对数生产函数在特定取值时的变形。它在结构上属于二次响应面模型，包含每种投入要素的一次项、二次项以及与其他各投入要素的交叉项，可有效研究生产函数中投入要素的交互影响、各种投入要素技术进步的差异。另外，使用 Translog 生产函数模型还可以分析水-土替代弹性与灌溉用水总量的关系。本研究选取土地、劳动力、资本、水资源四种投入要素，构建了如下的 Translog 生产函数：

$$\begin{aligned}\ln y_{it} = {} & \beta_0 + \beta_1 \ln \text{labor}_{it} + \beta_2 \ln \text{capital}_{it} + \beta_3 \ln \text{land}_{it} + \beta_4 \ln \text{water}_{it} \\ & + \beta_5 \ln \text{labor}_{it} \ln \text{water}_{it} + \beta_6 \ln \text{capital}_{it} \ln \text{water}_{it} \\ & + \beta_7 \ln \text{land}_{it} \ln \text{water}_{it} + \beta_8 \ln \text{labor}_{it} \ln \text{capital}_{it} \\ & + \beta_9 \ln \text{labor}_{it} \ln \text{land}_{it} + \beta_{10} \ln \text{land}_{it} \ln \text{capital}_{it} \\ & + \beta_{11} (\ln \text{water}_{it})^2 + \beta_{12} (\ln \text{labor}_{it})^2 + \beta_{13} (\ln \text{capital}_{it})^2 \\ & + \beta_{14} (\ln \text{land}_{it})^2 + v_{it} - u_{it}\end{aligned} \tag{8.7}$$

式中，$i = 1, 2, \cdots,$ 表示第 i 个农户，t 为时间；y_{it} 为第 i 个农户在第 t 期作物总产值；labor_{it}，land_{it}，capital_{it} 分别表示劳动力、土地和资本投入量；water_{it} 为农户的灌溉用水量；其余各项为变量的平方项与交叉项。

根据 Reinhard S.（1999）的研究，在其他投入要素保持不变的情况下，农业生产用水效率 IWUE 等于最小灌溉用水量与实际灌溉用水量比值，当农户的灌溉用水不存在技术无效率时（$u_{it} = 0$），农业生产函数可表述为：

$$\begin{aligned}\ln y_{it} = {} & \beta_0 + \beta_1 \ln \text{labor}_{it} + \beta_2 \ln \text{capital}_{it} + \beta_3 \ln \text{land}_{it} + \beta_4 \ln \text{water}_{it}^e \\ & + \beta_5 \ln \text{labor}_{it} \ln \text{water}_{it}^e + \beta_6 \ln \text{capital}_{it} \ln \text{water}_{it}^e \\ & + \beta_7 \ln \text{land}_{it} \ln \text{water}_{it}^e + \beta_8 \ln \text{labor}_{it} \ln \text{capital}_{it} \\ & + \beta_9 \ln \text{labor}_{it} \ln \text{land}_{it} + \beta_{10} \ln \text{land}_{it} \ln \text{capital}_{it} \\ & + \beta_{11} (\ln \text{water}_{it}^e)^2 + \beta_{12} (\ln \text{labor}_{it})^2 + \beta_{13} (\ln \text{capital}_{it})^2 \\ & + \beta_{14} (\ln \text{land}_{it})^2 + v_{it}\end{aligned} \tag{8.8}$$

通过式（5.8）与式（5.7）相减：

$$\beta_4 + \beta_5 \ln \text{labor}_{it} \ln \text{IWUE}_{it} + \beta_6 \ln \text{capital}_{it} \ln \text{IWUE}_{it} + \beta_7 \ln \text{land}_{it} \ln \text{IWUE}_{it} + \beta_{11}(\ln \text{IWUE}_{it})^2 + 2\beta_{11}(\ln \text{water}_{it})^2 + u_{it} = 0 \tag{8.9}$$

式中，$\text{IWUE}_{it} = \dfrac{\text{water}_{it}^e}{\text{water}_{it}}$

此时，可以得到农业生产用水效率的表达式如下：

$$\text{IWUE}_{it} = \exp\{[-\xi_i \pm (\sqrt{\xi_i - 2\beta_{11} u_{it}})]/2\beta_{11}\} \tag{8.10}$$

其中 $\xi_{i\,t} = \dfrac{\partial \ln y_{it}}{\partial \ln \text{water}_{it}} = \beta_4 + \beta_5 \ln \text{labor}_{it} + \beta_6 \ln \text{capital}_{it} + \beta_7 \ln \text{land}_{it} + 2\beta_{11} \ln \text{water}_{it}$

8.2.2 数据来源与统计描述

结合黑河流域的区域概况，我们对黑河中游的农户进行了水资源利用效率调查。调查采用分层随机抽样策略来进行样本选择，即在每个县选择两个不同缺水程度的乡镇，每个城镇随机选择两个村庄，再在每个村庄内，随机挑选 10 户人家。总计共调查了 24 个村和 170 户农户。调研样本覆盖了张掖市的各区县，主要对不同作物的种植面积、投入产出和用水情况进行了分析。在每一个家庭中，户主一般是农业生产活动的决策者，所以我们选择户主作为访谈的对象。问卷包括农户家庭特征信息，农业生产投入产出信息，水资源管理信息和相关水资源管理政策的问题。通过预调研，事先对问卷中可能存在的一些模糊或不合理问题进行了修订。

为了更好地了解研究区的农业生产情况，首先对调研的样本进行了统计描述分析，见表 8.1。为样本地块尺度作物的种植结构比例，鉴于种植作物种类较多，只选取了几种主要作物进行了分析，其他作物还包括药材、制种蔬菜等，所占比例较小。总体来看，制种玉米和小麦的比例最大，分别占到总样本的 36.8% 和 23.4%。各区县的种植结构也表现出一定的差异，其中临泽、高台和甘州以种植制种玉米的为主。山丹则以种植小麦和大麦为主，民乐和金塔则以种植玉米为主。

表 8.1　**各区县不同作物种植比例**

区县	农户地块作物统计（%）						
	小麦	玉米	制种玉米	大麦	蔬菜	水果	油料
甘州	10	7.5	27.5	18.75	3.75	0	5
临泽	13.2	1.99	86	0	0.66	7.95	1.32
高台	0	6.1	56.1	0	11	0	0
民乐	20	31.36	7.6	19.49	10.16	3.39	0
山丹	43.2	0	0	37.14	11.43	0	11.43
金塔	12.3	23.19	4.3	0	23.2	4.5	14.5
总体	23.4	11.75	36.84	11.23	8.08	3.51	4.2

地块上的灌溉水源主要分为地下水灌溉、地表水灌溉以及地表水和地下水综合灌溉 3 种（见表 8.2）。从全部样本来看，仅利用地表水灌溉的农户样本数达到 358，占总样本的 62%，利用地下水灌溉的样本数达到 18%，同时利用地表水和地下水的样本数占 20%。说明研究区主要还是采用地表水来进行灌溉。

表 8.2　　样本地块灌溉水源情况

水源	样本数	所占比例
地表水	358	0.62
地下水	109	0.18
同时用地表水和地下水	113	0.2
总样本	576	1

各作物在生长期内的灌溉水源和亩均灌溉用水量见表 8.3，各种作物灌溉用水量差异较大。其中水果的灌溉用水量最大，每亩用水量在 1000m^3 以上，生长期灌溉次数为 8~12 次。油料作物的灌溉用水量最少，每亩只需要灌溉用水 200 m^3 左右，平均只需灌溉 2 次。小麦的灌溉用水量在每亩 400 m^3 左右，玉米和制种玉米的用水量相差不大，都在 800 m^3 每亩左右，是小麦灌溉用水量的两倍。另外，通过对比不同灌溉水源的灌溉用水量，发现不同水源灌溉用水量也有一定的差异，总体来看，单用地表水或地下水的灌溉用水量小于混合水源的灌溉用水量。

表 8.3　　不同作物生长期灌溉次数和亩均灌溉用水量

作物	地表水		地下水		地表水+地下水	
	灌溉次数	亩均灌溉用水量（m^3）	灌溉次数	亩均灌溉用水量（m^3）	灌溉次数	亩均灌溉用水量（m^3）
小麦	3	423	4	393	5	780
玉米	4	643	8	950	7	1130
制种玉米	6	775	7	850	8	930
大麦	3	370	4	310	3	410
蔬菜	4	600	6	680	9	700
水果	8	1142	9	1080	12	1200
油料	2	180	3	210	2	240

根据对农户不同地块的农作物生产情况调研分析，共收集 121 户 576 块地块的作物投入与生产信息。结合上面的样本分布情况，我们选取小麦和玉米两种具有地区代表性的作

物来计算其用水效率。两种作物的投入产出情况见表 8.4，包括作物种植面积、单产、出售价格、各种投入要素价格等。样本中，小麦的平均产量为每亩 812 公斤，制种玉米的平均产量在每亩 1477 公斤。从种植面积上来看，农户制种玉米的平均种植面积较大，平均每户达到 15 亩，是小麦种植面积的三倍，产量也远高于小麦，各项投入相对来说也比较高。水费每亩相差不大，平均在 90 元。扣除水费的平均中间费用（包括种子、化肥、农药、地膜以及机械等费用）为每亩 600 元左右。

表 8.4　**小麦和玉米的生产投入产出情况**

变量	小麦	制种玉米
面积（亩）	5.1	15.7
单产（公斤）	812	1477.7
出售比例（%）	22	100
出售价格（元/斤）	1.04	1.58
地膜（元/亩）	63.5	42
种子（元/亩）	84.8	75
水费（元/亩）	97.2	93.4
化肥（元/亩）	165.6	248.7
农药（元/亩）	24.4	43.6
雇工（元/天）	118	187
机械服务费（元/亩）	81	93
其他费用（元/亩）	63.3	61

8.2.3 流域农业生产用水效率测算结果

为了检验式（8.7）的生产函数设定是否合理，我们分别对 Translog 生产函数最大似然函数 LU（无限制性生产函数）和 CD 生产函数最大似然函数 LR（限制性生产函数）进行估计，并计算似然函数比率 LR ＝ －2（LR－LU），以及卡方统计显著性检验。如果 LR 比率大于临界值χ_{α}^{2}，表示交叉项和平方项的系数值不同时等于零，此时则选择 Translog 生产函数模型定义，否则选择 CD 生产函数模型定义。通过似然比检验我们拒绝了原假设，说明选择 Translog 生产函数是合适的。

表 8.5　**随机前沿生产函数系数估计结果**

投入变量	制种玉米		小麦	
	系数	标准差	系数	标准差
β_{water}	-0.91^{***}	0.01	-0.1^{**}	0.05

续表

投入变量	制种玉米		小麦	
	系数	标准差	系数	标准差
β_{labor}	−0.62 *	0.05	0.13	0.31
$\beta_{capital}$	2.77 **	0.04	−0.05 **	0.03
β_{land}	1.04	0.34	0.87 ***	0.04
$\beta_{water,capital}$	0.19	0.30	−0.12 *	0.07
$\beta_{labor,capital}$	−0.33 *	0.09	−0.04	0.04
$\beta_{land,capital}$	0.46 *	0.07	0.21 ***	0.08
$\beta_{water,labor}$	0.10 *	0.08	−0.02	0.02
$\beta_{water,land}$	−0.17 *	0.09	0.01 *	0.04
$\beta_{land,labor}$	0.31	0.23	−0.006	0.02
$\beta_{capital}{}^2$	−0.27	0.45	0.05	0.10
$\beta_{water}{}^2$	0.02	0.28	−0.06 *	0.04
$\beta_{labor}{}^2$	−0.05	−0.15	−0.006	0.008
$\beta_{land}{}^2$	−0.01	−0.12	−0.12 ***	0.03
Constant	4.21	22.94	6.84	4.46
σ^2	0.13 ***	0.06	0.04 ***	0.01
γ	0.97 ***	0.01	0.76 ***	0.18
Log-likelihood Ratio	183.57 ***		131.24 ***	
样本量	156		94	

注：*，**，*** 分别表示在 1%，5%，10%水平下显著。

表 8.5 给出了超越对数随机前沿生产函数中各参数的估计结果。在超越对数生产函数中，技术无效率参数为 $\gamma=0.97$ 和 0.76，并且在 1%置信水平下显著，表明技术无效率在玉米和小麦生产中分别贡献了总产出方差的 97%和 76%，农户生产过程中存在显著的效率损失，采用随机前沿模型是合理且必要的。超越对数生产函数各投入变量的系数反映了要素的产出弹性。计算结果显示，制种玉米灌溉用水、劳动力、资本和土地的产出弹性分别为−0.91、−0.62、2.77、1.04，表明灌溉用水、劳动力、资本和土地以及其他中间要素投入每增加 1%，制种玉米产值将分别变动−0.91%、−0.62%、2.77%和 1.04%，小麦的要素投入的产出弹性分别为−0.1、0.13、−0.05、0.87。灌溉用水的产出弹性为负，表明灌溉用水的增加不会导致产量的增加。通过对比其他相关研究，如 Wang 等（2010）和 Tang Jianjun 等（2015）发现水的系数显著为正，而在 Gadanakis Y. 等（2015）和 Yin 等（2016）的研究中则为负值，造成这种差异的原因可能是研究区气候条件和种植结构不同所致。

表 8.6 小麦和玉米生产技术效率和用水效率分布

效率分布值	小麦		制种玉米	
	TE	IWUE	TE	IWUE
0~10	0	5	0	0
10~20	0	10	0	0
20~30	0	7	5	9
30~40	0	7	14	38
40~50	0	13	10	25
50~60	0	18	29	17
60~70	3	18	14	7
70~80	9	26	20	3
80~90	46	27	25	0
90~100	42	5	20	0
均值	0.87	0.53	0.75	0.49

根据式（8.10）可以计算出小麦和制种玉米的生产技术效率和用水效率。表 8.6 是小麦和制种玉米的生产技术效率和生产用水效率分布区间。其中小麦的生产技术效率均值为 0.87，生产用水效率均值为 0.53；制种玉米的生产技术效率均值为 0.75，生产用水效率为 0.49。两种作物的农业生产用水效率都低于生产技术效率。说明在现有生产技术效率的基础上，农业灌溉节水空间还较大，其中玉米和小麦生产过程中还能减少 51% 和 47%的水资源投入。

表 8.7 各区县小麦和玉米生产技术效率和用水效率

区域	制种玉米		小麦	
	TE	WUE	TE	WUE
甘州区	0.81	0.51	0.88	0.47
临泽县	0.68	0.46	—	—
高台县	0.87	0.57	0.89	0.52
民乐县	0.76	0.61	0.88	0.55
山丹县	—	—	0.83	0.51
金塔县	—	—	0.88	0.43

同时，从区（县）尺度对小麦和制种玉米的生产技术效率和用水效率进行统计，发

现区域之间的差异也较大（见表8.7）。甘州和高台的生产技术效率较高，民乐县两种作物的生产用水效率均高于其他区县，其次是高台县。这两个地区水资源相对紧缺，地表水资源相对匮乏，以地下水灌溉为主，进一步说明水资源的稀缺性导致地区农业生产用水效率的提高。

总体来看，整个张掖市农业生产技术效率较高，但农业生产用水效率却比较低，内部区域之间有一定的差异，这可能与每个区县的生产条件、水资源丰裕程度、灌溉水源以及水资源管理方式不同有一定的关系。因此，下一步需要分析农业生产水资源利用效率的影响因素，寻找提升农户用水效率的方法和途径。

8.3　农业生产用水效率影响因素测度

影响农业生产技术效率的因素很多，主要包括自然资源条件、科技投入与技术创新、农业生产或经营形式等。王晓娟（2005）基于河北省石津灌区的农户调查数据，采用超越对数随机前沿生产函数，对该灌区的生产技术效率与灌溉用水效率及其影响因素进行实证分析，结果发现，石津灌区的用水效率远低于生产技术效率，在其他投入保持不变的情况下，达到目前的产量可减少24.57%的灌溉用水；灌溉用水效率与生产技术效率相比表现出较大的可变性；提高渠水使用的比例、提高水价、采用节水灌溉技术以及建立用水者协会，对灌溉用水效率的提高具有积极作用。Kaneko等（2004）基于分省数据集，采用C-D随机前沿生产函数方法来测算中国1999— 2002年的农业用水效率，他们的研究结果也表明农业用水效率与生产技术效率存在很大差距，农业用水具有很大节水潜力。农业用水效率的影响因素主要包括气候、土壤等自然条件，以及农田水利基础设施的建设。有学者对中国各省区的水资源效率差异进行了测度，实证发现中国水资源利用效率呈现先下降后上升的趋势，同时技术效率的提高和技术进步都有助于水资源利用效率的提高（钱文靖，等，2005；马海良，等，2012）。

也有研究基于市场因素对农户水资源利用效率影响进行分析。水价是影响农户用水效率的一个重要因素。在微观层次上，价格信号能够引导农户合理地使用水资源。当水价能够反映水资源的稀缺程度，与水资源的边际社会成本相等时，水价就能对农户水资源利用行为产生恰当的激励，鼓励农户节约用水。对我国水价影响的研究主要关注水价格变动对需求的影响，并计算相应的价格弹性，但对水价与用水效率间的直接研究较少。秦长海等（2010）利用农业蓄水函数估计和广义水资源利用评价法，对宁夏水资源利用效用进行了分析，结果表明：提高农业灌溉水价，可以提高经济系统和生态系统的水资源利用效率，部门单位用水和耗水增加值及整个国民经济的单位用水和耗水GDP也呈现提高趋势，但会影响生态并导致地下水位降低。张仁田（2002）根据不同的水价制定方法，分析了水资源再分配中水价对效率和公平性的影响，发现不同的水价制定方法对水资源再分配的公平性基本没有影响，而对水资源的使用效率有显著影响。

另外，还有学者对非农就业对农业水资源利用效率的影响进行了探讨。关于非农就业对农户生产行为影响的研究主要有两种不同的观点：一种观点认为非农就业导致农村劳动力外流，特别是大批青壮年和受教育水平较高的劳动力外流，造成农村的“精英流失”，加速了农业劳动力妇女化和老龄化趋势，导致土地撂荒和忽视农业生产的现象出现（黄祖辉，等，2014；赵光，等，2012；林坚，等，2013）。另外一种观点认为在资金不足的地区外出户存在资金对劳动的替代，农村劳动力外出并不必然对农业生产带来负面影响（江淑斌，等，2012；李明艳，等，2013）。具体到农户非农就业对水资源利用的影响则表现为两种情况，一方面，部分农户为了维持高农业生产率，必然会加大对生产要素水资源的投入来代替劳动力的投入以保证土地的产出不下降，另一方面，农业成为家庭的副业，对家庭收入的重要程度降低，部分农户不愿意投入过多的生产要素水资源来提高土地产出水平。目前对于非农就业对水资源利用效率的影响的实证研究并不多。

农户是节水的主体，是农业生产经营中最基本的微观经济组织，一切节水技术和措施最终都通过农民的实际行动来实现。所以亟须探索农业用水的需求管理策略，实现一系列的管理、制度与政策的创新，提升水资源利用效率。其中包括灌溉系统产权制度创新、灌溉管理制度改革、灌溉服务市场、灌溉水价政策改革、农业节水技术采用、水权制度与水市场总量控制与定额管理等加强农用水资源需求管理，控制农用水资源的无谓消耗（以保障农田灌溉基本需要为前提），对于缓解水资源供需矛盾具有特别重要的意义。

8.3.1 模型设定

农业水资源利用效率值取值范围为0到1，属于受限因变量，传统的OLS估计方法会导致有偏和不一致的估计结果，而基于Tobit回归模型的最大似然法进行参数估计则会得到一致和有效的结果（Green，2003）。Tobit模型形式可以通过一个分段函数给出：

$$\text{IWUE}_{it} = \begin{cases} 0 & \text{if } \partial_0 + \sum \partial_i Z'_{it} + \varepsilon_{it} \leqslant 0 \\ \partial_0 + \sum \partial_i Z'_{it} + \varepsilon_{it} & \text{if } 0 < \partial_0 + \sum \partial_i Z'_{it} + \varepsilon_{it} < 1 \\ 1 & \text{if } \partial_0 + \sum \partial_i Z'_{it} + \varepsilon_{it} \geqslant 1 \end{cases} \tag{8.11}$$

其中，Z_{it}是包含影响农户用水技术效率因素的向量。农户水资源技术效率受很多因素影响。结合现有研究，把影响生产用水效率的因素分为四类，包括农户特征、土地利用特征、节水措施采用情况、水资源管理制度等。农户特征向量包括户主年龄，受教育程度，家庭收入以及非农收入占家庭收入比例，户主是否村干部等；土地特征向量包括耕地面积、地块数；节水措施情况包括是否采用渠道衬砌、地膜覆盖；水资源制度向量包括水价情况、是否参与用水协会、是否使用地下水灌溉等。各变量及其预期效应见表8.8。

表8.8　**农业生产用水效率影响因素及其预期效应**

变　量	预期效应假设
农户个体特征	
户主年龄（年）	-
受教育程度（年）	+
收入（元/年）	+

续表

变 量	预期效应假设
务农时间（年）	+
非农就业占家庭收入比重（%）	+
家庭农业人口	+
土地特征	
耕地面积（亩）	-
地块数（块）	-
节水措施采用情况	
渠道是否衬砌（是=1，否=0）	+
是否覆盖地膜（是=1，否=0）	+
水资源管理制度	
是否参与农民用水者协会（是=1，否=0）	+
水价或水费（元/m^3）	+
是否用地下水（是=1，否=0）	-

户主的年龄与受教育程度越大，从事农业的劳动力人数越多，就表明该农户从事种植业生产的经验和能力越强，所以假设它们对农户水资源生产技术效率的影响效应为正。收入水平越高且非农收入比例越高的农户，在生产资料投入和技术投入方面更多，所以假设其对效率有正向影响。种植面积越大，地块数越多，管理起来更困难，水资源利用效率反而会越小。在节水技术方面，理论上来说渠道衬砌和地膜覆盖都对用水效率应该有正向影响。大多数研究都表明，水价提升对用水量有抑制效应，有利于用水效率的提升。农户参与用水协会和灌溉管理，能更多地了解节水知识，更有利于水资源利用效率的提升。另外，一些研究也表明，不同的灌溉水源也会导致用水效率的差异。我们假设使用地下水对用水效率有负的影响。

8.3.2 估计结果

用水效率影响因素模型估计结果见表8.9。从农户的特征变量来看，户主的年龄、受教育水平、务农年数以及从事农业劳动人口对用水效率有正向影响。这表明上了年纪的农民在技术上比年轻农民更有效率。这可以解释说，上了年纪的农民有更多的农业经验，从而开发出更有效的灌溉方式。农户受教育水平越高越有利于他们吸取经验，采纳新的技术手段，从而提高生产技术效率。家庭规模是家庭劳动力的重要指标，农场上有更多的劳动力，意味着有更多的灌溉水管理劳动力。从事农业的年数也是农民农业生产经验的重要指标，这与年龄的变化是一致的。另外，从回归结果可以看出，农户家庭收入及结构对生产用水效率的影响不显著，收入对生产用水效率并没有太大的影响，并没有因为农民收入提高而带来农业生产中的资本投入增加，从而对农户生产灌溉用水效率产生正向影响。另外，我们发现农户耕地规模没有达到显著水平，对用水效率没有显著性影响。

表 8.9　　农业生产用水效率影响因素估计结果

自变量	玉米
	系数
年龄	0.009 (0.14)**
受教育程度	0.047 (0.01)***
收入	-0.019 (1.82)
非农收入比例	-0.136 (0.13)*
务农年数	0.015 (0.005)***
家庭农业人口	0.023 (0.004)**
耕地面积	0.003 (-0.003)
地块数	-0.089 (0.07)*
渠道衬砌	1.043 (-0.009)***
地膜覆盖	0.024 (0.05)**
是否地下水灌溉	0.076 (0.006)***
水价	0.064 (0.005)***
是否参与用水协会	1.207 (0.002)***

续表

自变量	玉米
	系数
常数项	0.198
	(0.231)
R-squard	0.251

注：*，**，*** 分别表示在1%，5%，10%水平下显著。

灌溉条件对农业生产用水效率的影响主要体现在灌溉水源和灌溉技术投入上。在灌溉水源上，是否使用地下水达到显著性水平，说明选择地下水灌溉能够显著提高农业生产用水效率。这与已有的研究结果一致，在地下水灌溉的地区，尤其是地下水水位较低的地区，水资源利用效率较高（Nair S. 等，2013）。研究区域的灌溉基础设施投入和灌溉技术改进，主要是通过水泥渠衬和塑料地膜来表征的，也是目前采用最广泛的两种手段。我们可以看到，采用管道衬砌和地膜覆盖有助于显著提高用水效率。研究区内管道衬砌和地膜覆盖作为广泛采用的节水措施，也因其可能造成的生态破坏而受到批评。生态学家指出水泥衬砌阻止水渗入土壤，导致河道生态环境恶化，渠道附近的植物死亡。而且塑料地膜也造成严重污染，如何解决塑料地膜污染是当前一个亟待解决的问题。未来亟须加强喷灌、滴管等高效节水设施的建设和推广。

灌溉水价一直被认为是水资源利用效率提升的重要管理手段。从表中可以看出，水价对用水效率具有显著的正向影响，说明水价的上涨有助于提高研究区的农业生产用水效率。一些研究证实了水价等需求管理政策工具有效地促进水资源的高效利用，但是水价需要提高到一个较高的水平才有弹性（Huang Qinqiong 等，2010b）。我们关于水价的研究结果为灌溉水管理提供了经验证据，但价格工具应谨慎实施。问卷调查中，我们发现农民对水价态度不乐观，水价改革引起了农民的强烈反对。另外也发现，参与用水协会对农民的生产用水效率改善具有积极的影响。用水协会是农民参与式灌溉管理的主要形式和途径，参加协会会议有助于农民了解新实施的农业政策、灌溉和农业技术，同时也有助于加强农民对水资源短缺的认识和节水意识。但是在调查中也发现，用水协会的运行状况并不乐观，还存在很多问题，如缺乏透明的管理机制、农民对用水协会的认识不够全面、大多是形式化的参与，导致农民参与意愿不强。

8.4 基于实证研究的农业水资源生产力提升策略

8.4.1 农业水资源生产力提升情景方案设计

黑河流域属于资源型缺水地区，水资源难以满足当地经济社会发展和生态环境用水需求，尤其是农业用水量大、效率低。迫切需要提升农业生产用水效率，降低农田灌溉用水量，从农业用水上节水，实现农业用水向其他行业转移，破解区域水资源生产力低下困境。Taheripour F. 等（2016）指出，提高农业生产用水效率有两种方式：减少灌溉过程中的损失或者提升作物水分利用效率。Zhang Jinping 等（2010）提出可以通过改变作物种植结构，来提升水资源利用效率。从农业生产用水效率影响因素分析中可以发现，灌溉技术改进、种植结构调整以及灌溉管理措施都能对用水效率提升起到积极的作用。灌溉技术改进主要包括如通过喷灌、微灌、滴灌、低压管道灌溉和渠道防渗等农业节水灌溉技术来提高农业生产用水效率，从而节约生产用水。田间灌溉效率提高主要是通过采用节水技术来实现，而提高流域灌溉效率则是通过提高流域回归水的重复利用率来实现。结合黑河流域农业水资源利用规划，计划在灌区进行渠道衬砌、田间配套节水改造，使灌溉水利用系数由现状水平的0.5提高到2020年的0.57，农田灌溉定额由现状的629m^3/亩减少到2020年的580m^3/亩，由此我们假设生产用水技术效率提升10%。

农业水资源技术进步的意义并不局限于农业部门，其效应会扩展到外部的社会经济与水资源可持续利用层面。农业生产用水效率提升对区域水资源在整个社会经济系统之间的分配会产生一系列链式反应。水资源作为一种生产要素，其需求和投入变化会影响对资本和劳动力要素的需求，从而对整个区域的经济、就业、社会福利都会产生影响。因此，需要对灌溉技术进步过程中的要素与产品市场传导，对其溢出效应进行实证分析，进而依据实证结果探讨扩大技术进步的正向溢出、减少负向溢出效应的途径。

8.4.2 用水效率提升情景结果及分析

8.4.2.1 宏观经济影响

农业生产用水效率提升一方面会减少农业生产成本，促进农业生产，另一方面会导致农业节水并促进水资源向其他行业转移，从而带动其他行业的发展和整个区域经济的增长。在农业生产用水效率提升10%的情况下，主要宏观社会经济变量的变化见表8.10。从表中可以看出，各区（县）的GDP都有所增长，其中以甘临高地区的增长幅度最大，分别为0.25%、0.29%和0.36%，说明用水效率提升对促进整个地区的宏观经济具有积极的作用。另外，农业生产用水效率对就业和居民消费也都有积极的影响，其中对金塔县、肃州区、民乐县、临泽县和高台县的就业和工资水平促进作用较大，对甘州区、肃南裕固族自治县和山丹县次之。除民乐外，各区域的消费者价格指数（CPI）均有所下降。对于各区（县）与外界的商品流通来看，除嘉峪关外，农业生产用水效率提升会促进各区（县）产品向外输出，甘临高是输出量增加最大的区域。从投资来看，农业生产用水效率提升促使甘州区的投资加大，然而其他区（县）则均呈现出投资减少的局面。在整个流域中，农业生产用水效率提升对嘉峪关市整体宏观经济的影响最小，其中GDP变化率仅为0.008%，对居民消费以及就业等也都是所有区域中最小的。这主要是因为农业部门水资源生产效率提升是通过影响农业内部生产传导到其他行业，进而影响整个宏观经济。而嘉峪关市以工业生产为主，农业仅占生产总值的5%，因而对嘉峪关市的经济影响效果不显著。由于居民收入主要来自提供劳动与资本等生产要素所得到的要素报酬，当劳动与资本需求增加时，居民的收入也会增加。

表8.10 农业生产用水效率提升宏观经济影响

地区	主要宏观变量变化（%）						
	GDP	投资	居民消费	输出	输入	CPI	就业
甘州区	0.251	0.007	0.136	0.135	0.027	-0.002	0.068
肃南裕固族自治县	0.156	-0.023	0.169	0.032	-0.006	-0.003	0.084
民乐县	0.197	-0.01	0.215	0.038	0.022	0.002	0.107
临泽县	0.294	-0.014	0.228	0.131	0.021	-0.003	0.114
高台县	0.358	-0.011	0.261	0.158	0.025	-0.002	0.13
山丹县	0.12	-0.007	0.113	0.018	0.012	0.002	0.056
肃州区	0.114	-0.026	0.255	0.018	-0.011	-0.007	0.127
金塔县	0.184	-0.046	0.331	0.044	0.001	0	0.165
嘉峪关市	0.008	-0.003	0.028	-0.001	-0.003	0	0.014
额济纳旗	0.054	-0.01	0.103	0.006	-0.008	0.001	0.052
祁连县	0.014	-0.005	0.031	0.001	-0.002	0	0.015

图8.2表示农业生产用水效率提升对各产业产出的影响，可以看到，各区县第一产业（农业）产出都显著增加，额济纳旗的农业产值变化幅度最大，其次是肃南裕固族自治县。说明农业生产用水效率提升促进了农业生产，从而提高农业产值。从农业内部的各作物产值变化来看（见图8.2（a）），玉米和水果的产值变化较大，整个流域玉米产值将增加6419万元，占整个农业增加产值的42%。棉花和其他农业的产值是下降的。玉米产值增加的主要地区是甘州区、临泽县和高台县，而水果产值增加的主要地区是肃州区、金塔县。从地区来看，农业产值增加最多的是甘州区和肃州区，分别占整个流域的农业产值增加的25%和20%。对整个流域的经济具有极大的促进作用。农业生产用水效率所带来的经济增长不仅表现在农业部门，还会通过农产品的中间产品属性传递到其他下游产业部门。

其他产业产值都有小幅度的下降趋势，但下降率很小。虽然农业灌溉技术进步对非农部门产出影响幅度较小，但是考虑非农部门的绝对产出贡献率较高，因而其对非农部门产出的实际影响也不容忽视。图8.2（b）展示的是农业生产用水效率提升下非农产业部门的产出变化情况。总体来看，非农业部门产出既有增加的部门也有减少的部门，总体产值是减少的，其中肃州区非农产出减少最多。从具体行业上来看，食品制造业产值增加最多，这主要得益于农业产出增加，从而为食品加工制造提供了更多的原材料。相反，以农产品为中间投入的包括鞋帽服饰加工业的产出由于受到产出绒毛的畜产品部门及棉花部门的微弱负向冲击的影响，出现了0.05%的下滑。另外，交通运输业、批发零售业和住宿餐饮业的产出都明显增加，对水利、环境和公共设施管理业以及居民服务和其他服务业也有正向影响。产出收缩较多的主要部门包括建筑业、金属冶炼及加工业、石油加工业以及电力及热力的生产和供应业。

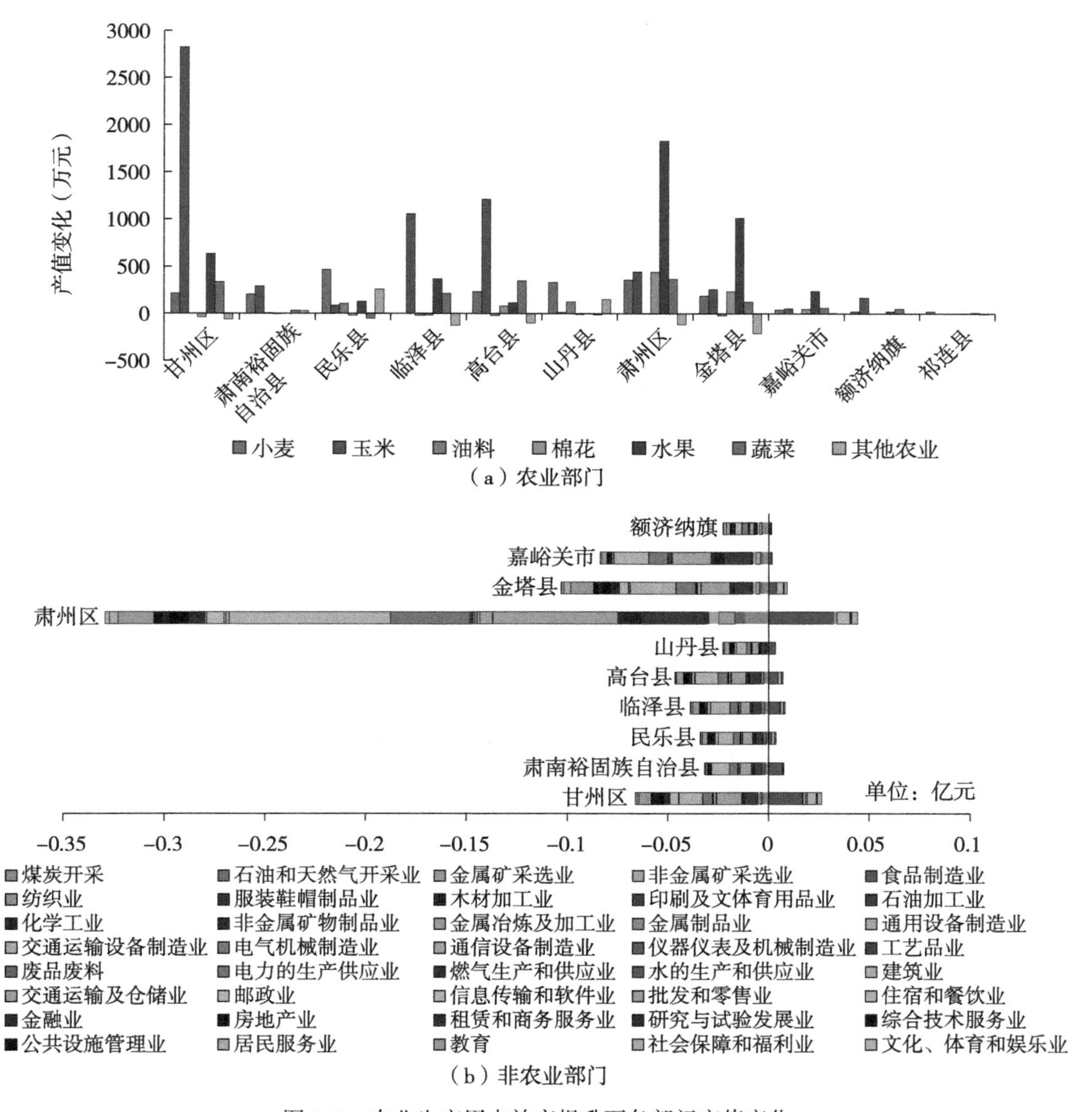

图 8.2 农业生产用水效率提升下各部门产值变化

从出口的情况来看（见图 8.3），商品流出口变化较大的部门也是农业部门，其中玉米和小麦是主要的出口增加部门，紧接着是棉花和蔬菜。甘州区、临泽县和高台县以玉米出口增加最多，其中甘州区玉米出口增加 14%，临泽县和高台县分别增加 12%。山丹县和民乐县则是小麦出口增加较多，增加 6%左右。肃州区和金塔县的棉花和水果部门出口也增加较多，棉花出口量增加 3%。除了山丹县和民乐县外，其他地区油料作物出口都减少。总体来看，农业生产用水效率提升促进了地区农产品出口的增加，同时也导致了农业隐含虚拟水的进一步外流。

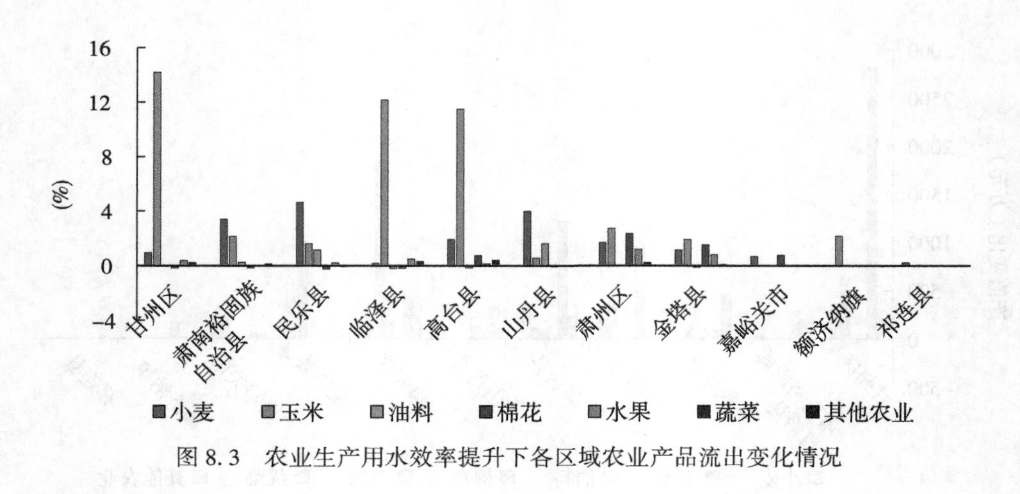

图 8.3　农业生产用水效率提升下各区域农业产品流出变化情况

8.4.2.2　用水量及水资源生产力的影响

农业生产用水效率提升对不同地区用水需求的影响见表 8.11，总体来看，农业生产用水效率提升促进了用水量的减少。按照 2012 年用水数据，整个流域用水量减少了 0.67 亿 m^3，占总用水量的 2%。然而，农业生产用水效率提升对不同区域水资源需求影响差距较大，其中甘州区、肃南裕固族自治县和临泽县的用水量出现了增加现象，其他地区用水量则都有所下降，以肃州区和金塔县用水量下降较多。另外，通过对地表水、地下水和其他水进行划分，可以看到不同来源水资源使用量的变化，其中地表水减少量明显高于地下水和其他水的减少量。地表水节水量 4908 万 m^3，占总用水量的 2%；地下水节水量 1837 万，占地下水用水总量的 1.5%。

表 8.11　**农业生产用水效率提高背景下各区县水资源需求量及水资源生产力变化**

地区	地表水		地下水		其他水		水资源生产力	
	变化量（万 m^3）	变化率（%）	变化量（万 m^3）	变化率（%）	变化量（万 m^3）	变化率（%）	变化后（元/m^3）	变化率（%）
甘州区	516.5	0.93	251.51	1.04	42.79	1.45	30.98	−0.84
肃南裕固族自治县	181.2	2.32	79.67	2.19	9.48	3.05	57.83	−2.20
民乐县	−1025.8	−5.68	−393.71	−5.03	−18.37	−4.92	29.48	5.89
临泽县	521.8	1.88	239.93	2.04	28.75	2.22	19.70	−1.76

续表

地区	地表水		地下水		其他水		水资源生产力	
	变化量（万 m^3）	变化率（%）	变化量（万 m^3）	变化率（%）	变化量（万 m^3）	变化率（%）	变化后（元/m^3）	变化率（%）
高台县	−148.3	−0.51	−62.26	−0.49	11.12	1.03	20.01	0.64
山丹县	−536.7	−5.51	−211.17	−4.22	−7.45	−3.52	54.27	5.38
肃州区	−2451.8	−4.25	−960.28	−3.21	−77.96	−2.29	56.06	4.00
金塔县	−1568.6	−4.88	−625.99	−3.88	−46.15	−2.53	26.72	4.73
嘉峪关市	−285.8	−3.94	−112.50	−1.21	−8.93	−0.50	490.08	2.27
额济纳旗	−64.2	−1.68	−22.85	−0.98	−1.38	−0.39	124.64	1.39
祁连县	−47.2	−5.38	−19.54	−2.05	−0.74	−0.28	181.91	3.32
整个流域	−4908.0	2.00	−1837.00	1.50	−68.00	0.10	59.36	1.83

流域水资源生产力的变化如表 8.11 所示，各区域水资源生产力变化呈现出较大的差异性。除甘州区、肃南裕固族自治县和临泽县外，其他地区水资源生产力均有所提升。其中，流域水资源生产力由 58 元/m^3 上升至 59.3 元/m^3，上升了 2.2 个百分点。民乐县、山丹县、肃州区和金塔县等的水资源生产力上升幅度高于流域平均水平，说明效率提升对这些地区的水资源节约和社会经济促进作用较大。农业生产用水效率提升后的甘州区、临泽县和肃南裕固族自治县的水资源生产力低于原来的水资源生产力水平，究其原因是用水技术进步促使农业经济规模扩大，从而导致用水量增加。虽然农业产值也增加，但由于农业单方水产出较低，因而整体水资源生产力呈下降趋势。

从产业部门的用水量变化来看，用水量的减少来源于农业部门，其他部门用水量变化很小。如图 8.4（a）所示，不同地区不同作物的灌溉用水量变化差异很大。其中玉米灌溉用水出现回弹现象，甘州区、肃南裕固族自治县、临泽县和高台县的玉米用水量不减反增。玉米部门的总用水量增加了 0.65 亿 m^3。这种用水不减反增的现象被称为技术回弹效应，是指资源消耗量和枯竭速度随着该种资源利用的技术进步和利用效率的提高而不断增加和加快。出现这种回弹现象可能是因为农业生产用水效率提升导致玉米种植面积大幅度扩张，从而使得面积扩张所增加的用水量无法抵消技术效率提升而获得的节水量。图 8.5 显示了各区县作物种植面积变化，甘州区的作物种植面积增加最多，且玉米面积变化占整个面积变化的 90%以上，肃南裕固族自治县、临泽县、高台县与甘州区的情况相似，也出现技术节水导致玉米种植面积增长较多，可以合理地解释为什么玉米用水量在这几个地区出现了技术回弹效应。而其他几种作物的用水量均减少，蔬菜和水果用水量减少较多，其次是小麦。其中，非农行业用水量变化趋势与部门产出变化趋势一致，食品制造业是用水量增加最多的部门，其次是住宿和餐饮业。用水量减少较多的部门包括电力生产和供应业、石油加工业等。非农业行业用水减少较多的区域是肃州区和金塔县，说明农业生产用水效率提升对这些区域的产业负向影响较大。

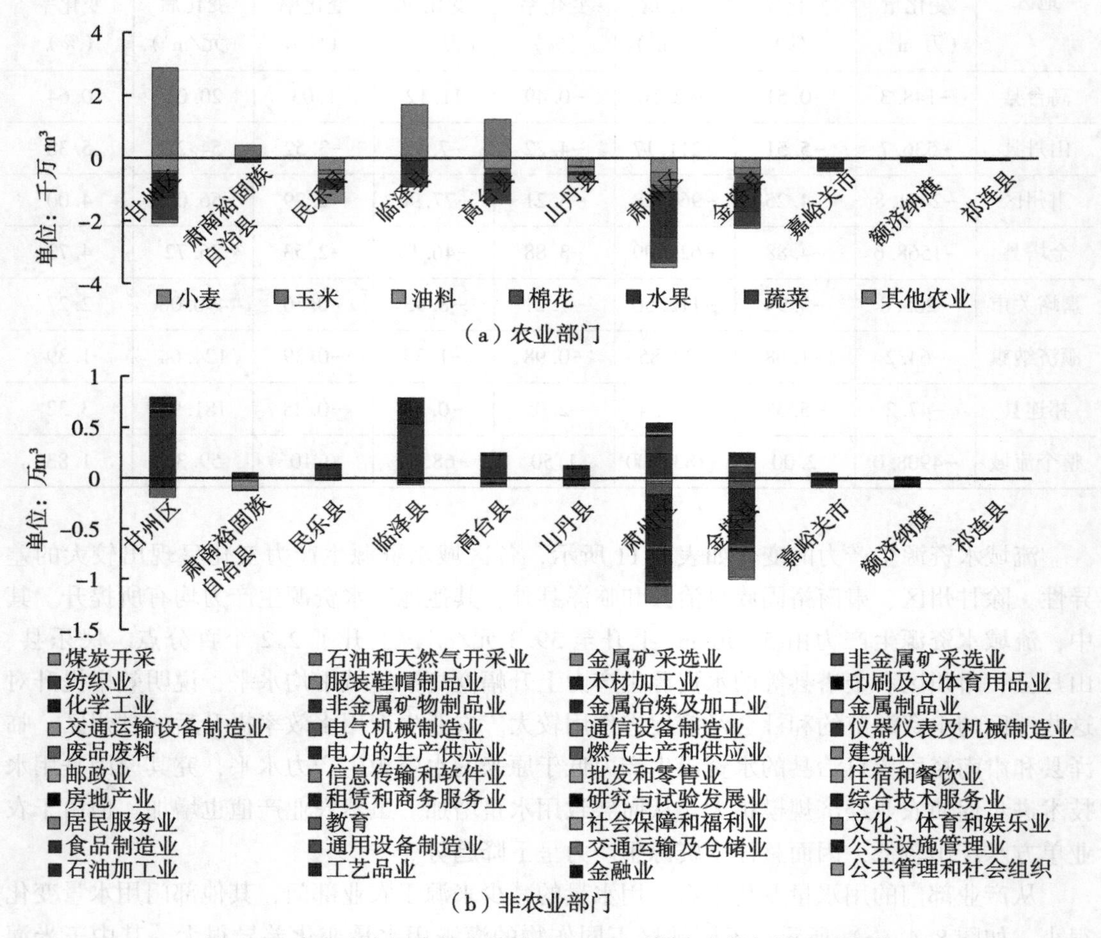

图8.4　农业生产用水效率提升下各地区不同产业部门用水量变化

综上所述，农业生产用水效率提升能促进生产要素资源的节约与重新配置，进而产生间接产业经济效应。总体来看，由于整个流域经济增长的动力还是来源于农业，用水效率提升对第二第三产业促进作用不大，没有起到改善整个流域产业结构的效果。究其原因，是由于农业用水量出现技术回弹效应，农业节水在一定程度上又促进了农业规模的扩大，导致水资源仍留在农业内部。以上研究表明，在提升农业生产用水效率的过程中，要建立引导农业节水流向其他产业部门的激励机制，配合其他的水资源管理政策和产业发展政策，如控制耕地面积，提高水价，加大第二、第三产业发展等，推动水权交易，加强农业节水的回购与补偿，促进农业节水向其他产业的转移。

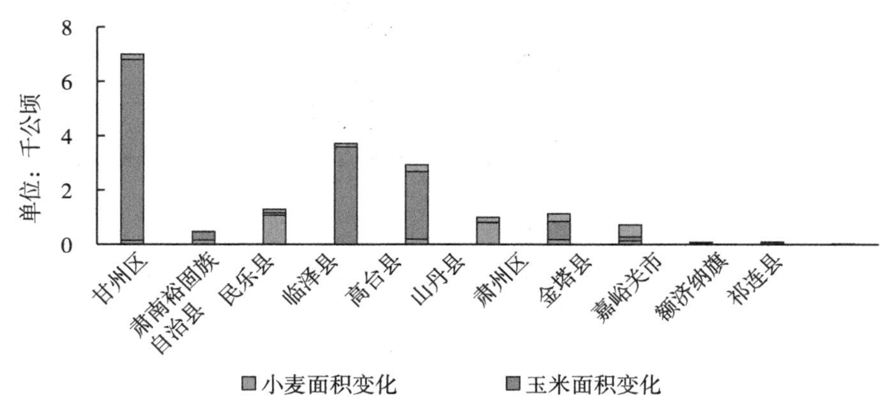

图 8.5　农业生产用水效率提升下各区县作物种植面积变化

8.5　小结

本章结合实证分析，运用随机前沿生产函数模型对农业生产用水效率进行测算，并对用水效率的影响因素进行了分析。研究结果表明，黑河流域农业生产用水效率较低，小麦和玉米的生产用水效率均值为 0.53 和 0.49，还有一定的提升空间。在对农业生产用水效率提升进行政策模拟的过程中发现，农业生产用水效率提升导致经济小幅度扩张，带动就业需求增加。当农业生产用水效率提升 10%时，将会导致用水总量减少 0.67 亿 m^3，地表水对节水的贡献最大，约占 69%，其次是地下水，约占 28%。农业生产用水效率的提高在整体上促进了流域水资源生产力的提升，整个流域单方水产出提升 2.2%。由于各区（县）种植结构的差异，导致区（县）农业用水对农业生产用水效率提升反应差异较大，其中甘州区和临泽县的水资源生产力下降。农业用水量出现技术回弹效应，农业节水在一定程度上又促进了农业规模的扩大，导致水资源仍留在农业内部。因此，在提升农业生产用水效率的过程中，要配合其他的水资源管理政策和产业发展政策，如控制耕地面积，提高农业水价，推动水权交易等，加强农业节水的回购与补偿，促进农业节水向生态用水与其他产业用水的转移。

第9章　水资源约束下的产业结构调整

区域产业结构格局与社会经济系统生产过程中的水资源消耗结构密切相关，产业结构变动影响整个经济系统总的水资源消耗变化，而水资源作为必要的生产资料在不同产业之间的配置也会影响经济的协调发展程度。为此，需要通过分析不同产业结构转型升级方案对区域经济以及水资源利用的影响差异，从而确定最合适的产业转型方案。本章着重分析流域产业结构现状与流域水资源短缺间的矛盾，厘清产业部门的水资源生产力、产业用水效率、产业规模与经济的主导性，辨析产业结构与水资源利用效率的关联性。在此基础上，综合反映产业关联的影响力系数与感应度系数及反映水资源利用效率的完全用水系数，以期探讨促进产业用水结构优化的产业结构调整方向。本章旨在制定产业结构调整情景方案，评估产业结构调整对黑河流域社会经济以及水资源生产力的影响。

9.1　黑河流域产业结构现状

黑河流域用水结构不合理，农业用水比例过大，工业用水比例不及全国平均水平，整体用水效率较低。用水结构的不合理，归根结底是区域内部产业结构不合理所导致的。因此，亟须分析产业结构对水资源的制约以及未来产业结构调整方向。产业结构的优化调整是一个复杂的过程，需要考虑多方面的因素，包括经济发展状况、资源环境约束、技术约束、政策导向等，而对于水资源短缺的区域要着重分析水在社会经济中的分配效率，以发展高效节水行业为导向，突破水资源对社会经济的制约。因此，在产业结构调整之前，深入分析区域产业结构、资源结构以及产业用水结构具有重要意义。

9.1.1　产业结构演变与现状

张掖市位于黑河流域中游，是流域主要的社会经济发展聚集地，汇聚了流域90%的人口，提供了流域95%的粮食，地区生产总值比重占90%。张掖地区的产业结构现状代表了流域的产业结构现状，即黑河流域的产业结构调整也主要是基于张掖地区的产业结构调整。张掖作为我国水资源短缺最严重、水资源矛盾最突出的地区之一，年均降水量200mm左右。张掖绿洲以农业区为主，集中了流域80%的种植面积，属于典型的干旱区农业绿洲，是河西走廊开发历史较早、经济发展速度较快、发展潜力相对较大的绿洲区域。

为了适应新的经济发展和资源环境协调发展要求，张掖市产业结构也进行了重要的调整，第二产业和第三产业增加值逐年攀升，由农业占主导地位逐渐演变成“三、二、一”的内生动力型格局（见图9.1）。根据2016年最新统计数据显示，张掖市三次产业结构调整为 25.4∶29.4∶45.2，产业布局进一步优化。但是横向比较差距仍明显，与我国一些经济相对发达的地区相比，产业演进稳定性较差，演进速度低于全国水平。全国的三次产业结构为 10∶44∶46，甘肃省内部则为 14∶45∶41，相比较而言，张掖市第一产业比重仍然较高。另外，经济总量较小，工业小而弱，三产结构内部依然存在问题。全市区域间的经济差异明显（见图 9.2）。全市经济近一半产值处于甘州区，民乐和高台县的农业产值比重较高，超过 30%。山丹为山前平原，区域经济基础薄弱。肃南县人口较少，是主要的草原牧区，以牧业经济为主。

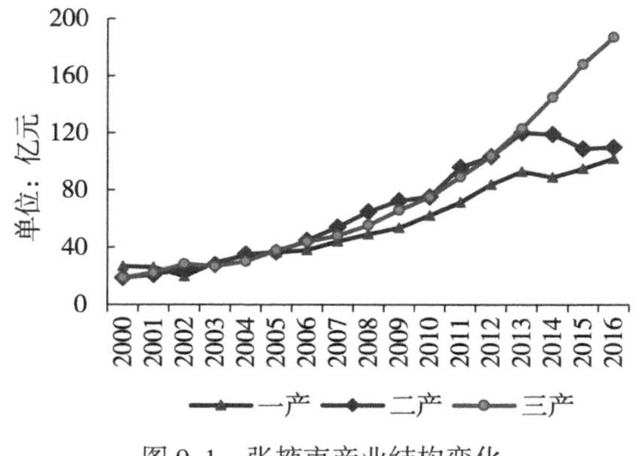

图 9.1　张掖市产业结构变化

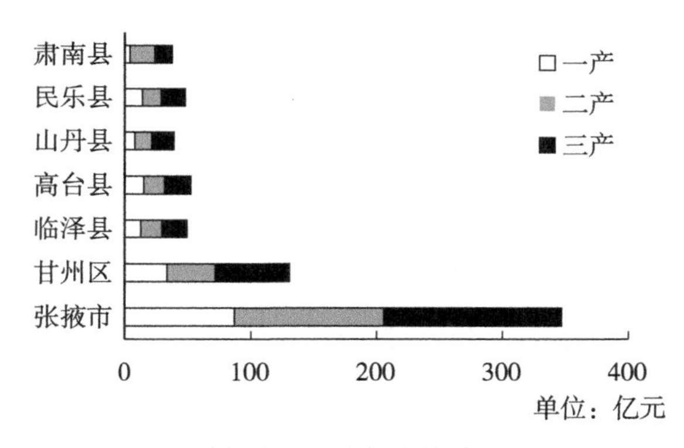

数据来源：张掖市统计局

图 9.2　张掖市各区县三产产值

经济发展是总量和结构相互作用的结果，总量反映区域经济发展的总体指标，经济结构反映区域经济发展的模式和方向。从行业内部结构来看（见图 9.3），农业内部传统种植业占农业经济总量比重偏大，为 70%左右，草畜养殖业只占 20%左右。第二产业主要集中在制造业、采矿业以及电力、热力的生产和供应业这几个部门，其中制造业在整个工业产值中占比达到 50%以上。张掖市整体工业基础较薄弱，工业企业产业链条短，产品关联程度低，缺乏竞争力。近几年第三产业比重提升迅速，第三产业对经济增长的贡献率超过 40%，已成为推动经济快速转型的主力军。这主要得益于区域的生态经济发展战略和转型跨越发展实践。在第三产业内部结构中，交通运输及仓储业、批发零售业、商业、公共管理和社会服务业、金融业以及教育等行业的发展占据主要地位。前期的生态投入逐渐开始产生收益，与旅游业相关的餐饮住宿、租赁和商务服务业、居民服务和其他服务业、文化体育娱乐业等行业产值明显提升，随着影响力的逐步扩大，可以预期旅游业的快速发展会促进第三产业比重进一步提高，产业结构进一步优化。但是一些资源环境友好型的高附加值产业，如信息传输、计算机服务和软件业、科学研究和技术服务业等发展较缓慢。

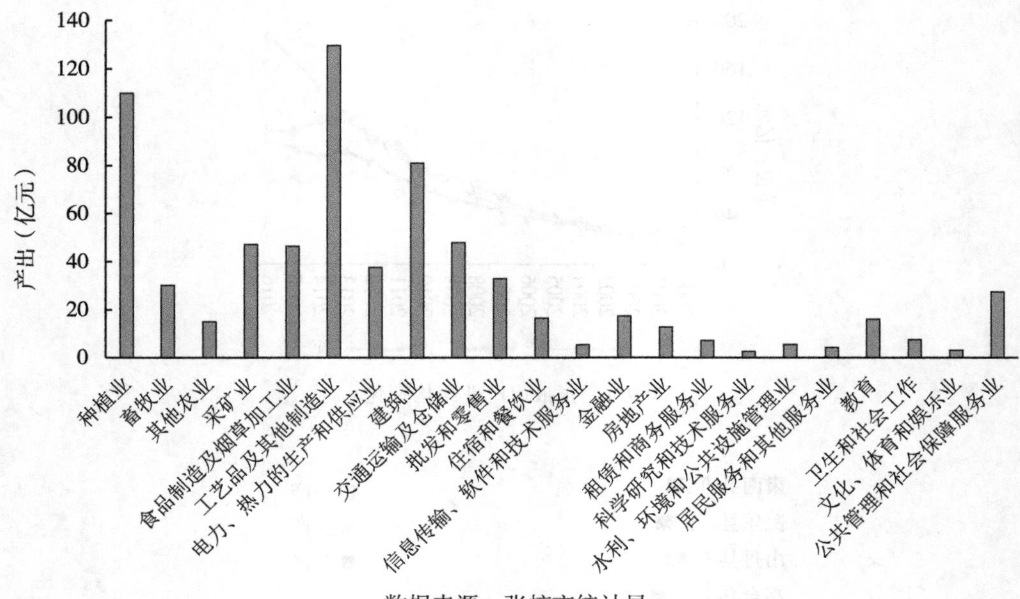

数据来源：张掖市统计局

图9.3　2012年张掖市各产业产值

总体来看，张掖市经济总量扩张快，调整成效明显，第三产业比重超过第二产业，逐步形成了食品制造及加工业等优势产业。但同时也反映了经济结构中存在的一些问题，如农产品加工链条短，市场化程度低，现代农业发展处于起步阶段、经营分散，没有规模优势。工业则存在经济总量小，制造业比重大，且产业层次低、市场竞争力弱，对经济的辐射带动能力不强等问题。在第三产业中，现代服务业占比小、发展慢，传统服务业缺乏新的增长点，所以张掖经济在转型升级中面临的最大挑战仍是结构优化调整以及建立区域优势发展产业。

9.1.2　产业生产的资源禀赋分析

产业结构与区域资源环境相互制约，区域资源环境决定着地区产业的发展和选择，产业结构又进一步影响资源利用效率并对环境产生胁迫。自然资源是张掖市经济发展的客观条件，也是全市产业定位的物质基础，所以合理的产业结构应建立在区域资源环境比较优势基础之上。因此，在进行产业结构调整之前需对张掖市的资源禀赋现状进行分析，找出其优势和不足。

9.1.2.1 土地资源

张掖市土地资源总量较大，类型多样，区域内分布有山地、绿洲和荒漠，总面积达到4.19万km^2，山地和荒漠较多，开发难度大，绿洲平原面积较小，仅占总面积的10%不到。绿洲土质条件较好，光热充足，适合发展农牧业。人均耕地面积约2.8亩，高于全省人均耕地的2.08亩，远高于全国人均耕地1.2亩的水平。全市有草原面积253万公顷，面积大、类型多、草质好，为发展畜牧业经济提供了得天独厚的条件。

总的来说土地资源主要特征包括：土地资源数量大，但以山地居多，平地相对较少；绿洲面积少，难利用及未利用土地数量多、潜力大，是尚待开发利用的目标。相对丰富的耕地和草地面积，减少了农业结构调整的资源约束，全市农业、特别是畜牧业将会有较大发展空间，具备一定的比较优势。

9.1.2.2 水资源

张掖市地处河西走廊，干旱少雨，多年平均降水量仅为130毫米，蒸发量则达到2000毫米，主要依靠黑河的过境水。张掖市的水资源可利用总量为26.5亿m^3，包括24.75亿m^3的地表水和1.75亿m^3的地下水，占流域总用水量的83%，可见黑河中游张掖市是流域主要用水和耗水区。2007年开始给下游分水，扣除黑河下泄生态用水量9.5亿m^3后，全市用水量为15.25亿m^3。人均水资源量只有1250m^3，仅为全国平均水平的57%，属中度缺水地区（刘洪兰，2008）。

此外，由于来水过程与区域需水不协调，造成农田不能适时灌溉，缺乏调蓄工程，客观上加剧了水资源供需矛盾。地表水供给减少和不稳定，使得用水转向地下水开采，张掖市的地下水开采量也趋于增加，目前地下水用水量已达到总用水量的30%（Zhou等，2015）。用水结构不合理，农业、工业、生活、生态用水比例为87.7∶2.8∶2.2∶7.4，农业用水比例相对过大，其中农田灌溉用水比例占农业用水的90%以上，水资源利用经济效益低下，单方水GDP产出仅为15.8元。由此可知，张掖地区不具有水资源优势，水资源对经济发展的制约明显。

9.1.2.3 光热资源

张掖属于典型的温带和暖温带荒漠气候。全市年日照时数在3000小时左右，年平均气温4℃~10℃，大于等于10℃的积温为2870℃~3085℃，年太阳总辐射量达到每平方米5800兆焦，具有丰富的光热资源。充足的光照，能促进农作物的光合生产，有利于农牧业产量及产品品质的提高。充足的光热资源为张掖市的清洁能源产业发展提供了有利条件，是水电、风电、光热光伏发电和生物质能发电最具潜能的地区之一，具有开发建设大型太阳能基地的便利条件。世界能源形势紧迫，随着石油、天然气等资源的逐渐耗竭，未来新能源需求不断增加，所以充分利用好光热资源优势，做好新能源发展规划，推动能源经济的发展，对于地区产业结构调整和经济转型具有十分重要的战略地位。

9.1.2.4　矿产资源

张掖市矿产资源种类较多，储量丰富，已探明的金属非金属资源累计储量居全省之首。目前存在的主要问题是资源利用率不高，未形成规模产业和延续产业链，缺乏规模优势和比较优势。另外，张掖市矿产资源大多处于祁连山自然保护区范围，矿产资源的开发利用会对自然保护区的生态环境产生一定的破坏性，勘查开发难度相对较大。

9.1.2.5　生态资源

由于张掖市的独特地理位置，其地貌形态和自然环境呈现出多样性特征。南有祁连山水源涵养区、中有人工绿洲和黑河湿地、北有荒漠戈壁，三大生态系统在张掖境内交错衔接，冰川雪山、森林草原、荒漠戈壁、七彩丹霞、芦苇湿地、沙丘沙漠等极端地貌，交相辉映，金色十足，形成了张掖生态的独特性。张掖市充分利用这些生态资源，开发自己的生态旅游品牌，有国家湿地公园、祁连水源涵养区、“丹霞”地质公园等。张掖国家湿地公园内生物多样性丰富，发挥着水源涵养和水资源调蓄、净化水质以及防止沙漠化等重要的生态功能。

总体来说，区域内不同资源禀赋差异较大，光热资源和生态资源是区域的优势资源，土地资源的开发利用潜力也较大，水资源对经济制约明显。目前张掖市的产业结构与其资源优势结合度较高，但协调度不足。如农业充分利用了地区的土地资源和光热资源，但同时对水资源产生了极大的依赖性，导致地区水资源压力较大。另外，从黑河流域近几十年的发展来看，其社会和经济的快速发展带来了生态环境的破坏，出现了对水资源的不合理使用、对耕地的不合理开垦等一系列生态环境问题。未来亟须结合地区资源禀赋特征来调整产业结构，充分发展对光热资源及生态资源依赖度高的产业，调整水资源利用结构，促进产业与资源的优势互补。

9.1.3　产业用水格局与强度分析

水资源对张掖市社会经济发展制约明显，对水资源的利用状况进行科学的定量测度，分析水资源在产业各部门生产投入状况，对水资源合理利用具有重要意义。行业用水系数反映了产业的水资源使用强度，是产业对水资源依赖性的直观度量。各行业直接用水系数和完全用水系数见图9.4。农业部门的用水量和用水系数均远高于第二、第三产业，用水系数为0.15m^3/元，表明农业水资源利用率较低，对水资源依赖度较高。除了农林牧渔业，其他行业的完全用水系数都高于直接用水系数，其中食品制造及烟草加工业的完全用水系数远远高于直接用水系数，表明食品工业大量依赖其他行业部门的虚拟水调入，来满足其生产需求。

结合水资源投入产出分析，对张掖市的水资源利用进行核算发现，张掖市产业部门水资源利用呈现出“一头沉”的特点。从表9.1中可以看出，各部门直接用水总量22亿m^3，其中农业用水量占比高达95%以上，其他产业的用水量仅为0.7亿m^3。从各部门的直接用水量和完全用水量来看，农业部门直接用水量和完全用水量都是最大的。但是农

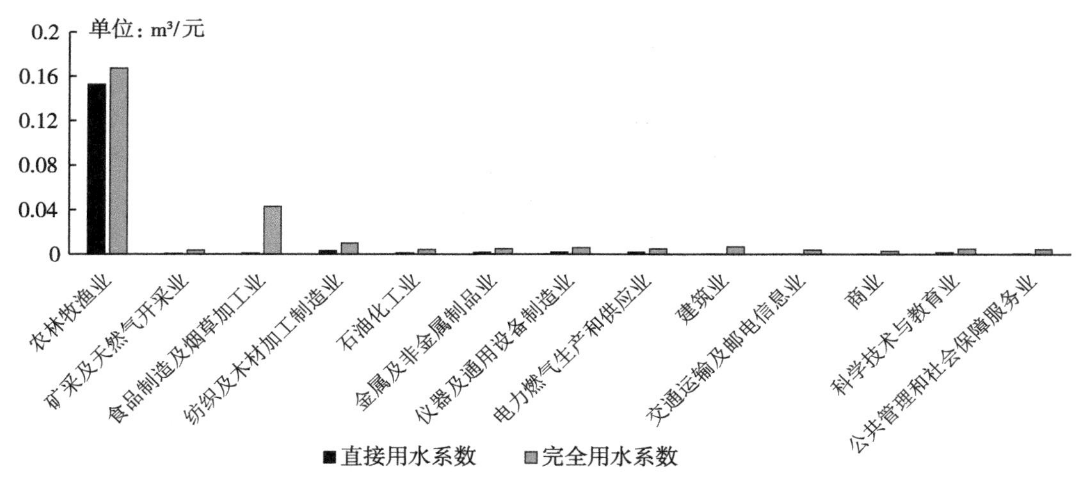

图 9.4 张掖市各行业直接用水系数和完全用水系数

业部门的最终产品完全需要的水资源量为 6 亿 m^3，只占农业用水量的 30%，其他 70%则以虚拟水的形式转移到本地区其他产业部门或出口中去了。如表 9.1 中虚拟水净调出量所示，隐含在农业部门的虚拟水中有 13.8 亿 m^3 的水输往外地，满足外地的生产生活需要，食品制造业是第二大的虚拟水调出部门，输出虚拟水量 3.1 亿 m^3。

表 9.1 **张掖市各产业部门虚拟水量** （单位：万 m^3）

行业	直接用水量	完全用水量	净调出虚拟水
农林牧渔业	211982.2	59227	138040.89
矿采及天然气开采业	402	136	-1555
食品制造及烟草加工业	968	34529	31671.01
纺织及木材加工制造业	83	20550	-2242.69
石油化工业	227	254	-2160.32
金属及非金属制品业	524	192	-1136.63
仪器及通用设备制造业	6	750	-3341.34
电力燃气生产和供应业	722	276	181.41
水的生产和供应业	3319	13299	-7312.51
建筑业	38	9802	1506.28
交通运输及邮电信息业	3	887	206.41
商业	51	2589	319.19

续表

行业	直接用水量	完全用水量	净调出虚拟水
科学技术与教育业	253	1873	-79.76
公共管理和社会保障服务业	369	3910	307.92

9.1.4　部门水资源净转移测算

水资源不仅直接被产业所使用，也会间接进入产业中，即通过产业之间的关联性作用于产业。为了更好地分析水资源在产业内部的流动，揭示水资源与产业之间的关联性，我们对产业部门间的水资源转移进行测算。产业间水资源转移的本质是以商品与服务为载体、以生产过程为途径的部门间水转移。通过构建产业间的水资源转移矩阵，测算经济系统产业内部的水资源转移，能更系统全面地认识经济系统内部不同产业之间水资源的迁移及转化特征。

将式（9.1）的完全需水矩阵表示为 $\boldsymbol{VW}^{\mathrm{T}} = H^{d}\operatorname{diag}(Y^{d})$，通过完全需要系数，即 Leontief 逆矩阵 $(\boldsymbol{I}-\boldsymbol{A}^{d})^{-1}$ 的经济意义可知，矩阵 $\boldsymbol{VW}$ 的元素 VW_{ij} 表示 i 部门所需 j 部门的完全需水量，反之亦然，VW_{ij} 表示 j 部门所需 i 部门的完全需水量。完全需水矩阵 $\boldsymbol{VW}$ 减去其转置矩阵 $\boldsymbol{VW}^{\mathrm{T}}(\boldsymbol{VW}^{\mathrm{T}} = \operatorname{diag}(Y^{d})H^{d})$，得，

$$\boldsymbol{TVW} = \boldsymbol{VW} - \boldsymbol{VW}^{\mathrm{T}} = \begin{pmatrix} 0 & \mathrm{tvw}_{12} & \cdots & \mathrm{tvw}_{1n} \\ \mathrm{tvw}_{21} & 0 & \cdots & \mathrm{tvw}_{2n} \\ \vdots & \vdots & 0 & \vdots \\ \mathrm{tvw}_{n1} & \mathrm{tvw}_{n2} & \cdots & 0 \end{pmatrix} \tag{9.1}$$

从上式可以看出，TVW 主对角线元素全为零，表示其自身转移为零，这就是所构建的产业部门内部的水转移矩阵。从行方向来看，其元素 tvw_{ij} 表示 j 部门从 i 部门输入的水量；从列方向来看，tvw_{ji} 表示 i 部门向 j 部门输出的虚拟水量。每行的合计为 i 部门水资源净转移量。

结合张掖市的产业结构，本文只考虑农业部门和其他 13 个部门的虚拟水转移，通过计算水资源社会化转移的规模比例，确定张掖市农业（种植业）向其他行业部门转移的水资源量。表 9.2 中的数据表示张掖市水资源净转移的数量和具体方向，横向体现了各部门通过中间投入转移到其他部门的水量，纵向为转入水量。农业部门是最大的水资源输出部门，水资源绝大多数转移到食品工业（2.3 亿 m^3）、建筑业（0.12 亿 m^3）、纺织业（0.07 亿 m^3）、交通运输及邮电信息业（0.052 亿 m^3）、商业（0.051 亿 m^3）及公共管理和社会保障服务业（0.048 亿 m^3）。这与张掖市的产业结构是相吻合的。张掖作为国家重要的粮食生产基地，小麦、玉米是其主要种植作物，并且小麦、玉米是食品制造业的主要原材料，因此导致农业虚拟水大量流向食品制造业。从纵向来看，建筑业是“纯”输入部门，农业、水的生产和供应业、矿采选业和金属及非金属制品业分别对其输入 1268 万 m^3、2283 万 m^3、616 万 m^3 和 696 万 m^3 的间接用水量。

表 9.2 张掖市产业间水资源转移矩阵 （单位：10^4m^3）

行业	1	2	3	4	5	6	7	8	9	10	11	12	13	14
1	0	−150	23206.9	696.9	−77.7	−9.1	211.1	−58.2	−588.4	1268.2	519.4	515.5	56	478.1
2	150	0	273.9	214.2	114.7	41.4	372.4	95.9	−13.9	616.6	92.3	131.7	47.3	183.1
3	−23206.9	−273.9	0	−157.5	−165.4	−78.7	−41.6	−160	−781	1.3	0	0.7	−8.7	−16.2
4	−696.9	−214.2	157.5	0	−71.2	−39.9	−2.3	−144.1	−628.9	196.3	23.1	62.7	24.7	53.3
5	77.7	−114.7	165.4	71.2	0	0.5	111.5	−17.1	−91.8	264.3	94	58.6	29.1	157.9
6	9.1	−41.4	78.7	39.9	−0.5	0	356.8	−8.2	−35.5	696.8	18.3	28.7	10.6	37.2
7	−211.1	−372.4	41.6	2.3	−111.5	−356.8	0	−234.4	−648.8	147.8	32.1	26.4	−12	3.7
8	58.2	−95.9	160	144.1	17.1	8.2	234.4	0	−83.2	290.7	59.6	91.9	53.2	152.7
9	588.4	13.9	781	628.9	91.8	35.5	648.8	83.2	0	2883.9	195.7	752.4	695.3	1497.8
10	−1268.2	−616.6	−1.3	−196.3	−264.3	−696.8	−147.8	−290.7	−2883.9	0	−0.5	−8	−33.5	−32.6
11	−519.4	−92.3	0	−23.1	−94	−18.3	−32.1	−59.6	−195.7	0.5	0	−1.4	−4.6	−9.1
12	−515.5	−131.7	−0.7	−62.7	−58.6	−28.7	−26.4	−91.9	−752.4	8	1.4	0	−26.1	−24.4
13	−56	−47.3	8.7	−24.7	−29.1	−10.6	12	−53.2	−695.3	33.5	4.6	26.1	0	4.1
14	−478.1	−183.1	16.2	−53.3	−157.9	−37.2	−3.7	−152.7	−1497.8	32.6	9.1	24.4	−4.1	0

注：行业代码：1. 农业 2. 矿采及天然气开采业 3. 食品制造及烟草加工业 4. 纺织及木材加工制造业 5. 石油化工业 6. 金属及非金属制品业 7. 仪器及通用设备制造业 8. 电力燃气生产和供应业 9. 水的生产和供应业 10. 建筑业 11. 交通运输及邮电信息业 12. 商业 13. 科学技术与教育业 14. 公共管理和社会保障服务业。

总体来看，农业是张掖市水资源利用过程中的关键部门，完全用水量最大，且大量向外输出虚拟水，同时也是最大的水资源供给者，向其他部门提供了大量的中间生产过程用水。从水资源产业转化的角度来看，食品制造和加工业是部门中最大的受水者，也是水资源的重点使用部门。因此，为了有效合理地利用水资源，未来不仅需要加快推进直接用水较多的部门，如农业内部的节水力度，同时也需要对间接用水较多的部门，如食品制造和加工业、建筑业和纺织业等加以调控，从源头和终点来优化水资源利用结构，提高用水效率。

9.2 产业结构调整方案设计

9.2.1 产业结构调整优化用水结构理论

加快转变经济增长方式，加大产业结构调整和生产力布局，是解决水资源危机的重要途径。相关研究表明，除了市场化的程度抑制水资源消耗，产业结构的优化，产业结构从资本-劳动力密集型向技术-知识型转变是实现工农业节水的重要措施。

水资源利用效率和水资源生产力有密切的关系。水资源生产力的定义决定水资源生产力是由两个维度确定，即产值和水资源要素投入。从经济理论的角度，将水引入到生产函数中，分析水资源对生产的影响，是分析水资源利用效率对水资源生产力影响的关键。参考张兵兵（2015）、沈大军等（2000）的相关研究结果，水资源利用效率和产业结构的关系可以表示为：

$$\begin{aligned}\delta_{\mathrm{WUE}} &= \frac{W}{Y} = \frac{Y_1}{Y}\cdot\frac{W_1}{Y_1} + \frac{Y_2}{Y}\cdot\frac{W_2}{Y_2} + \cdots + \frac{Y_n}{Y}\times\frac{W_n}{Y_n} \\ &= R_1\delta_1 + R_2\delta_2 + \cdots + R_n\delta_n \end{aligned} \tag{9.2}$$

式中，δ_{WUE} 为单位产值水资源利用量，可以简单地定义为水资源利用效率，值越小表示水资源利用效率越高，R 为不同行业产值比重，δ_1，…，δ_n 为各行业的技术效率，即产业用水系数。

水资源利用效率越高，其边际效益越大，即水资源利用效率越高，相同水资源使用量所带来的产出也就越大。总的水资源利用效率由生产单位用水的技术效率和配置效率决定。技术效率即为单位产值的用水量，由技术投入和创新决定。配置效率则体现在水资源在不同行业之间的分配，如（9.2）式，总的单位产值水资源利用量可被等价地分解为各产业比重 R 与其单位产值水资源利用量乘积的加总。在各产业技术效率不变的情况下，通过产业结构的调整能提升水资源利用效率，总体应该缩小用水技术效率偏低且与其他产业关联性小的产业的规模，扩大用水技术效率偏高且在产业结构中较为重要的产业的规模。

9.2.2 二三产业内部结构调整

9.2.2.1 产业关联度分析

经济结构是由产业结构所决定的，产业自身的特点导致其在经济活动中具有差异性。

通过深入分析产业的特点及其对经济的影响程度，能够更好地促进产业结构朝着合理的方向发展。通常用某部门对其上下游产业产生的拉动和推动作用来衡量其重要程度。产业影响力系数和感应度系数是测度产业对经济影响的重要指标，通常把一个产业影响其他产业的“程度”叫做该产业的影响力，把受到其他产业影响的“程度”叫做该产业的感应度（王岳平等，2007；中国投入产出学会课题组等，2006）。

部门感应度系数反映了国民经济各部门均增加一个单位，最终使用时，该部门由此而受到的需求感应程度。感应度系数计算公式为：

$$\delta_j = \frac{\sum_{j=1}^{n} C_{ij}}{\frac{1}{n}\sum_{i=1}^{n}\sum_{j=1}^{n} C_{ij}} \tag{9.3}$$

其中，$\sum_{j=1}^{n} C_{ij}$ 表示列昂惕夫逆矩阵的第 i 行之和；$\frac{1}{n}\sum_{i=1}^{n}\sum_{j=1}^{n} C_{ij}$ 为列昂惕夫逆矩阵的列和的平均值。

部门影响力系数反映部门国民经济增加一单位，最终使用对其他部门所产生的生产需求的影响，反映该部门的发展对国民经济的带动作用。影响力系数计算公式如下：

$$\theta_j = \frac{\sum_{i=1}^{n} C_{ij}}{\frac{1}{n}\sum_{i=1}^{n}\sum_{j=1}^{n} C_{ij}} \tag{9.4}$$

其中，$\sum_{i=1}^{n} C_{ij}$ 为列昂惕夫逆矩阵的第 j 列之和。

感应度系数和影响力系数的大小衡量都是以 1 为分界点，当 $\theta_j > 1$ 时（或 $\delta_j > 1$）表示第 j 部门对其他部门的拉动作用（或其他部门对该部门的推动作用）超过了整体的平均水平。各部门产业感应度系数和影响力系数见表 9.3。

表 9.3　**各部门产业感应度系数和影响力系数**

	感应度系数	影响力系数
小麦	0.08	1.01
玉米	0.22	0.93
油料	0.08	0.93
棉花	0.35	0.87
水果	0.08	1.02
蔬菜	0.50	0.96
其他农业	0.09	1.08
煤炭开采和洗选业	0.71	1.00

续表

	感应度系数	影响力系数
石油和天然气开采业	0.75	0.58
金属矿采选业	0.95	1.21
非金属矿及其他矿采选业	0.08	1.27
食品制造及烟草加工业	0.94	1.36
纺织业	0.08	0.58
纺织服装鞋帽皮革羽绒及其制品业	1.07	0.58
木材加工及家具制造业	0.13	1.52
造纸印刷及文教体育用品制造业	1.24	1.33
石油加工、炼焦及核燃料加工业	0.23	1.06
化学工业	1.53	1.11
非金属矿物制品业	0.09	1.15
金属冶炼及压延加工业	1.59	1.54
金属制品业	0.14	1.82
通用、专用设备制造业	1.62	1.55
交通运输设备制造业	0.09	0.58
电气机械及器材制造业	1.77	0.58
通信设备、计算机及电子设备制造业	0.08	0.58
仪器仪表及文化办公用机械制造业	1.91	0.58
工艺品及其他制造业	0.07	0.58
废品废料	2.05	0.58
电力、热力的生产和供应业	0.30	1.09
燃气生产和供应业	2.18	0.58
水的生产和供应业	0.07	0.95
建筑业	2.32	1.51
交通运输及仓储业	0.15	1.06
邮政业	2.47	1.16
信息传输、计算机服务和软件业	0.09	0.95
批发和零售业	2.62	0.85
住宿和餐饮业	0.14	0.97

续表

	感应度系数	影响力系数
金融业	2.79	1.02
房地产业	0.09	0.92
租赁和商务服务业	2.91	1.03
研究与试验发展业	0.07	1.07
综合技术服务业	3.02	0.89
水利、环境和公共设施管理业	0.10	0.86
居民服务和其他服务业	3.17	0.95
教育	0.09	1.04
卫生、社会保障和社会福利业	3.33	1.13
文化、体育和娱乐业	0.09	1.11
公共管理和社会组织	3.49	0.94

为此，基于张掖市投入产出表对张掖市产业影响力系数和感应度系数进行了测算，具体数值见表9.4。感应度系数和影响力系数都大于1的部门主要有化学工业、租赁和商务服务业、金属冶炼及压延加工业、金融业、邮政业、通用、专用设备制造业、卫生、社会保障和社会福利业、造纸印刷及体育用品制造业以及建筑业，这些部门对地区的整体经济影响较大。产业影响力和感应度系数都小于1的部门对整体经济贡献不大，主要包括石油和天然气开采业、工艺品及其他制造业、居民服务和其他服务业、水利、环境和公共设施管理业以及煤炭开采和洗选业。

表9.4 **张掖市各行业感应度系数和影响力系数**

	影响力系数>1	影响力系数<1
感应度系数>1	化学工业 租赁和商务服务业 金属冶炼及压延加工业 金融业 邮政业 通用、专用设备制造业 卫生、社会保障和社会福利业 造纸印刷及文教体育用品制造业 建筑业	批发和零售业 公共管理和社会组织 综合技术服务业 信息传输、计算机服务和软件业 房地产业

续表

	影响力系数>1	影响力系数<1
感应度系数<1	石油加工、炼焦及核燃料加工业 金属矿采选业 电力、热力的生产和供应业 金属制品业 交通运输及仓储业 非金属矿物制品业 教育 文化、体育和娱乐业 非金属矿及其他矿采选业 住宿和餐饮业 食品制造及烟草加工业 木材加工及家具制造业	石油和天然气开采业 工艺品及其他制造业 居民服务和其他服务业 水利、环境和公共设施管理业 煤炭开采和洗选业

9.2.2.2　重点发展产业选择

产业的选择问题实际上就是根据地区的资源状况以及产业在经济发展中的影响力来确定产业发展的顺序，并制定合理的产业发展政策。产业结构优化不仅可以提高水资源的利用效率，更能带动水资源投入结构的改善。在地区产业结构调整过程中，应该综合比较产业对经济的带动作用与虚拟水强度，选择对经济贡献大且对水资源依赖度低的行业作为地区优先发展的行业，合理进行水资源禀赋下的产业结构布局及调整。因此，在产业结构调整过程中应该建立结合用水系数、产业影响力和感应度指标的三维评价标准，来确定需要鼓励发展的产业与缩减规模的产业。

产业发展模式选择主要依据是，当用水系数较高时，扩大具有较高影响力和感应度的行业的生产规模，保持或缩减其他行业生产规模；用水系数较小时，则可以优先发展具有较高影响力和感应度的行业，扩大影响力高或感应度高的行业生产规模。具体产业调整方向依据可以参见示意图9.5。

通过建立基于行业用水系数和产业关联度系数的产业评价三维矩阵（见图9.6），绿色代表需要优先发展的行业（这里采用行业代码表示，具体行业参照附录一　附表1）。各地区应该优先发展的行业包括租赁和商务服务业、金融业、邮政业、通用设备制造业、化学工业以及金属冶炼及加工业。除此之外，造纸印刷及文教体育用品制造业、建筑业、卫生、居民服务和其他服务业、食品制造及烟草加工业，虽然用水系数较高，但对社会经济拉动作用较强，所以应该扩大其生产规模。应该缩减生产规模的行业包括煤炭开采和洗选业、金属矿采选业。这两个行业本身对于环境破坏较大，因此，应该对其进行适度压缩。张掖市正处于工业化发展初期，本来工业行业就比较少，工业技术水平还有较大的提升空间，所以对于其他行业应该保持其生产规模或者对其进行技术改造，通过技术创新提

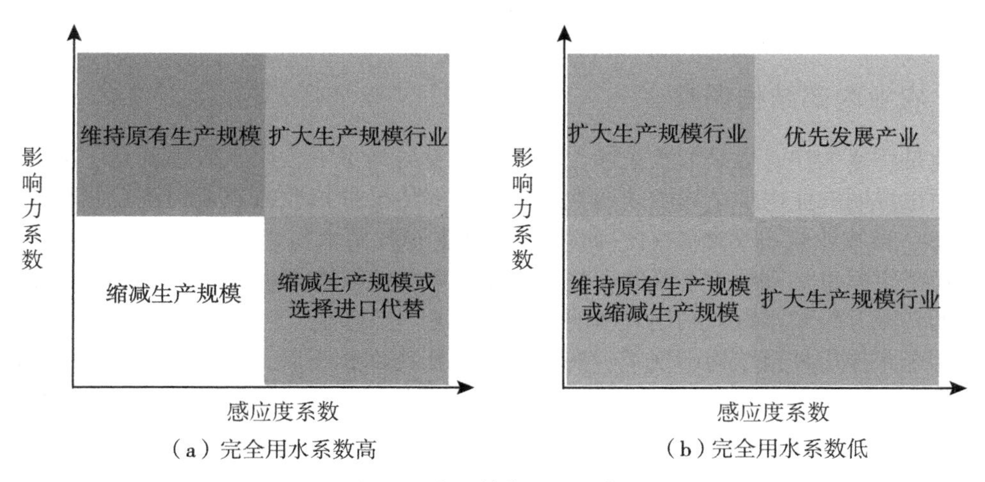

（a）完全用水系数高　　（b）完全用水系数低

图 9.5　产业结构调整示意图

高各产业用水的技术效率来减少水资源的利用。

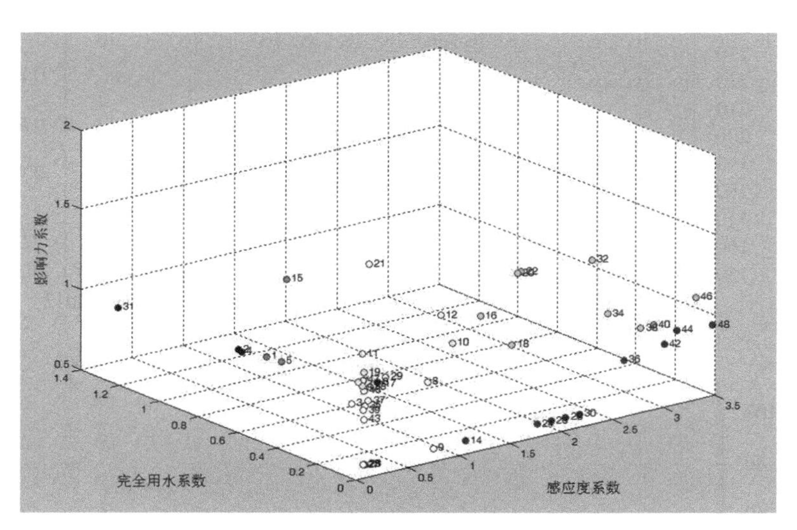

图 9.6　产业评价矩阵

总体来看，在第二产业中，张掖市可积极发展食品饮料加工业、矿业开采和能源加工工业。另外，可以充分利用自身能源优势，适当发展高耗能产业，如造纸及纸制品业、化学原料及化学制品制造业、非金属矿物制品业、黑色金属冶炼及压延加工业、有色金属冶炼及压延加工业，以及电力、燃气及水的生产和供应业。而对于第三产业，发展生态旅游业是结合张掖市资源环境禀赋的产业结构优化之路。旅游业投资少、见效快，是无污染的绿色产业，产业的关联度大，能带动交通运输业、餐饮服务业和商业等国民经济各部门的发展，进而带动第三产业的全面繁荣。其次，要逐步推动以邮电、通信、金融保险、信息服务等新兴第三产业的发展，依靠自主创新和技术进步，发展新能源、生物医药、移动通信、节能环保、文化创意等战略性新兴产业，培养新的经济增长点。

9.2.3 农业内部结构调整

农业是用水大户，也是节水主体。农业用水量居高不下，用水效率低是一方面原因，另一方面也说明农业内部结构亟须调整。农业内部传统种植业占农业经济总量比重偏大，占到70%，畜牧业只占20%左右。而传统种植业灌溉用水需求量大，单方水产出较低，对整体经济贡献也一直处于下降的态势，因此，未来亟须从农业内部来进行结构调整，促进农业的转型升级和水资源利用效率的提升。

近年来张掖市种植结构出现了一些变化，农作物面积不断上升，由2000年的179千公顷上升为2012年的234千公顷，种植面积扩大了接近1/3，其中粮食作物面积比重不断减少，经济作物比重上升（见图9.7（a））。主要作物包括小麦、玉米（包括大田玉米和制种玉米）、棉花、油料和蔬菜等。玉米的播种面积是最多的，其次是小麦。由图9.7（b）可以看出，玉米播种面积上升较快，蔬菜面积也缓慢上升。农业内部逐渐形成了以制种玉米为优势产业的产业格局。

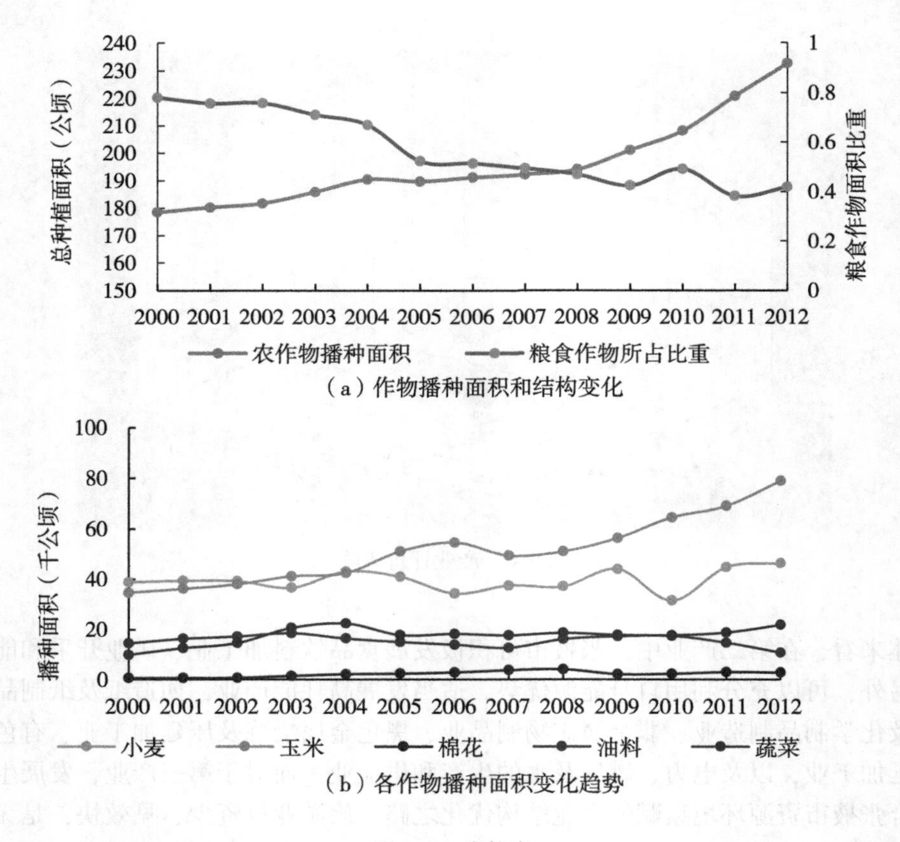

（a）作物播种面积和结构变化

（b）各作物播种面积变化趋势

图9.7 张掖市

各作物的用水量如图9.8所示，其中玉米生产用水较多，总用水量为9.41亿m^3。其次是水果和小麦，总用水量分别为3.73亿m^3和3.31亿m^3。蔬菜用水量也较大，达到2.86亿m^3。油料和棉花的总用水量较小，分别只有0.61亿m^3和0.21亿m^3。甘州区是张掖市的市府所在地，其农业生产也位居张掖市首位，农业用水量也最多，以玉米和蔬菜用水量居多。农业是用水大户，也是节水主体。各作物单方水产出差异较大，其中水果和蔬菜单方水产出远高于其他几种作物，而小麦和玉米单方水产出则较小。考虑到张掖市目前仍以传统种植业为主，作物耗水量大，且效益不高，玉米单方水产出不到2元，小麦更低，而且传统作物受市场影响较大。结合黑河流域水-生态发展规划，未来农业的种植面积会进一步压缩，单一的种植模式将严重阻碍农业的发展，亟须对现有的种植结构进行调整。

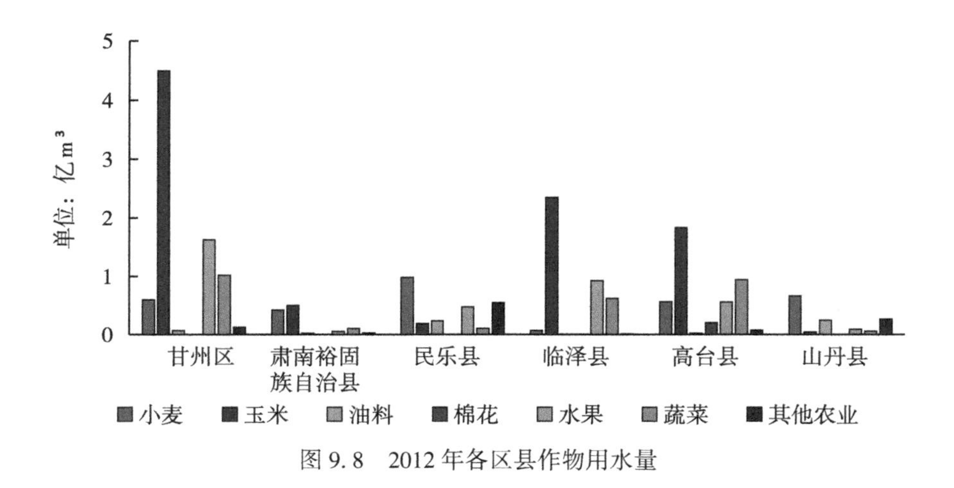

图9.8 2012年各区县作物用水量

近年来，黑河流域提出了调整农业种植结构，发展特色农业和高效农业，加强节水技术改造，扩大高效节水灌溉面积的规划纲要。其具体规划见表9.5，其中灌溉面积由276万亩减少到254万亩，同时在有条件灌区进行渠道衬砌、田间配套节水改造，预计将灌溉水利用系数由现状水平的0.5提高到2020年的0.57，农田灌溉定额由现状的629m^3/亩减少到2020年的580m^3/亩。

表9.5 **黑河地区农业水资源利用规划**

规划项	2012年水平年	2020年规划年
农田有效灌溉面积（万亩）	276.08	254.08
其中高效节水面积（万亩）	53.85	84.87
农田灌溉用水量（亿m^3）	20.7	17.5
农田灌溉水利用系数	0.5	0.57

续表

规划项	2012年水平年	2020年规划年
农业灌溉定额（m^3/亩）	629	580
农田灌溉需水量（亿m^3）	18.27	15.46
农田灌溉耗水量（亿m^3）	15.09	10.36

数据来源：《黑河流域近期治理规划》。

9.3　产业转型情景的社会经济影响分析

黑河流域水资源压力较大，产业结构受水资源制约明显，结合之前的分析，可以得出产业结构转型方案主要可以从两方面来展开：一是从农业内部进行结构调整，包括压缩耕地面积，扩大经济作物面积，发展特色农业和高效农业。二是促进第二产业和第三产业的发展，如加大第二、第三产业的投资和技术升级。

9.3.1　产业技术进步情景结果

由于水资源的制约，流域农业发展速度逐步减慢，农业产值比重也进一步降低，但是工业和第三产业的发展速度还不能匹配地区经济的增长需求。未来产业结构转型的关键是加大第二和第三产业的发展速度，促进整个经济系统内部形成正的反馈环。

产业结构的转型升级受多种因素影响，包括市场条件、政府的宏观产业政策与相关部门的技术储备。技术进步是产业结构转型升级的主要推动因素，会促进要素从相对劣势产业进入优势产业，从而促进产业结构转型升级（林毅夫，陈斌开，2013）。相对于利用行政手段直接压缩减少各产业的产量而减少部门的水资源配置量所带来的经济损失，通过改进产业生产的技术水平和产业扶持政策来实现产业结构的转型优化，进而提高水资源生产力或水资源利用效率是更为合理的途径。技术进步是推动产业发展和产业结构调整的重要因素，为此我们分别假设了第二产业和第三产业的技术进步5%，分析技术进步情景下产业的转型发展对社会经济以及水资源生产力的影响。

9.3.1.1　宏观经济影响

技术进步情景下，主要宏观社会经济变量的变化见表9.6。从表中可以看出，技术进步极大地促进了地区经济增长，其中嘉峪关、肃州和肃南的增长幅度最大，分别为11.49%、9.03%和10.37%。对以农业生产为主的区县，如甘州区、临泽县、高台县、金塔县等地的影响相对较小，消费和就业水平也呈一定程度的上升，消费者价格指数出现下降。在地区行业输入输出上也均呈增加趋势，输入增长幅度高于输出增加的幅度。通过对各区县引起产出变化因素进行分解发现，居民消费、投资和出口增加、进口减少，是导致区域产出增加的主要原因。

表 9.6　　　　　　　　　　　　**产业转型宏观经济影响**　　　　　　　　　　　　%

地区	GDP	投资	居民消费	输出	输入	CPI	就业
甘州区	6.04	5.52	2.70	1.77	4.04	−0.36	1.34
肃南裕固族自治县	10.37	7.40	6.03	1.33	5.84	−0.25	2.97
民乐县	6.03	5.52	2.54	1.09	4.46	−0.27	1.26
临泽县	6.10	5.99	2.54	0.98	4.42	−0.28	1.26
高台县	6.04	5.73	2.43	1.01	4.78	−0.25	1.20
山丹县	6.78	5.72	3.21	1.02	4.63	−0.27	1.59
肃州区	9.30	7.23	5.50	1.61	5.32	−0.31	2.71
金塔县	6.40	5.94	2.87	1.02	4.62	−0.27	1.42
嘉峪关市	11.49	7.07	8.52	1.51	5.13	−0.24	4.17
额济纳旗	8.86	5.07	5.54	0.44	4.52	−0.25	2.73
祁连县	7.02	5.56	3.15	0.19	4.97	−0.18	1.56

技术进步通过改变要素在产业间流动，从而促进地区产业结构调整。将部门进行合并，并把建筑业单独列为一个产业，得到三种产业的产出变化情况如图 9.9 所示。各地区第二产业和第三产业增加值均大幅增加。第二产业平均增加幅度均在 10%，第三产业增加幅度在 5%左右，地区间差异不大。另外，建筑业的产值也大幅度上升。第二和第三产业技术进步对农业生产有一定的抑制作用，各地区农业增加值均下降，但总体减少幅度较小。整个流域农业增加值共减少 4.7 亿元，其中嘉峪关地区农业增加值减少最多，为 8%，甘州区农业受影响较小，下降了 2%左右。

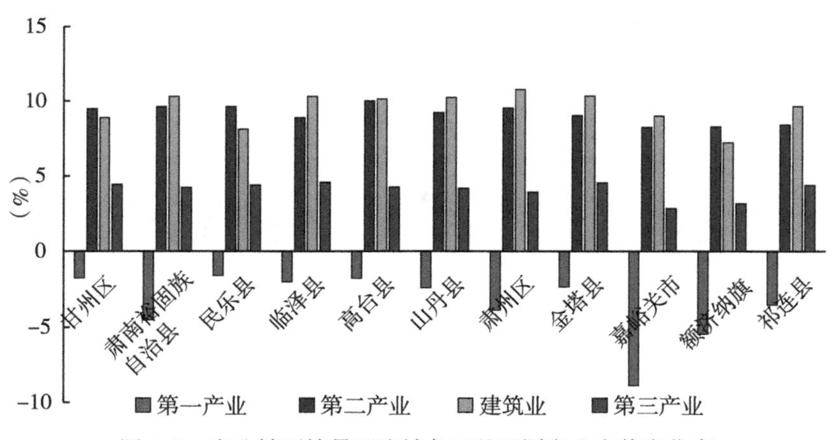

图 9.9　产业转型情景下流域各区县不同产业产值变化率

从行业内部来看，技术进步促进了第二和第三产业的增加值的大幅度增加。第二产业中产值增加较多的行业包括金属冶炼及压延加工业，电力、热力的生产和供应业以及石油冶炼和加工业。第三产业产值增加较多的部门包括房地产业、教育业、健康服务业、信息传输、计算机服务和软件业、金融业以及住宿和餐饮业（见图9.10）。究其原因是第三产业主要集中在城市区域，各种旅游业、商贸业的发展都离不开这些行业的支撑。建筑业进一步促进了房地产业的发展。产值增加最多的地区是嘉峪关市，总产值增加7亿元。在技术进步情景下，农业的生产规模受到一定的打击，从农业内部各作物的产值变化来看（见图9.10（b）），产值下降最多的是水果、蔬菜和其他农业，且下降最多的分别是肃州和甘州区，传统作物受影响较小，如小麦和玉米产值下降较小。这主要是因为小麦、玉

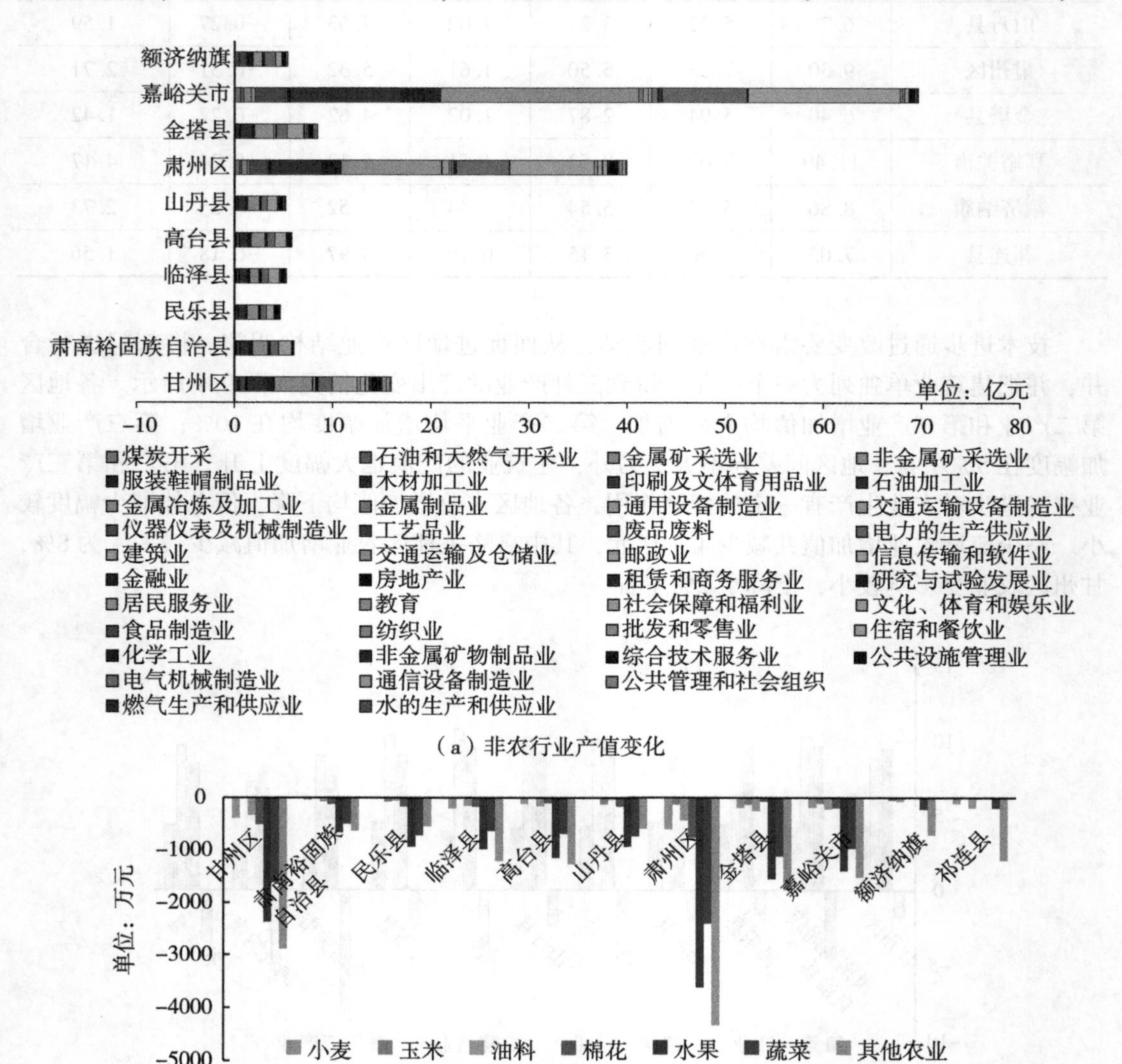

（a）非农行业产值变化

（b）农业产值变化情况

图9.10　产业转型情景下行业产值变化

米和棉花等基础性农业在社会经济中与其他产业关联性较强，是其他行业重要的原材料，如小麦和玉米是食品制造业品的重要生产资料来源，而棉花则是纺织业以及鞋帽服饰加工业的重要原材料。但是水果、蔬菜和其他农业与其他产业关联性较弱，在产业转型中更容易受到冲击。因此，在考虑产业转型的过程中应该充分考虑产业之间的关联性，避免造成对优势产业或者新兴产业的冲击，合理进行产业的分配和布局。

从劳动力的转移情况来看，各区域劳动力在具体部门变化趋势相似，农业部门劳动力减少，非农产业部门对劳动力需求增加。产业转型促进了劳动力从第一产业向第二和第三产业的转移。产业技术进步促进了要素在产业间的重新分配，对农村劳动力非农就业具有带动作用，第二和第三产业的发展从第一产业吸纳了大量劳动力（见图 9.11）。

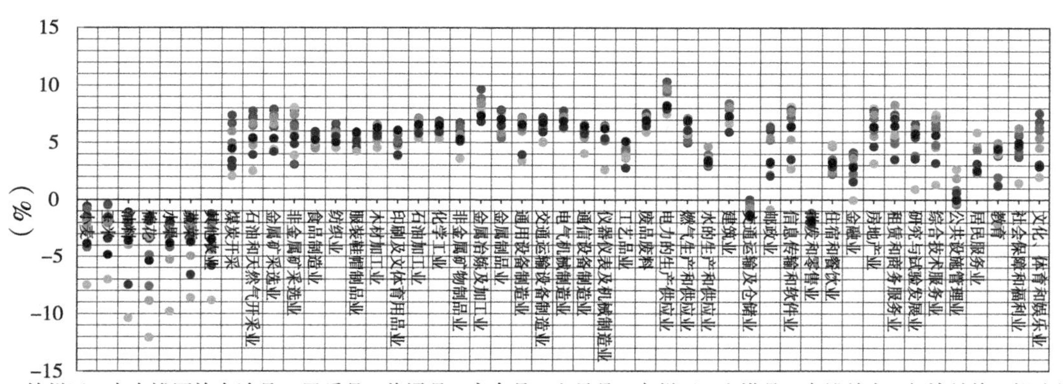

图 9.11　产业转型情景下劳动力需求变化

9.3.1.2　水资源生产力影响

产业技术效率的提升对各地区用水量的影响不大，不同类型用水量变化如表 9.7 所示。各地区地表水用水量均有所减少，但地下水和其他用水均增加。整个流域用水量减少了 0.11 亿 m^3，约占总用水量的 0.3%。其中地表水用水量减少了 0.13 亿 m^3，地下水用水量增加了 0.02 亿 m^3，其他用水增加了 0.07 亿 m^3。各区域地表水用水量都减少，由于地表水的使用部门主要是农业，农业规模缩减，导致地表水用水需求减少。不同区域地下水用水变化有所差异，其中嘉峪关市地下水用水量增加最多，这是因为嘉峪关市以工业为主，而工业用水主要是地下水以及少量的其他用水。甘州区以及张掖市的其他几个区（县）地下水用水量都有所减少，主要是因为这些地区的农业地下水用水量减少更多，超过工业生产规模扩大所增加的用水量，因此整体地下水用水量是减少的。其次，金塔县、山丹县等其他几个区县的地下水用水量也都有所增加。此外，除了临泽县和高台县外，绝大部分地区的其他用水量都是增加的，其他用水主要用在服务业等第三产业部门。从水资源生产力上来看，技术进步引起的产业转型导致流域水资源生产力由 58.3 元/m^3 上升到 62.9 元/m^3，上升了 8.0%。各地区的水资源生产力都有所提升。其中，肃州区水资源生产力提升幅度最大，祁连县水资源生产力提升幅度最小。中游地区六个区县，除肃南裕固族自治县外，水资源生产力上升幅度都低于流域的整体平均水平。

表9.7　**产业转型情景下各区县水资源需求量及水资源生产力变化**

地区	地表水		地下水		其他水		水资源生产力	
	变化量（万 m^3）	变化率（%）	变化量（万 m^3）	变化率（%）	变化量（万 m^3）	变化率（%）	变化后（元/m^3）	变化率（%）
甘州区	-175.62	-0.32	-17.97	-0.07	7.67	0.26	33.16	6.12
肃南裕固族自治县	-45.95	-0.59	-2.51	-0.07	4.10	1.32	64.32	8.78
民乐县	-67.75	-0.38	-6.11	-0.08	-1.99	-0.53	29.59	6.29
临泽县	-131.60	-0.47	-36.34	-0.31	-3.62	-0.28	21.35	6.45
高台县	-103.71	-0.36	-25.76	-0.20	-0.36	-0.03	21.22	6.72
山丹县	-16.09	-0.17	28.66	0.57	0.66	0.31	54.73	6.28
肃州区	-317.86	-2.28	-24.80	-0.81	3.75	0.11	59.17	9.77
金塔县	-139.99	-1.06	26.30	0.16	24.05	1.32	27.24	6.78
嘉峪关市	-288.17	-3.97	224.49	2.42	29.32	1.65	517.97	8.09
额济纳旗	-75.22	-1.97	13.33	0.57	6.64	1.90	132.18	7.52
祁连县	-8.28	-0.94	23.29	2.44	7.58	2.83	184.94	5.04
整个流域	-1370	-0.55	202	0.16	77	0.55	62.90	7.96

从行业用水量的变化来看，用水量的减少主要来源于农业部门，非农行业产业部门用水量有所增加（图9.12）。作物中用水量减少最多的是水果，其次是蔬菜和玉米。不同地区作物的灌溉用水量变化有一定的差异。所有区域中，肃州区农业用水量减少最多，达到0.21亿 m^3，各作物用水量都减少，其中水果灌溉用水减少最多。金塔县农业用水量减少量仅次于肃州区。虽然绝大多数农业部门用水量都减少，但也出现用水量增加的农业部门，甘州区和高台县的玉米用水量均有所增加。说明技术进步对这两个地区的玉米和小麦部门具有一定的促进作用。非农部门的用水量如图9.12（b）所示，从整个流域来看，绝大多数非农部门用水量皆是增加的，其中嘉峪关市、肃州区和金塔县是非农行业用水量增加最多的区域，整个流域非农行业用水量增加0.15亿 m^3，用水量的增加主要来源于地下水。第二产业中用水量增加较多的部门主要包括家具制造业、金属冶炼及加工业、石油加工业、以及电力、热力的生产和供应业，与产出增加的部门一致。第三产业中用水量增加最多的部门主要是社会服务业、住宿和餐饮业和教育业。总体来看，技术进步促进整个流域用水量减少。

对于行业水资源生产力来说，农业部门的水资源生产力水平均有所下降，但是变化幅度不大，其中其他农业下降的幅度最大，下降了2%。第二产业和第三产业水资源生产力

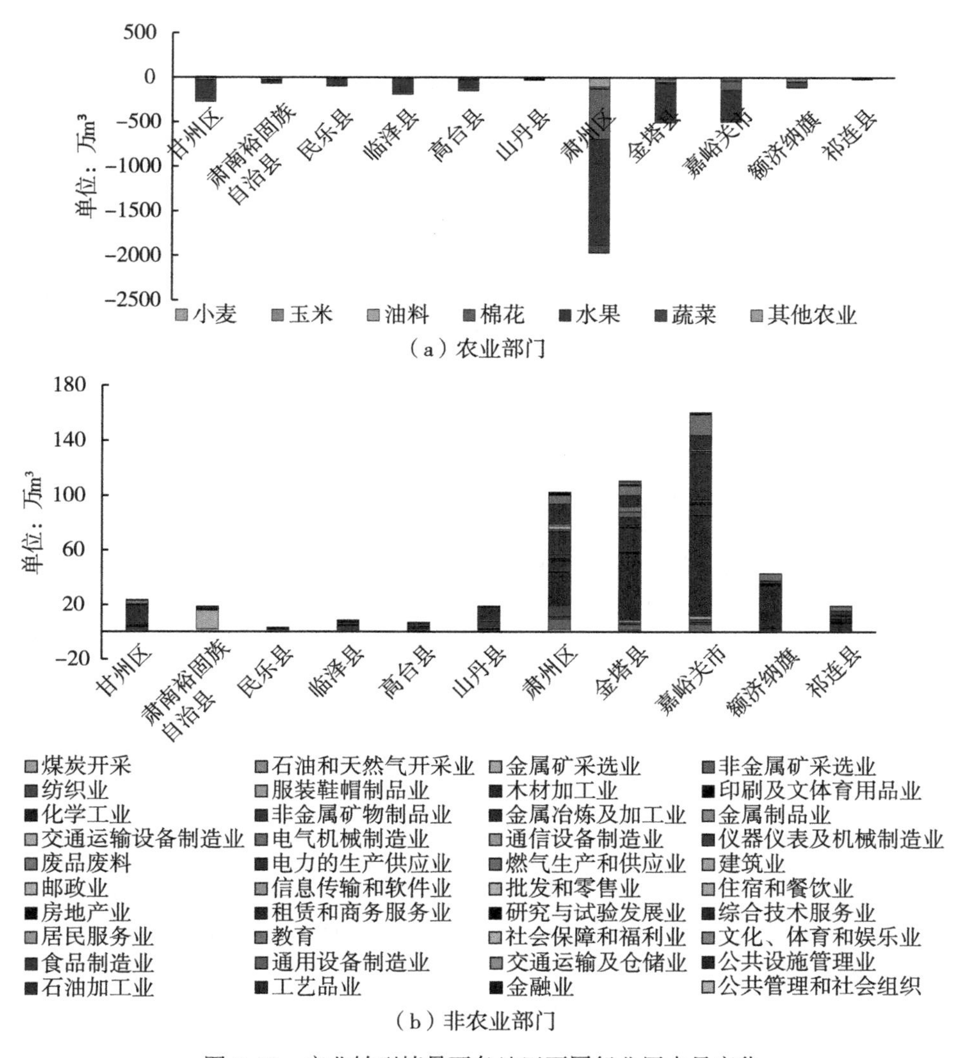

（a）农业部门

（b）非农业部门

图 9.12 产业转型情景下各地区不同行业用水量变化

都有所提升，变化幅度较大的部门包括电力的生产与供应业、建筑业、文化体育和娱乐业、信息传输和软件业等（见图 9.13）。

综合来看，第二和第三产业的技术进步较大的促进了地区经济增长，促进要素从农业部门转移到非农部门，推动了地区产业结构的调整，导致农业节水向第二和第三产业转移，对区域水资源生产力具有较大的提升作用。因此，未来应该加大第二和第三产业的技术投入，促进产业结构的转型升级和资源要素的优化配置。另外，在未来产业结构调整中，要充分考虑地区差异，结合不同区县的水资源的丰度、经济基础、产业规模、居民意识与管理水平等差异，根据区域的资源优势与产业基础因地制宜。

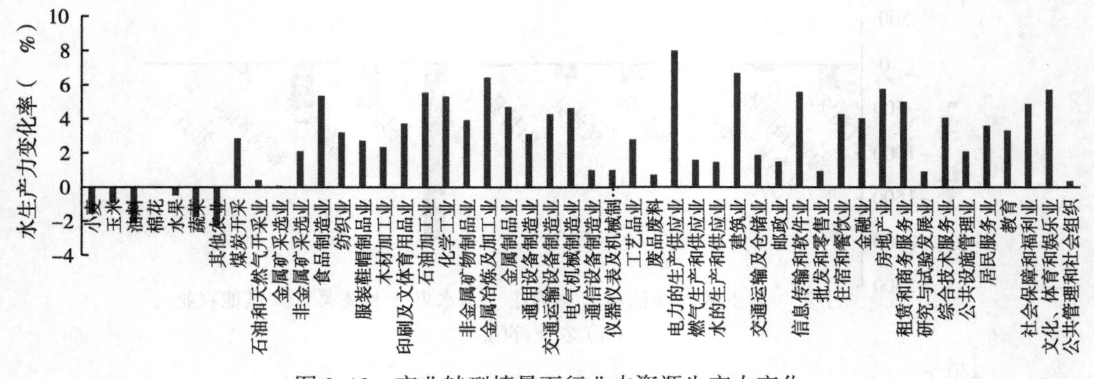

图 9.13 产业转型情景下行业水资源生产力变化

9.3.2 农业结构调整情景结果

黑河流域农业面临两大问题。一方面，农业灌溉面积一直在扩大，灌溉用水需求量较大，挤占了生态用水，未来需要进一步压缩种植面积。另一方面，传统作物比例太大，种植结构层次较低，主要以粮食作物为主，未来需要增加经济作物种植比例。因此，结合《黑河流域综合治理规划》，黑河流域农业种植总面积将压缩10%；另外，经济作物比例也会进一步扩大，目前经济作物与粮食作物种植面积比例为3：2，未来调整经济作物占比将达到70%。

9.3.2.1 宏观经济影响

农业种植结构调整情景下，主要宏观社会经济变量的变化见表9.8。农业种植面积压缩导致地区产出小幅度下降，从表中可以看出，各区县的GDP都有所减少，其中以民乐、山丹和高台减少的幅度最大，分别为-0.69%、-0.46%和-0.48%。这主要是由于农业在这几个地区中所占比例较大，减少耕地面积对整个经济冲击更大，同时也造成消费和就业水平下降更多。在嘉峪关、额济纳和祁连等地农业占经济比重较小，所以农业受损对当地经济的影响相对也较小。从各区县与外界的商品流通来看，农业作为主要的出口部门，耕地面积减少，导致产出减少，进而输出也进一步减少，除嘉峪关市外，所有地区的输出都在减少。

表9.8 种植结构调整宏观经济影响 （%）

地区	GDP	投资	居民消费	输出	输入	CPI	就业
甘州区	-0.263	-0.001	-0.298	-0.080	-0.030	-0.001	-0.149
肃南裕固族自治县	-0.185	0.048	-0.322	-0.011	0.021	0.006	-0.161
民乐县	-0.691	0.018	-0.865	-0.036	-0.065	-0.017	-0.433

续表

地区	GDP	投资	居民消费	输出	输入	CPI	就业
临泽县	−0.265	0.019	−0.319	−0.079	−0.020	0.004	−0.159
高台县	−0.484	0.029	−0.621	−0.136	−0.029	−0.002	−0.311
山丹县	−0.461	0.043	−0.632	−0.014	−0.020	−0.012	−0.316
肃州区	−0.175	0.032	−0.386	−0.007	0.015	0.009	−0.193
金塔县	−0.358	0.084	−0.650	−0.069	0.009	−0.007	−0.325
嘉峪关市	−0.012	0.003	−0.042	0.003	0.004	0.000	−0.021
额济纳旗	−0.064	−0.003	−0.090	−0.003	0.002	−0.001	−0.045
祁连县	−0.055	0.022	−0.119	−0.002	0.008	−0.001	−0.059

从整体行业产出来看，农业种植面积调整对各农业部门产出有负向影响（见图9.14），主要是农业种植面积压缩导致的，其中以山丹县和民乐县的农业产值变化幅度最大，产值减少了2%，祁连县所受影响最小，减少0.5%。其他产业产值都有所增加。说明通过减少种植面积，释放更多土地，促进土地租金的下降，进而促进了其他产业的发展。但是增长幅度都不大，远小于农业产量的减少。从地区差异上来看，农业种植结构调整对嘉峪关市的其他产业影响很小，这主要是因为嘉峪关市农业产值比重较小，农业结构调整对内部经济的影响也较小。

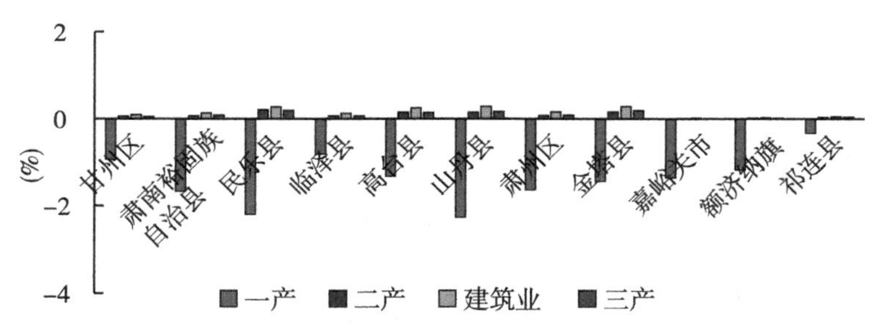

图9.14　农业种植结构调整下流域各区县产值变化率

从农业内部的各作物的产值变化来看（见图9.15），由于加大了经济作物的种植面积比例，经济作物的产值都有较大幅度的提升，尤其是其他农业的产值上升最多，总共增加0.44亿元，其次是蔬菜，产值共增加0.3亿元。小麦和玉米的产值下降最多，分别减少了0.45亿元和0.5亿元。总体来看，农业内部种植结构整体转向效益更高的经济作物，粮食作物产值下降。各区县农作物产值变化差异较大与各地原来的农业内部种植结构有关，其中临泽县、高台县和肃州区蔬菜种植业规模较大，优势明显，所以蔬菜增加产值领先于其他地区，而甘州区、民乐县和山丹县则以其他农业产值增加最多。各地水果产值都有所下降，说明水果的区域优势不明显，在种植面积减少的情况下受到的冲击较大。

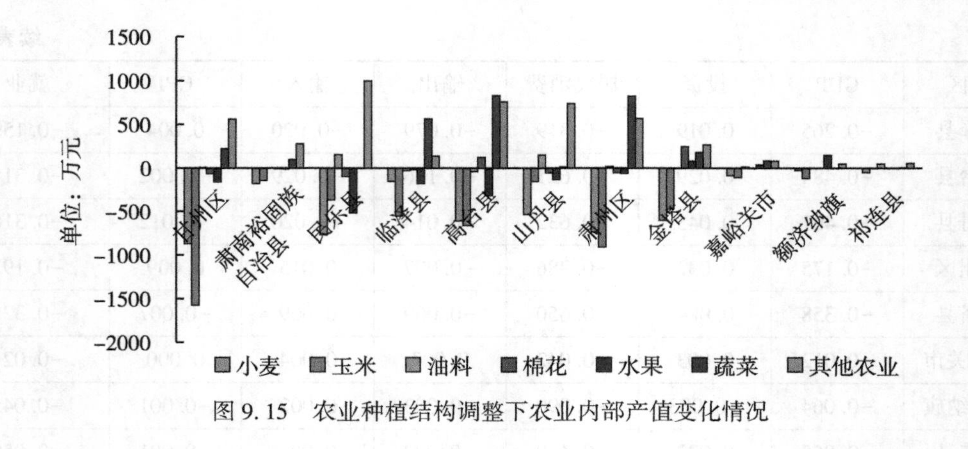

图 9.15 农业种植结构调整下农业内部产值变化情况

农业种植面积下降对经济的影响会通过两方面进行传导，一方面通过释放更多的土地，促进土地租金下降，进而使其他行业的发展获得成本优势；另一方面，农业自身作为原材料，其产出较少，会导致价格上升，进而通过农产品的中间产品属性传递到其他下游产业部门。图 9.16 展示的是农业结构调整情景下非农产业部门的产出变化情况。整个流域非农部门产品产出受正向影响的较多，总体产出增加了 1.35 亿元，产出受损的部门主要是食品制造业、住宿和餐饮业以及居民服务业，这几个部门都是以农业为原材料的部门，所以农业产出收缩对他们的影响较大。产出增加最多的行业是建筑业，一方面是因为土地租金下降，促进建筑业发展，另一方面也说明减少的耕地更易转化为建设用地。在第三产业中，教育业受影响较大，这可能是因为农业生产规模收缩，导致劳动力向非农行业转移，服务业以及现代农业都属于知识及技术密集型的行业，因此未来劳动力市场会呈现出知识密集型的趋势。而劳动力的转型升级则需要通过教育来实现，从而对教育的需求也会进一步增加，农业的压缩也会导致农民也更倾向于让自己的子女接受更多的教育来应对未来因为产业转型而产生的就业压力。

从出口的情况来看，商品流出变化较大的部门也是农业部门，小麦、玉米、油料是出口减少最多的部门，蔬菜和水果的出口量呈微弱的增加趋势。甘州区、临泽县、高台县和肃南裕固族自治县以玉米为主要的流出部门，山丹县和民乐县的主要农产品流出减少部门是小麦，金塔县出口减少最多的是棉花（见图 9.17）。从非农行业来看，非农行业出口都有所上升，出口变化较大的部门主要集中在第三产业。说明农业结构调整有利于调整区域产品输出结构，扭转由于农业输出而带来的虚拟水输出增加趋势。

9.3.2.2 水资源生产力的影响评价

由于农业是黑河流域的用水大户，农业种植面积减少会显著减少区域用水量，缓解地区水压力。农业种植面积减少导致整个流域用水量减少 0.41 亿 m^3，约占总用水量的 1%。其中地表水用水量减少 0.25 亿 m^3，地下水用水量减少 0.15 亿 m^3，其他用水减少 0.014 亿 m^3。各地区用水量减少情况见表 9.9。其中甘州区是用水量减少最多的区域，用水量减少约 0.5 亿 m^3，其次是临泽县、高台县和肃南裕固族自治县。嘉峪关市、额

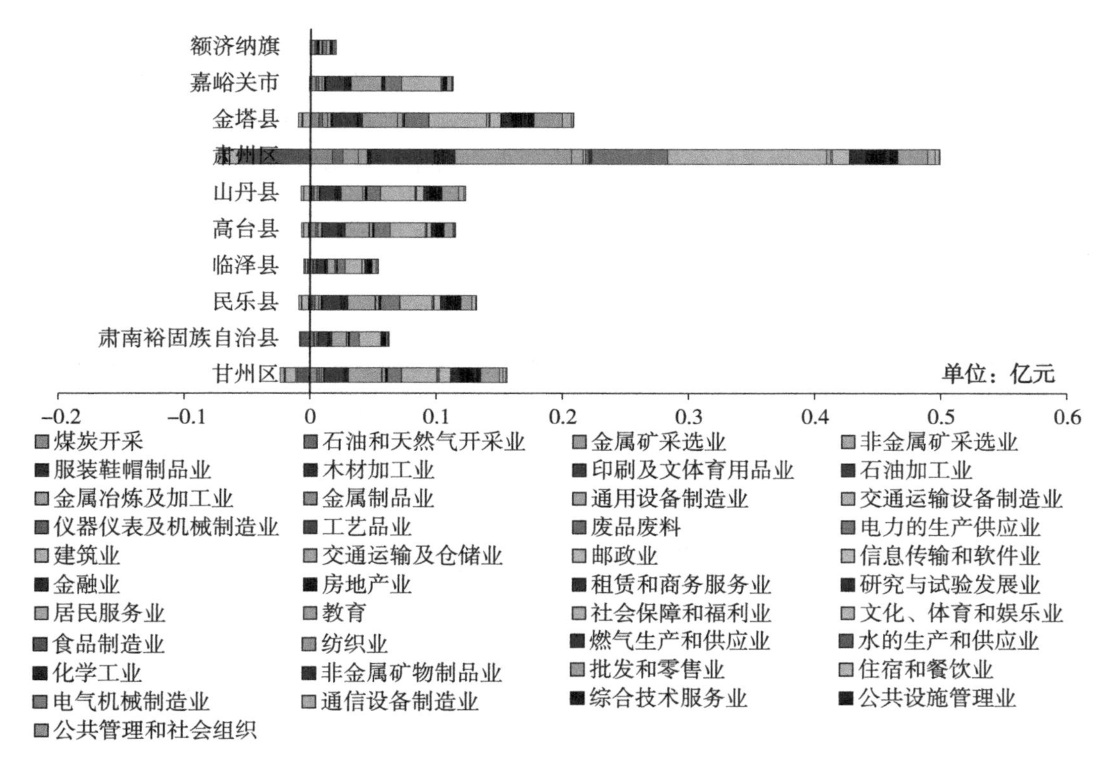

图 9.16 农业种植结构调整下非农产业部门产值变化

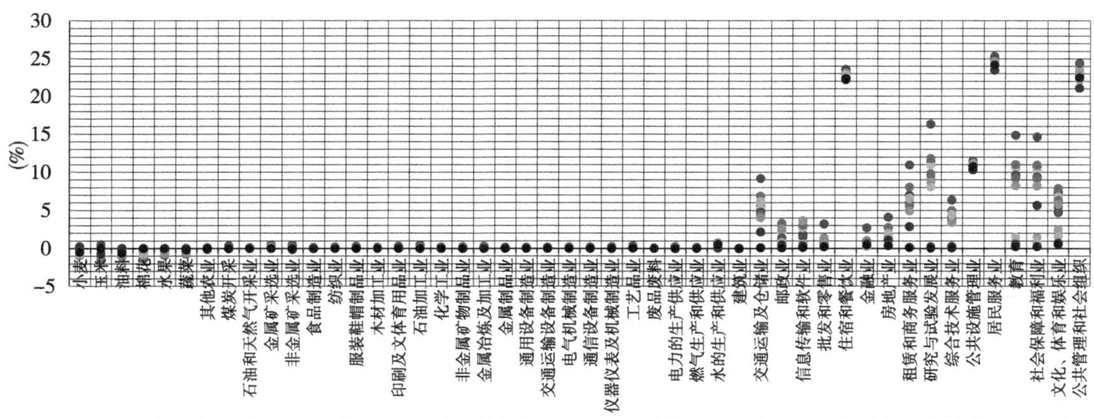

图 9.17 农业种植结构调整下各区域产品流出变化情况

济纳旗和祁连县用水量减少幅度较小。

通过计算流域水资源利用的变化和流域宏观社会经济变化，我们可以得到流域水资源生产力的变化。流域水资源生产力由 58.3 元/m^3 上升到 59 元/m^3，上升了近 1 个百分点

(见表9.9)。各地区水资源生产力变化差异较大，其中甘州区、肃南裕固族自治县、临泽县、高台县和额济纳旗水资源生产力都有所上升，说明农业种植结构调整在这些地区能起到水资源优化配置的作用，其他地区水资源生产力呈下降态势，这与地区本身的种植结构有一定的关联。因此，在种植结构调整过程中要结合地区种植结构现状进行因地制宜，不可盲目扩大或缩减经济作物或粮食作物的种植比例。对于行业水资源生产力来说，农业部门的水资源生产力水平有所上升，说明种植结构的调整，促进了农业用水边际效益的提升。绝大部分非农行业水资源生产力变化不大，水资源生产力提升的部门主要有通信设备制造业、邮政业、仪器仪表及设备制造业。

表9.9 农业种植结构调整下各区县水资源需求量及水资源生产力变化

地区	地表水		地下水		其他水		水资源生产力	
	变化量(万 m^3)	变化率(%)	变化量(万 m^3)	变化率(%)	变化量(万 m^3)	变化率(%)	变化后(元/m^3)	变化率(%)
甘州区	-2058.6	-3.72	-905.61	-3.75	-94.21	-3.19	32.44	3.84
肃南裕固族自治县	-427.9	-5.47	-199.88	-5.49	-13.19	-4.24	62.52	5.74
民乐县	136.2	0.75	-57.19	-0.73	-3.97	-1.06	27.83	-0.05
临泽县	-952.8	-3.42	-401.94	-3.42	-45.95	-3.55	20.77	3.56
高台县	-470.9	-1.62	-224.85	-1.78	-23.84	-2.21	20.23	1.73
山丹县	102.2	1.05	-27.64	-0.55	1.42	0.67	51.30	-0.39
肃州区	478.5	0.83	139.32	0.47	17.05	0.50	53.54	-0.68
金塔县	601.2	1.87	215.11	1.33	17.41	0.96	25.11	-1.57
嘉峪关市	83.2	1.15	27.02	0.29	2.91	0.16	476.22	-0.62
额济纳旗	-37.8	-0.99	-27.12	-1.16	-2.35	-0.67	124.22	1.05
祁连县	3.6	0.41	-1.83	-0.19	-0.02	-0.01	175.93	-0.08
整个流域	-2543.1	1.00	-1464.63	1.20	-144.73	0.80	58.94	1.10

用水量的减少几乎都来源于农业部门，非农行业用水量有所增加（见图9.18）。农业种植面积调整对于不同区县的灌溉用水需求影响是不一样的。肃州区和金塔县农业用水增加量大于用水减少量，主要是蔬菜用水量增加较多，甘州区、临泽县、高台县、肃南裕固族自治县的用水减少量要大于用水增加量。不同作物的灌溉用水量变化也有一定的差异。作物中用水量减少主要来源于玉米和小麦。蔬菜、其他农业和水果的用水需求量增加，其中蔬菜用水量增加较多。所有区域中，甘州区农业用水量减少最多，用水量的减少主要来源于玉米种植面积的减少。临泽县和高台县主要的农业用水量减少部门也是玉米。民乐县和山丹县主要是小麦用水减少更多。从整个流域来看，绝大多数的非农部门用水量都是增

加的（图9.18（b））。其中，金塔和肃州是非农行业用水量增加最多的区域，甘州区和临泽县非农用水量减少。用水量增加最多的部门主要是家具制造业、非金属冶炼及加工业和电力和热水的生产和供应业。用水量减少的部门主要是食品制造业、纺织业以及住宿和餐饮业。这些部门用水量减少主要是因为农业收缩导致这些部门产出减少，从而减少用水量。

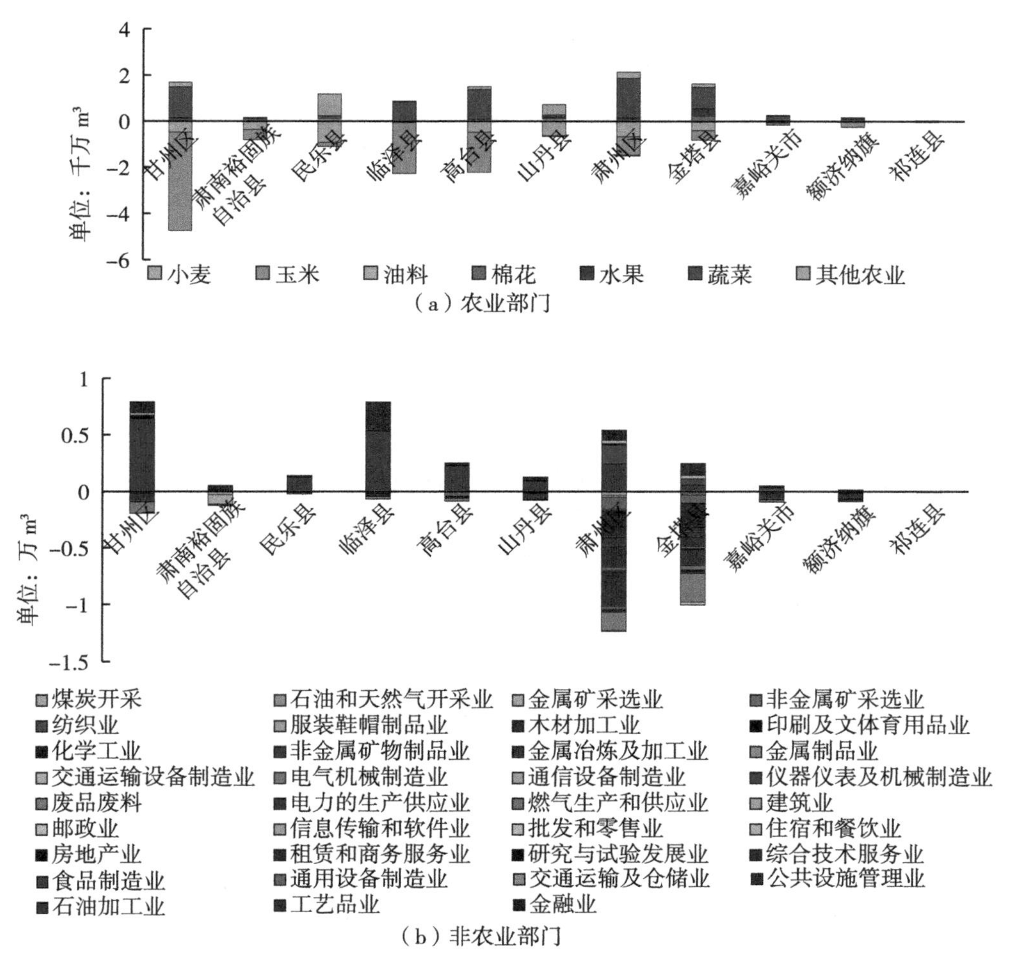

（a）农业部门

（b）非农业部门

图9.18　农业种植结构调整下各地区不同行业用水量变化

总体来看，压缩农业种植面积，调整农业内部种植结构，对流域的经济有一定的负面影响，农业产出减少，但是优化了农业内部的产业结构，由于释放了更多土地，导致土地租金下降，促进了其他行业的发展，而且在节约水资源、提高用水效率方面的作用明显。

结合张掖市自身农业内部结构现状，以及资源环境条件，未来农业结构调整方向应该是逐步建立与水资源承载力相适应的农业种植结构布局，大力推进农牧经济结构调整，实现农业产业结构的合理化和高级化，推动农业节水，为地区社会经济发展提供可靠水资源保障。未来农业产业结构调整具体可以从以下几个方面进行：

（1）调整种植业、林业和牧业结构，发挥农林牧业协同效应。目前张掖以粮食种植业为主，林牧业所占比例较低。应该加大地区畜牧业的发展，推进粮改饲和草牧业发展。

（2）压缩粮食作物种植面积，加大经济作物种植规模。目前粮食作物占比大，单方水产出较低，应该发展效益高、商品率大、水资源利用率高的特色农业，如制种业、蔬菜、瓜果等。

（3）在种植模式上，要充分利用地区光热资源。发展间作套种方式，提高作物复种指数，引进先进的设施和生物技术，发展反季节作物，扩宽市场渠道。

（4）实现农业与其他产业的融合发展，延伸农业产业链条。促进地区食品制造业与农业结构的有效对接，形成优势产业链，拉动农业产业结构升级。

9.4 小结

流域社会经济发展速度、方式与不合理的产业结构是造成流域水资源生产力低下的重要因素。产业转型发展是提升区域水资源生产力的重要方式。通过分析黑河流域产业用水结构与用水强度，发现农业用水占比偏高，工业需水压力较大，以生态旅游为主的第三产业发展迅速，产业间需水竞争较大。研究结合产业用水强度以及产业对区域经济拉动作用，在此基础上，通过测算地区各行业的行业用水系数和产业关联度系数，遴选了流域中游优先发展的产业目录，主要包括租赁和商务服务业、金融业、邮政业、通用设备制造业、化学工业以及金属冶炼及加工业。除此之外，造纸印刷及文教体育用品制造业、建筑业、卫生、居民服务和其他服务业、食品制造及烟草加工业，虽然用水系数较高，但对社会经济整体拉动作用较强，这些产业宜扩大规模、提升技术。压缩高耗水的煤炭开采和洗选业、金属矿采选业的规模。

研究设计模拟了不同的产业转型情景方案对社会经济与水资源生产力提升的影响。模拟发现产业技术进步促进要素从农业部门向非农部门转移，推动了地区产业结构的调整，促进农业节水向第二产业和第三产业转移，对区域水资源生产力具有较大的提升作用。农业种植结构调整，对流域的经济有一定的负面影响，农业产出减少，但是优化了农业内部的种植结构，同时由于压缩种植面积释放了更多土地，导致土地租金下降，促进了其他行业的发展，也能较好的节约水资源、提高用水效率。

第10章　流域水资源生产力提升的管理制度分析

水资源综合管理制度是保障水资源生产力提升的关键。厘清流域水资源管理制度现状，分析现阶段水权、水价及相关政策实施效果对流域水资源管理制度改革具有重要意义。水价是水资源需求管理制度的核心，是促进水资源可持续利用的关键政策变量。水价需求弹性是表征农业用水需求对水价的敏感程度，也是指导水价改革的重要措施。因此，本研究重点结合黑河流域水资源管理制度调查，对流域水资源管理现状进行分析，测算农业用水的需求价格弹性，在此基础上，结合流域农业水价改革，分析水价改革对农业用水量、水资源生产力以及社会经济的影响，提出黑河流域未来水价改革方案。

10.1　流域水资源管理制度现状

10.1.1　水资源管理制度调查方案

为了更好地了解流域水资源管理制度进展情况，以及水资源管理制度实施效果。项目组于2015年在黑河流域开展了农户调研，并收集了2010年和2014年的数据。调查主要集中在黑河流域中游甘肃省张掖市的五县一区，包括甘州区、临泽县、高台县、民乐县、山丹县和肃南。样本覆盖的灌区包括：大满、板桥灌区、骆驼城、大堵麻、新坝灌区、水渼河系、花寨灌区、三八灌区、平川灌区、大都坝、马营河灌区、鸳鸯灌区和洪水河灌区。

调查采用面对面访谈形式。调查内容非常全面，共有农户、村领导、地表水管理者和地下水管理者四种问卷。其中农户调查的内容包括：家庭基本情况、农地特征、作物灌溉面积及水源、作物用水情况、节水技术采用情况、家庭收入、家庭财产等方面内容。村领导调查的内容包括：村社会经济基本情况、村领导者特征、村用灌溉井的情况、机井所有权与管理、地表水水资源管理、作物用水情况、全村节水技术采用情况、政策支持情况、水利设施投资情况等方面内容。地表水管理调查的内容包括：村渠道特征、渠道管理者特征、渠道管理方式、用水及灌溉方式、作物用水情况、水费收取情况、开支和收入状况等方面内容。地下水管理调查的内容包括：村地下水设施特征、机井管理者特征、机井的管理方式、用水及灌溉方式、作物用水情况、水价及水市场、开支和收入状况、投资情况、输水设施及节水等方面内容。以随机抽样的方式在每个县抽取两个乡镇，每个乡镇抽取两个村庄，每个村庄随机抽取12个农户，总计样本达到200户，570个地块，抽样过程符合随机抽样要求，样本具有全面性和代表性（见表10.1）。

表 10.1　**调研样本抽样方法**

阶段	抽样对象	抽样数量
1	乡镇	12
2	村	2
3	农户	10
4	地块	3

10.1.2　水利基础设施及节水措施采用情况

通过对样本村的地表水和地下水灌溉设施情况进行统计（见表 10.2），发现主要的灌溉设施包括机井和渠道。地表水主要通过渠道分灌到各地块，目前所有样本村 2014 年支渠数目在 61 条，斗渠数目在 328 条。支渠衬砌比例为 65%左右，斗渠在 53%左右。在地下水设施方面来看，用井水作为灌溉水源的村占到 30%左右，水井总数目由 2010 年的 281 个上升到 2014 年的 314 个。然而有许可证的水井数目却没有变化，说明新开大部分水井都没有许可证，而且仅 1/3 的水井有量水设施。总体来看，目前的灌溉设施与当地的节水目标和要求还不相匹配，渠道衬砌率较低，不利于减少灌溉过程中的渗漏损失。另外，量水设施比较匮乏，不利于水权和水价改革工作的开展。因此，未来有必要进一步加大灌溉基础设施建设投入，推动节水工程建设。

从各地区的地下水位来看，除了临泽和金塔，其他几个县的平均地下水深达到了 100 m，民乐的地下水位最低，超过 200 m。而且近年来地下水有加深的趋势，其中山丹县的地下水水位下降最多，由 2010 年的 155 m 下降到 2014 年的 190 m（见表 10.3）。地下水下降主要是因为黑河分水导致中游农业可用地表水减少，农民开始采用地下水作为灌溉水源。地下水对地区的生态环境保护尤为重要，地下水水位下降容易导致植被枯死，严重的甚至会形成地下水漏斗。为了防止地下水的超采，黑河流域开始施行地下水水价改革，期望通过价格手段来控制地下水的开采，防止水位下降造成地区生态破坏。

表 10.2　**样本村地表水地下水灌溉设施情况**

灌溉设施使用情况	2010 年	2014 年
用井水灌溉的村的比例（%）	30（11 个）	33（12 个）
水井数目（个）	281	314
有许可证井数目（个）	213	213
装量水设施井数目（个）	135	138
深水井数目（个）	165	190
浅水井数目（个）	83	84
支渠数目（条）	52	61

续表

灌溉设施使用情况	2010年	2014年
支渠长度（米）	176670	183670
斗渠数目（条）	295	328
斗渠长度（米）	321800	348800
支渠衬砌长度（米）	89870	96370
斗渠衬砌长度（米）	208940	222440
支渠衬砌比例（%）	63%	65%
斗渠衬砌比例（%）	51%	53%

表10.3　**分区县平均地下水水深情况**

区县	2010年	2014年
甘州区	168.8	171.3
临泽县	11.7	11.7
高台县	123.6	126
民乐县	237.5	247.5
山丹县	155	190
金塔县	13.5	17.5

表10.4从村级层面说明各种节水技术的采用率，从表10.4中数据可以看出，流域依然是传统型和农户型节水技术占主导，主要的节水技术方式包括渠道防渗、地膜覆盖和采用抗旱品种，其中喷灌和滴管等先进措施采用率很低。传统节水技术在节水效果上有限，未来需要加大节水技术改造。按照《甘肃省河西走廊国家级高效节水灌溉示范区项目实施方案》，截至2018年张掖市预计实现高效节水灌溉面积157万亩。根据河西地区已建成的各种高效节水灌溉方式的节水量，管灌120m^3/亩，喷灌150m^3/亩，微灌210m^3/亩，经分析计算，项目建成后，每年预计可节约水量2.4亿方。

表10.4　**村级样本节水措施采用情况**

节水措施	2010年	2014年
沟灌	8.3	8.3
地面管道	8.3	8.3
渠道防渗（衬砌/硬化）	66.7	75
喷灌或滴灌	8.3	25
地膜覆盖	83.3	79.2

续表

节水措施	2010 年	2014 年
秸秆还田	12.5	16.7
化学药剂	4.2	4.2
间歇灌溉	4.2	4.2
抗旱品种	41.7	37.5

表 10.5 是国家各种生态保护政策在研究区的实行情况。其中有一半的样本村参与了退耕还林政策，其他一些政策包括禁牧封育、农村居民点整治、农业结构调整等也有一定的覆盖范围。另外，湿地资源保护与修复工程、生态保护与修复工程政策普及率还较低，这些政策的实施有利于当地水资源保护和生态环境保护，在未来还有待进一步推广。

表 10.5　**各种生态保护政策实施情况**

各项政策	参与村比例（%）	个数
退耕还林	52	12
禁牧封育	40	9
草畜平衡	4	1
退牧还草	13	3
三北防护林建设	13	3
公益林建设	13	3
湿地资源保护与修复工程	4	1
生态保护与修复工程	4	1
退耕节水	0	0
农业结构调整	47	11
渠道衬砌	87	20
土地整理复垦	13	3
农村居民点整治	55	12
交通运输工程建设	35	8
能源工程建设	39	9

在节水型社会建设中，农民用水者协会作为公众参与式水资源管理的基层组织和基本单位，已成为联系农民和水资源管理部门的纽带。用水协会的运行情况，直接关系到水资源管理的成效。本研究基于农户访谈的形式，了解农户对用水协会的认知情况以及农户对水资源管理的参与状况。

表 10.6　　农户对用水协会的认识

调查项	农户比例（%）
很清楚用水协会的作用和职能	62
清楚用水协会每次开会时间	75
认为用水协会很有必要	95
愿意参与用水协会	58
认为用水协会能解决灌溉中的冲突	36
认为用水协会能促进农业节水	25
认为用水协会能帮助协调用水安排	69
能保证水资源分配的透明公开	27
能保证合理的灌溉安排	27
能保证水费的合理收取	24
能保证灌溉用水供给	8

从我们的调查中可以看出，大部分农户肯定了用水协会在水资源管理中所发挥的作用，认为用水协会可以起到提高管理水平、节水、提高农民参与和知情度等作用（见表10.6）。尽管95%的农户都认为用水协会很重要，但是农户对用水协会的参与意愿比较低，访谈对象中仅有58%的农户愿意参与。另外，在调查的过程中发现用水协会在发展过程中存在的主要问题包括：政府主导性较强、农户参与不足、管理不完善、水利设施恶化、资金不足等。

10.1.3　农业水价现状

资源需求管理的政策手段主要有两种：一是价格控制手段，依赖于市场机制；二是数量控制手段，依赖于行政管理。为了缓解黑河分水后的水资源压力，2002年起水利部在张掖市启动我国第一个节水型社会建设试点。主要内容包括：调整作物结构，明晰水权，实施“总量控制、定额管理”的水资源分配原则。近几年各区县在农业用水定额上进行了一些调整，但变化幅度不大（见图10.1）。实施定额管理制度的村庄比例趋于降低，定额制度试图通过控制定额以提高用水效率，但灌溉定额制度配置的定额往往小于实际用水量，对用水效率的作用不显著（Wang，et al.，2010b）。

表 10.7　　黑河流域不同作物灌溉定额情况

作物	灌溉定额（m^3/hm^2）	苗水灌水次数（次）	泡地定额（m^3/hm^2）	灌溉定额（m^3/hm^2）
玉米	1125	4~5	12755	775~6900
小麦	1125	3~4	1275	4650~5775

续表

作物	灌溉定额 (m^3/hm^2)	苗水灌水次数（次）	泡地定额 (m^3/hm^2)	灌溉定额 (m^3/hm^2)
蔬菜	975	7	1275	8100
棉花	1125	4	1275	5775
药材	1125	4	—	4500

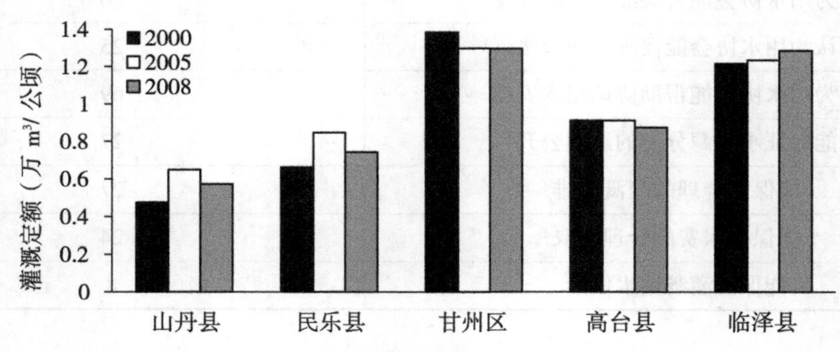

图10.1　各区县农业灌溉定额变化

在定额管理的基础上，流域也一直在探寻提升水资源利用效率的市场机制。自20世纪80年代以来，张掖的农业地表水水价政策，经历了多次调整（见表10.8）。1989年定价为平原地区0.01元/方，山区0.008元/方；随着当地经济的发展，于1995年两个水价分别上调至0.035元/方和0.03元/方。1998年明确规定农业地表水价由基本水价和计量水价组成，基本水价为30~60元/公顷，这个水费根据农户水权面积核算，无论农户是否灌溉都要交基本水费，计量水费暂时不变。2008年后，张掖的计量水费统一上涨至0.1元/方。然而由于缺乏计量设施，无法实行按方计量收费，2014年75%的村依然按面积收费，25%的村按灌溉时间收费。地下水只收取0.01元/方的水资源费。最终，农户承担所用费用，包括基本水费、计量水费和部分村内管理费。

表10.8　　张掖市农业水价调整的时间及标准

年份	水价调整（元/m^3）				
	甘州区	临泽县	高台县	山丹县	民乐县
1989	0.01	0.01	0.01	0.008	0.008
1991	0.035	0.035	0.035	0.03	0.03
1998	0.067	0.058	0.062	—	—
2011	0.1	0.1	0.1	0.1	0.1

张掖市的灌溉水源包括地表水和地下水，从地表水的水费收取方式来看，以按亩收费

（元/亩）和按用水量（元/m^3）收取为主，也包括很小比例的按浇水时间（元/h）和人头收费（元/人）（见表10.9）。2014年水费的收费水平比2010年有微小的提升。折算成每立方米的价格时，按时间收取的费用最高，为0.23元/m^3。按用水量收取时最低，约为0.1元/m^3。

表10.9　　　　地表水水费收取方式及价格

收费方式	2010年			2014年		
	所占比例	平均水价	折算成每m^3	所占比例	平均水价	折算成每m^3
按亩收	45.92	73.89	0.16	44.84	91.57	0.19
按用水量	45.92	0.104	0.104	46.64	0.127	0.127
按时间	6.87	6.25	0.22	8.52	6.11	0.23

地下水收费方式主要包括：按亩（元/亩）、按用水量（元/m^3）、按用电量（元/度）和按时间收取（见表10.10）。其中按用电量收取比例最大，接近70%。地下水按亩收和按时间收折算成每立方米的价格高于按用水量和用电量收取的价格。其中按用电量时的水价是0.55元/度，折算成每立方米的价格是0.14元。2014年比2010年价格稍微上升了一点。

表10.10　　　　地下水水费收取方式及价格

收费方式	2010年			2014年		
	所占比例	平均水价	折算成每m^3	所占比例	平均水价	折算成每m^3
按亩收	9.57	87	0.39	10.58	117	0.29
按用水量	4.26	0.09	0.09	2.88	0.1	0.1
按用电量	67.02	0.55	0.14	68.27	0.6	0.19
按时间	19.15	1.97	0.39	18.27	1.3	0.37

10.2　水价对水资源生产力影响评估

水价是水资源管理中的重要经济手段。与传统的基于行政命令的水资源管理手段差异在于，水价能建立长期的激励机制，改变农户的用水行为。在世界各国的水资源利用结构中，农业灌溉用水一直占主导地位，而农业水价过低被认为是造成水资源利用效率低下的重要因素（Wang Jinxia，et al.，2010a；Speelman S.，et al.，2009）。研究表明，合理的水价有利于激励农户的节约行为，改变其成本收益结构和用水行为（Sun Tianhe，et al.，2016；刘莹，等，2015；Schoengold K.，et al.，2006）。利用经济手段激励用水户节约用水，进行农业水价改革，是未来水资源需求管理的重点。

尽管水价的重要性已经得到共识，但是通过调节农业水价的节水效果一直备受争议。一些学者从理论以及实证角度探讨了农业水价的节水效应，发现农户面对水价提高会减少用水量和调整种植结构，并促进节水技术的采用（Aidam P. W.，2015；Cremades R.，et al.，2015；Schoengold K.，et al.，2014；Mullen J. D.，et al.，2009）。也有一些学者认为，水价机制并不能够达到节水效果，提高水价只会减少农户种植业收入，导致农民福利遭到损失（Foster T.，et al.，2015；Vasileiou K.，et al.，2014）。水价机制失灵的原因之一是用水需求价格弹性小，水价过低，农户对水价变化不敏感（Hendricks N. P.，et al.，2012）。已有的研究表明，农业用水需求价格弹性在-0.4左右，即缺乏弹性（Sahin Q.，et al.，2017；Sun Tianhe，et al.，2017；Zhou Qing，et al.，2015）。农业用水现实价格低于其经济价值，但是水价弹性会随着水价的上涨而变得富有弹性（刘莹，2015；Huang Qinqiong，et al.，2010b）。

我国干旱地区水资源短缺严重，农业大量挤占生态用水，给生态环境造成了极大的破坏，水价对于干旱地区的水资源管理尤为重要。研究表明，水价在促进干旱内陆河流域水资源优化配置和用水效率提升上具有积极作用，农业水价调整能够促进农业种植结构、用水结构、经济结构、用水经济效率结构的演进优化（秦长海，等，2010；雷波，等，2008；孙建光，等，2008）。干旱区水资源制度创新需要建立合理的水价形成机制和管理体制。促进水价管理规范化，完善水市场，促进水资源的回购，实现水资源的有效配置，是促进水资源生产力提升的关键（王晓君，等，2013；王金霞，2012）。

现有水价研究多关注水价弹性及农业节水效果评估，为后续研究提供了理论依据。但是，水价效果差异较大，影响水价实施效果的因素很多，且地区间差异较大，现有研究无法穷尽。另外，在水价改革过程中既要关注农户对水价的反应，也要综合评估水价所引起的社会经济影响。因此，亟须构建水价政策评估模型，对水价实施效果进行定量评估。

10.3 农业水价对灌溉用水需求的影响

10.3.1 农业水价需求弹性理论

需求价格弹性指的是一种反应灵敏程度，反映商品需求量对自身的价格变动情况，表示需求量变化程度的百分比与该商品自身价格变化的百分比的比值。它直接反映了价格变动对需求量的影响，是用水户需水预测的重要参数，在水资源管理过程中，需求价格弹性与水价之间有着密不可分的关系。已有研究表明，我国农业用水需求价格弹性大多为-0.13~0.72，低于发达国家为-0.5~1.4（Sun Tianhe，et al.，2017）。农业水价对灌溉用水影响的作用方向是多样的，一方面水价直接影响农户采用节水技术或加强用水管理，即直接节水，称为内涵型节水；另一方面则是通过影响农户调整种植结构，即间接节水，称为外延型节水。前者是一种短期节水反应，后者则是通过改变土地配置的长期节水反应，农户的节水行为都是这两种节水反应的均衡结果。这里农户依然是追求利润最大化的理性人，其利润函数如式（10.1）所示：

$$\Pi(p, r, b, N; x) = \sum_{i=1}^{m} \pi_i [p_i, r, b, n_i^*(p, r, b, N; x); x] \quad (10.1)$$

其中，p 是各种作物的价格向量，p_i是作物 i 的价格；r 是除水之外的投入要素的价格向量；b 代表灌溉水价；N 是土地限制，即家庭经营耕地总面积；x 则是其他外生控制变量，包括气候条件、地块特征、土壤条件、灌溉技术、农户家庭特征以及家庭非农收入等因素；n_i是作物 i 的种植面积。

根据霍特林引理，对其进行一阶求导可得作物 i 的用水需求函数：

$$-\frac{\partial \pi_i(p_i, r, b, n_i; x)}{\partial b} = w_i(p_i, r, b, n_i; x), \ i = 1, \cdots, m \quad (10.2)$$

具体地，作物 i 的用水需求函数为：

$$w_i = \mu^i + \nu^i p_i + \sum_{v=1}^{z} \omega_v^i r_v + \varphi^i b + \vartheta^i n_i + \sum_{s=1}^{\iota} \iota_s^i x_s, \ i = 1, \cdots, m \quad (10.3)$$

那么农户层面的用水需求函数为：

$$W = \sum_{i=1}^{m} w_i [p_i, r, b, n_i^*(p, r, b, N; x); x] \quad (10.4)$$

具体的函数形式为：

$$W = \sum_{i=1}^{m} (\mu^i + \nu^i p_i + \sum_{v=1}^{z} \omega_v^i r_v + \varphi^i b + \vartheta^i n_i + \sum_{s=1}^{\iota} \iota_s^i x_s) \quad (10.5)$$

在具体的估计过程中，若有面板数据，我们通过豪斯曼检验和邹至庄检验来确定估计的具体方法为 LSDV、GLS 或者 OLS。

根据作物需求函数，可知其对水价的边际反应为：

$$\frac{dw_i}{db} = \frac{\partial w_i}{\partial b} + \frac{\partial w_i}{\partial n_i^*} * \frac{\partial n_i^*}{\partial b} \quad (10.6)$$

具体的参数为$\varphi^i + \theta^i(\delta^i + \lambda_s^i x_s)$，其中$\frac{\partial w_i}{\partial b}$表示内涵型节水效应，而$\frac{\partial w_i}{\partial n_i^*} \cdot \frac{\partial n_i^*}{\partial b}$则为外延型节水效应。相应地，我们得到作物层面的用水需求价格弹性：

$$\xi_i = \left(\frac{\partial w_i}{\partial b} + \frac{\partial w_i}{\partial n_i^*} \cdot \frac{\partial n_i^*}{\partial b}\right) \cdot \frac{b}{w_i} = [\varphi^i + \theta^i(\delta^i + \lambda_s^i x_s)] \cdot \frac{b}{w_i}, \ i = 1, \cdots, m \quad (10.7)$$

采用双对数函数形式可以直接测出作物的灌溉用水平均需求价格弹性，即为水价的回归系数。

10.3.2 农业灌溉水价弹性测算

一般灌溉用水量随着灌溉价格的升高而下降，为了验证这种关系，按照灌溉水价从低到高的顺序，把样本平均分为四等份，比较每个价格区间内平均灌溉用水量。我们考察的样本分为三类：仅用地表水灌溉样本、仅用地下水灌溉样本及全部样本，分别在制种玉米、小麦和所有作物的水平上进行了统计。

从统计描述结果来看（见表 10.11），对于地表水灌溉水源来说，随着水价的上升，灌溉用水量呈现出先上升后下降的趋势，尤其在第三到第四价格区间用水量下降得比较明显。与之类似，地下水也存在着相同的趋势。在所有样本类别中，用水量随着水价的上升而下降。从作物上来看，制种玉米的平均用水量高于小麦，核算平均水价成本低于小麦。在全样本层面，从最低价格区间到最高价格区间，小麦的灌溉用水减少了 51%，而制种玉米只减少了 28%。在地表水和地下水层面上，仍然是小麦对水价更敏感。可以看出，小麦比制种玉米对水价的反应更敏感。

表 10.11　**灌溉用水量与灌溉水价关系统计描述**

价格区间	地表水		地下水		所有样本	
	水价（元/m^3）	用水量（m^3/亩）	水价（元/m^3）	用水量（m^3/亩）	水价（元/m^3）	用水量（m^3/亩）
制种玉米						
平均值	0.12	724	0.11	430	0.12	810
1%~25%	0.07	702	0.07	350	0.06	880
26%~50%	0.1	790	0.12	560	0.11	838
51%~75%	0.14	744	0.33	540	0.14	761
76%~100%	0.21	551	0.5	240	0.22	630
小　麦						
平均值	0.19	445	0.29	389	0.21	508
1%~25%	0.08	610	0.08	540	0.08	696
26%~50%	0.11	516	0.1	480	0.11	671
51%~75%	0.14	500	0.22	400	0.14	483
76%~100%	0.36	253	0.5	294	0.36	343
所有作物						
平均值	0.15	580	0.22	570	0.16	667
1%~25%	0.08	666	0.08	515	0.07	783
26%~50%	0.1	681	0.12	791	0.11	796
51%~75%	0.14	625	0.18	605	0.15	621
76%~100%	0.3	345	0.55	397	0.31	469

注：调查数据统计分析。

为了更清楚地分析灌溉水价对用水量的影响，通过构建作物灌溉用水需求模型，并用计量经济学方法进行估计。控制因素包括投入品价格、面积、到水源地的距离、受灾情况以及节水技术采用等，如表 10.12 所示。结果显示，作物灌溉用水需求价格弹性为 -0.26。综合研究了不少学者基于不同方法对灌溉用水价格弹性的研究成果，如数学规划方法、计量经济学方法以及试验研究方法等，发现其值都为负，范围在-1.97～-0.002之间，灌溉用水价格弹性的平均值约为-0.51，说明目前研究区水价极度缺乏弹性(Schoengold K. 等，2006)。但是价格弹性并不是一成不变的，相关研究显示，价格弹性会随着价格的升高而增大。

表10.12　　作物灌溉用水需求函数回归结果

自　变　量	因变量
	用水量对数形式
水价对数形式	-0.260*** (0.0996)
种子价格对数形式	-0.215*** (0.0717)
作物出售价格对数形式	0.190* (0.121)
化肥价格对数形式	-0.146 (0.177)
地块到水源的距离	0.000160* (8.57×10^{-5})
种植面积	0.00365* (0.00524)
是否受灾	-0.00462 (0.0707)
是否抗旱品种	0.0652 (0.125)
渠道是否衬砌	0.211* (0.110)
常数项	6.395*** (0.424)
观测样本	204
R-squared	0.306

注：*，**，*** 分别表示在1%，5%，10%水平下显著。

为了分析弹性和价格之间的关系，在测算灌溉用水需求价格弹性的基础上，根据水价和用水量的样本均值，求出水价对作物 i 的边际节水效应 $\frac{\partial w_i}{\partial w_p}$；再根据各样本地块的水价和用水量可以得出作物 i 在地块 j 上的点弹性：

$$\xi_{ij} = \frac{\partial w_i}{\partial w_p} \cdot \frac{wp_{ij}}{w_{ij}} = \varphi^i \cdot \frac{wp_{ij}}{w_{ij}} \tag{10.8}$$

计算出点弹性后就可以分析弹性与水价的关系。

图10.2显示点弹性和水价之间的关系，和预期结果一致，价格弹性随着价格的升高而升高，尤其在水价大于0.27元/m³以后，价格弹性趋近于1。另外，考虑到不同地区的差异性，我们对不同区县的价格弹性进行了统计（见图10.3）。结果表明金塔县的水价需求弹性最高，为0.768。价格弹性最低的是临泽县，仅为0.274，其次为甘州，弹性值为0.311。所以在水价改革过程中，应充分考虑地区差异，结合地区实际，制定合理的价格政策。

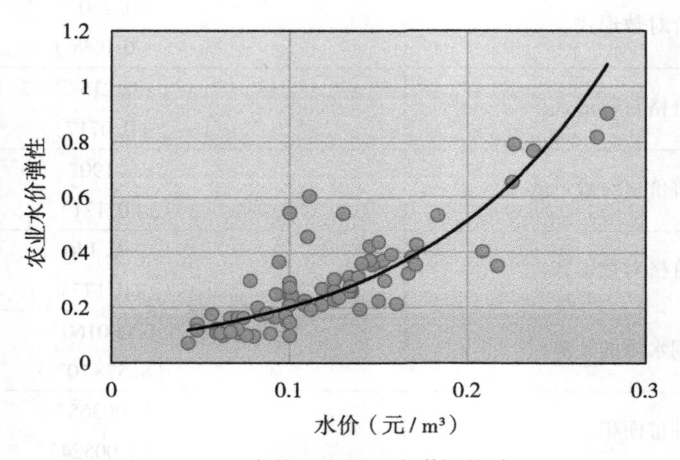

图10.2　水价和水价需求弹性的关系

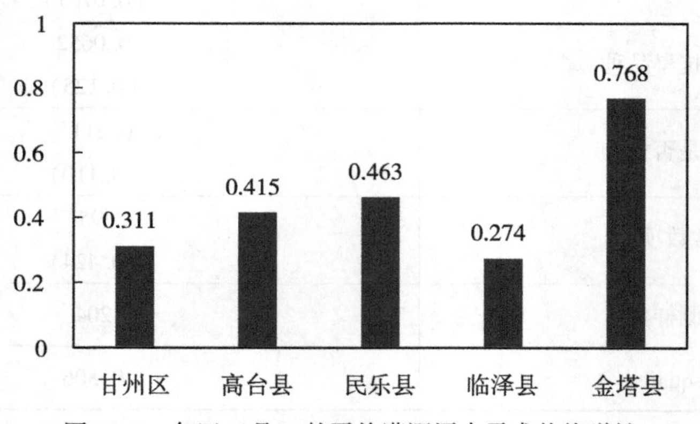

图10.3　各区（县）的平均灌溉用水需求价格弹性

现有研究指出农业水资源需求管理中的价格失灵，主要是由于农业水价弹性较低导致的。由于缺乏弹性，农业水价提升对节约用水量的作用不明显。本研究从农业水价和价格弹性的关系出发，分析得出农业水价的提升本身会促进价格弹性的上升，水价能否发挥杠杆作用一定程度上由水价上升程度所处的弹性区间来决定。研究结论为水资源管理中价格手段的实施提供了理论支撑和设计参考，尤其是在后续阶梯水价改革中，通过不同的水价所对应的弹性大小，来合理设定不同的水价阶梯。但是水价的影响是多方面的，水价的设计还需要考虑对农民福利和整个社会经济的影响。因此，本研究后续的工作重点是水和社会经济系统之间的耦合关系，利用水-社会经济模型对农业水价的改革影响进行评估，为后续水价改革提供理论依据。

10.4　农业水价改革对水资源生产力影响

10.4.1　农业水价改革及情景方案设定

价格杠杆通常被认为是解决资源稀缺问题、提高资源利用效率的有力工具。黑河流域现行农业用水价格偏低，仅仅覆盖了完全成本水价的65%且实收率低，导致价格机制无法有效发挥作用（石敏俊等，2011）。用水价格偏低，一方面会导致供水服务中的低效问题，另一方面也会降低水资源的利用效率。无论是学术界还是政策制定者都认识到，要解决水资源问题，水价改革是关键。为此，应充分发挥价格杠杆的调节作用，促进节约用水和水资源可持续利用。

2014年10月，国家发改委、财政部、水利部、原农业部等四部委联合印发了《深化农业水价综合改革试点方案》，在全国27个省选取了80个县全面推行农业水价综合改革。位于黑河流域的高台县也是全国农业水价综合改革试点地区之一。高台县积极探索建立农业用水精准补贴制度和节水激励机制，对农业现行水价进行调整，其中地表水2015年达到运行水价0.152元/m^3，2017年达到成本水价0.218元/m^3，末级渠系水价为0.019元/m^3。同时，全面开征地下水水费，水价确定为0.10元/m^3。水资源作为重要的生产要素和基本生活资料，具有商品和公共物品的双重属性，水价改革会影响地区内的产出、收入和消费，并对社会经济系统的水资源需求产生影响。另外，从整个流域的角度来考虑，流域不同地区之间因为水资源而相互关联，水价改革不仅会对改革地区经济内部产生影响，同时也会产生一定的溢出效应，对周边其他地区也产生影响。因此，分析水价改革对不同经济主体的社会经济影响对水价改革设计具有重要的指导意义。

10.4.2　农业水价改革政策效果评估

10.4.2.1　水价改革内部影响

高台县水价改革首先会对高台县内社会经济产生影响，各宏观经济变量指标变化见表10.13。模型结果显示，水价改革对经济有一定的冲击，导致GDP下降1.66%，就业减少0.73%。资本投资微弱上涨0.07%。究其原因是农业用水价格上升增加农业生产成本，进而传导到其他行业，对经济产生冲击。另外，由于成本上涨导致商品输出也有所下降，居民消费价格指数上涨，居民消费减少1.45%。从用水量上来看，提高农业地表水和地下水价格可以起到良好的节水效果，总用水下降10.2%，其中地表水下降7.11%，地下水下降16.34%，地下水节水效果最突出。依据2012年的用水数据，将节约1.1亿方地表水和 0.6 亿方地下水，总用水量减少 1.7 亿方。按照 2012 年万元 GDP 耗水量和单方水 GDP 来计算，单方水 GDP 产出提高 7.2%。

表 10.13　**高台县灌溉水价改革宏观经济影响**

宏观变量	相对基期变化	宏观变量	相对基期变化
GDP	−1.66	总用水量	−10.2
投资	0.07	地表水	−7.11
居民消费	−1.45	地下水	−16.34
输出	−0.66	其他水	−5.23
输入	−0.11	名义工资	−0.073
CPI	0.008	资本价格	0.06
就业	−0.73	土地租金	−13.10

从行业产出来看，模拟结果显示，除了农业部门以及少数几个非农部门产出减少外，其他行业产出均出现不同程度的增加（见图 10.4）。几个农业部门中，玉米行业受影响最

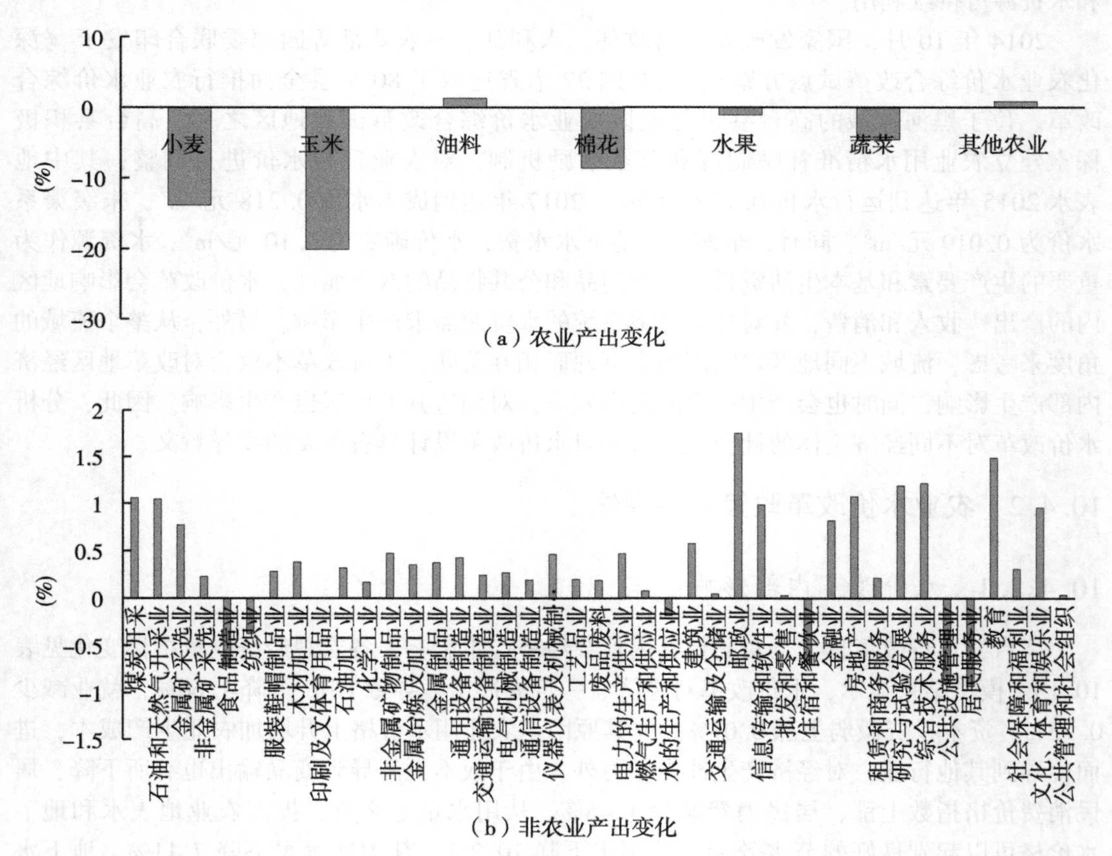

图 10.4　高台县不同行业产出变化

大，产出减少最多；其次是小麦、棉花和蔬菜。玉米和小麦单位产出的用水成本较高，水价改革导致较大的成本上涨，直接导致输出需求下降，产出收缩。非农行业产出下降的部门主要包括食品制造业、纺织业、居民服务业、住宿和餐饮业等。这些行业大多与农业相关，为农业的下游产业，农业成本上升也会导致其成本上升，进而导致产出收缩。油料和其他农业产出均增加，这两个农业部门生产没受打击，一方面可能是因为这两个行业用水量较少，对水价不敏感，水价提升不会导致成本上升过快，另一方面受益于土地价格的下降，从而获得成本优势。农业受价格影响，产出收缩会释放大量的土地进入市场，带动土地租金下降，从而给整个经济带来用地成本的下降，其他行业的产出扩张也主要受益于土地价格的下降，从而获得成本优势。

从用水量的变化上来看，社会经济系统用水总量下降，贡献主要来自农业部门，占总节水量的94%。其中对节水贡献最大的是玉米种植业，节约1.15亿m^3；蔬菜、小麦和水果分别节约0.27亿m^3、0.18亿m^3和0.17亿m^3（见图10.5）。非农部门用水量减少的部门主要是食品制造业、居民服务业、住宿和餐饮业。这几个部门也主要是由于农业产出收缩，成本提升，导致产出规模下降，进而水资源需求减少。除上述几个部门外，其他行业用水需求增加，包括两个农业部门（其他农业和油料）和剩余非农业部门。地表水和地

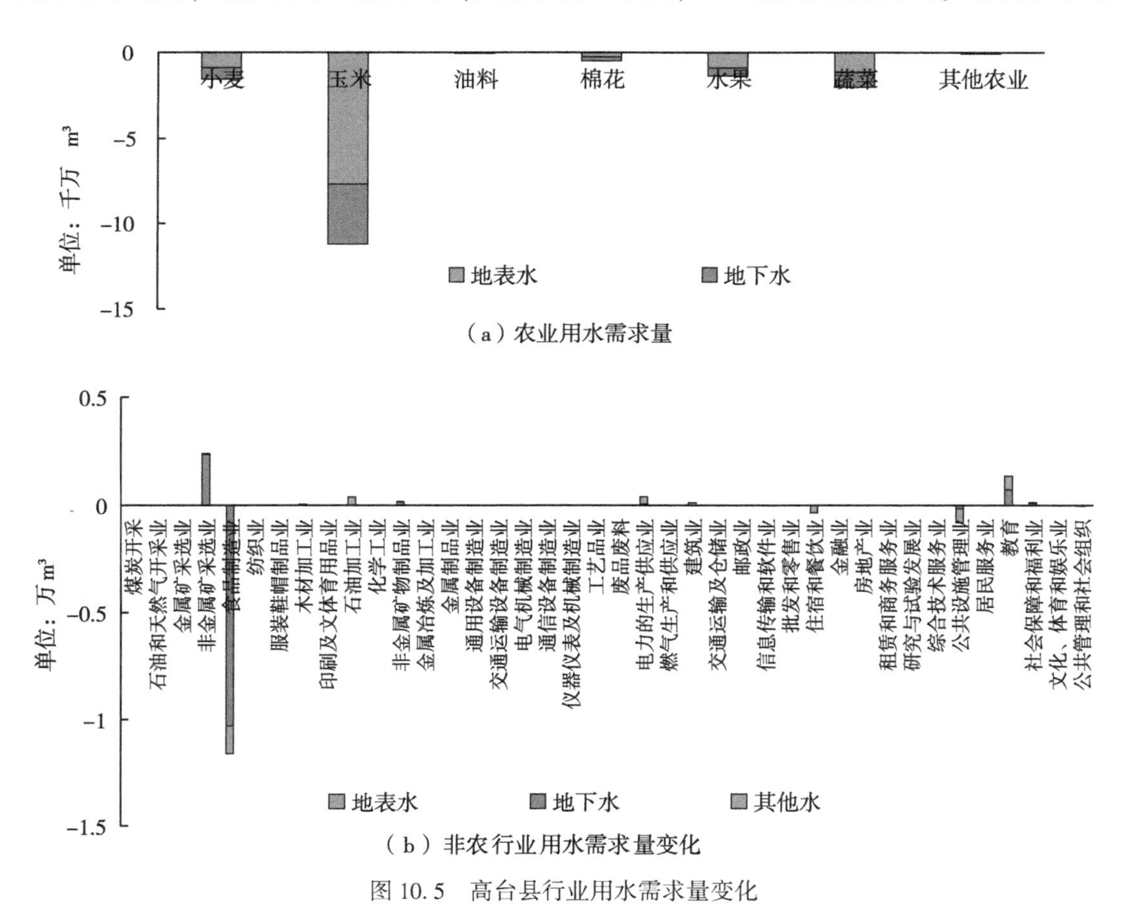

图10.5　高台县行业用水需求量变化

下水需求总量均下降，行业间配置略有差异。地表水的使用部门主要为农业部门和水生产供应业，因此这些部门地表水下降更明显。地下水的使用部门较多，但节水的主要贡献仍然是用水强度高的农业部门。非农行业主要使用地下水，因而地下水使用量增加，其中食品制造及烟草加工业、居民服务业以及住宿和餐饮业使用的地下水在非农行业中最多，因此这两个部门产出扩张带来的地下水减少量最大。其他用水增加最多的部门也是食品制造及烟草加工业以及住宿和餐饮业。

图 10.6 给出了水价改革后高台县各行业土地使用量的变化。总体来看，农业部门对土地的需求减少，非农产业部门对土地的需求增加，即表现出土地从农业部门向非农业部门转移的趋势。对土地需求减少最多的是玉米，其次是水果、小麦、蔬菜和棉花。另外对于非农行业，土地需求量下降的部门主要是食品制造及加工业、纺织业、贸易、交通业、住宿及餐饮业、居民服务业及公共服务业。这些部门也与农业部门密切相关的，其中贸易和交通业的土地需求减少，是因为高台县以农业出口为主，农业生产成本上升导致出口减少，进而对这些行业的需求也相应减少。尽管需求下降，但由于土地租金的下降，其成本也下降，弥补了产出规模收缩所导致的损失，所以最终产出仍是正向增长。除上述几个部门，其他行业对土地的需求都是增加的。总体来看，土地需求总量仍是下降的，根据模型结果，高台县社会经济土地需求总量将下降 3%。

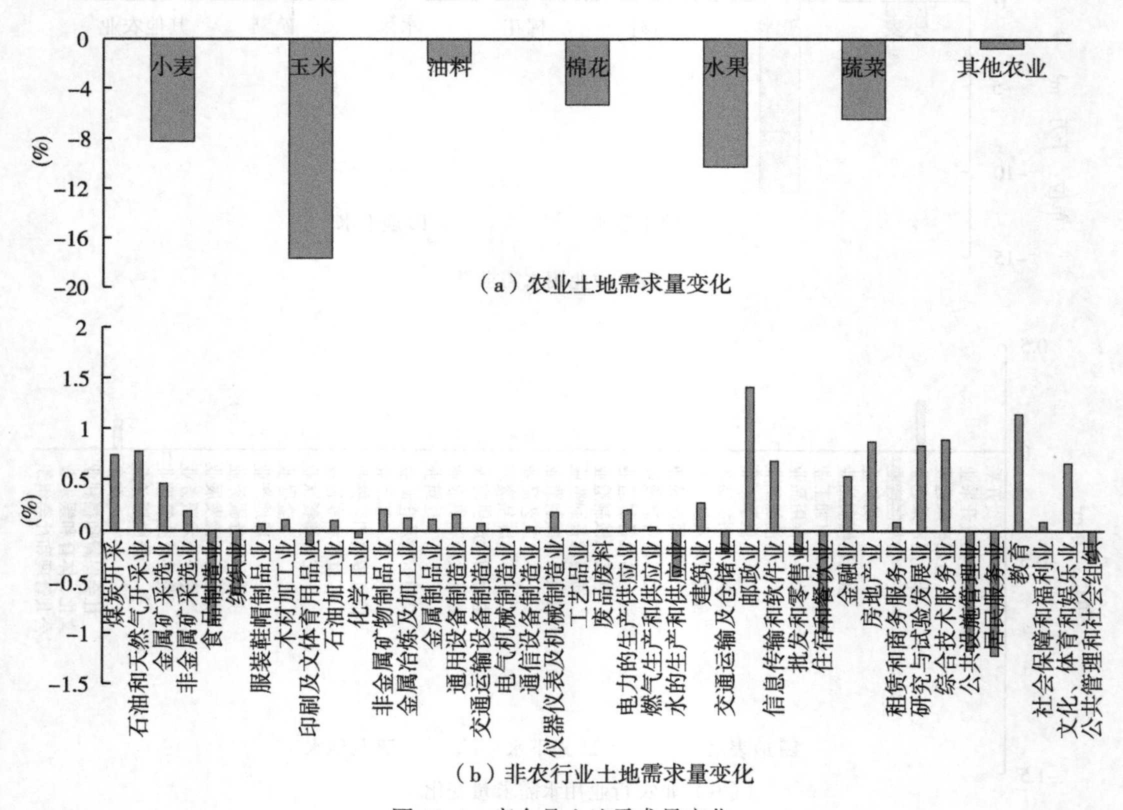

图 10.6 高台县土地需求量变化

从商品的流入流出情况来看，高台县向外输出结构发生调整，输出总量下降了0.66%，输入也下降了0.11%。从图10.7中可以看出，农业的输出量大量减少，提高农业用水价格直接导致小麦、玉米、水果、蔬菜等农产品成本上涨，输出价格提高，从而向外输出减少。但是油料作物和其他农业的输出量增加的，这与前面产出的结果一致。从非农行业的出口需求来看，除了食品制造业和纺织业需求减少外，其他行业出口都是增加的。这是因为，农业水价上涨会导致非农用水向其他行业转移，进而促进其他行业的生产和出口，而食品制造业和纺织业恰好是农业的下游产业，受农业生产成本上升的影响较大。输入减少-0.11%的原因在于，其他行业受益于土地价格下降从而成本下降，与外地商品相比更具竞争力，所以外地输入减少。

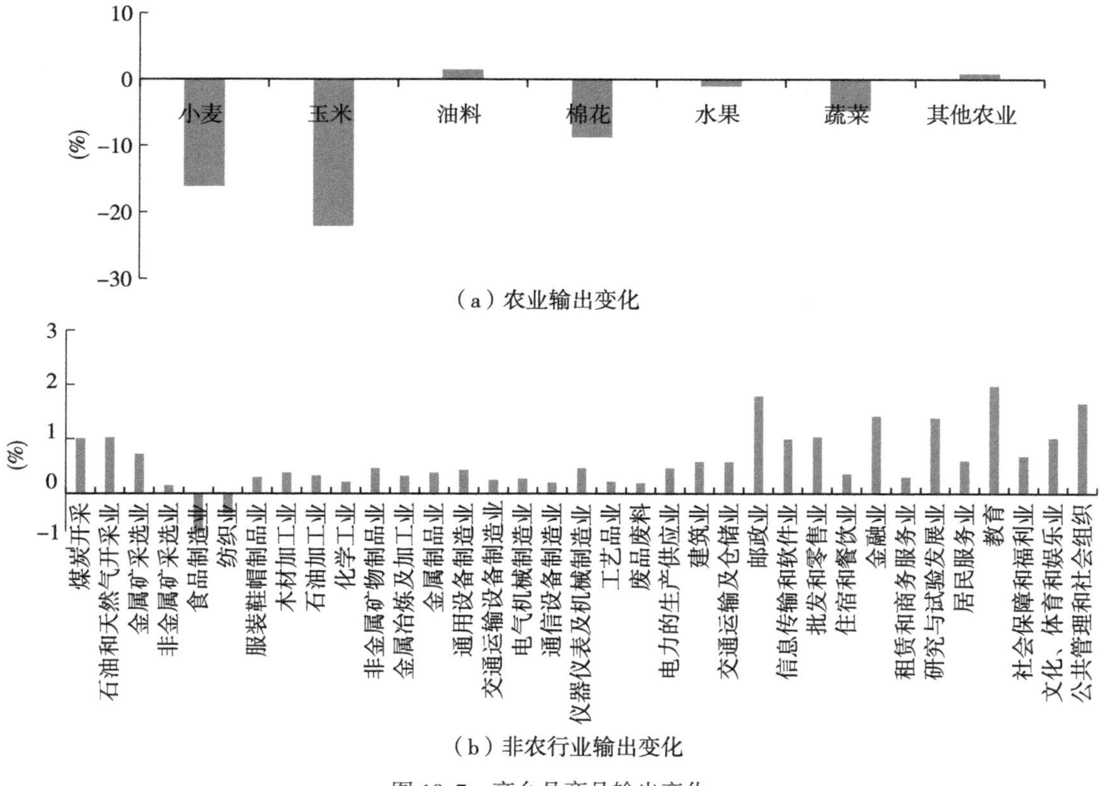

图10.7　高台县商品输出变化

水价改革导致各行业部门水资源生产力均有所提升（见图10.8），其中农业部门水资源生产力提升幅度较大，水果水资源生产力提升幅度最大，达到30%，由9.7元/m³提升至12元/m³。玉米行业的水资源生产力提升幅度低于其他作物，仅提高了6%。非农产业部门的水资源生产力也均有所提升，上升幅度较小。高台县社会经济系统水资源生产力总体提高了7.2%，达到20.5元/m³。

结合以上分析，我们发现水价改革引起了行业间水土资源的重新配置，主要表现为水土资源从农业部门向非农业部门转移。农业部门由于受到农业用水价格提升的负面冲击，

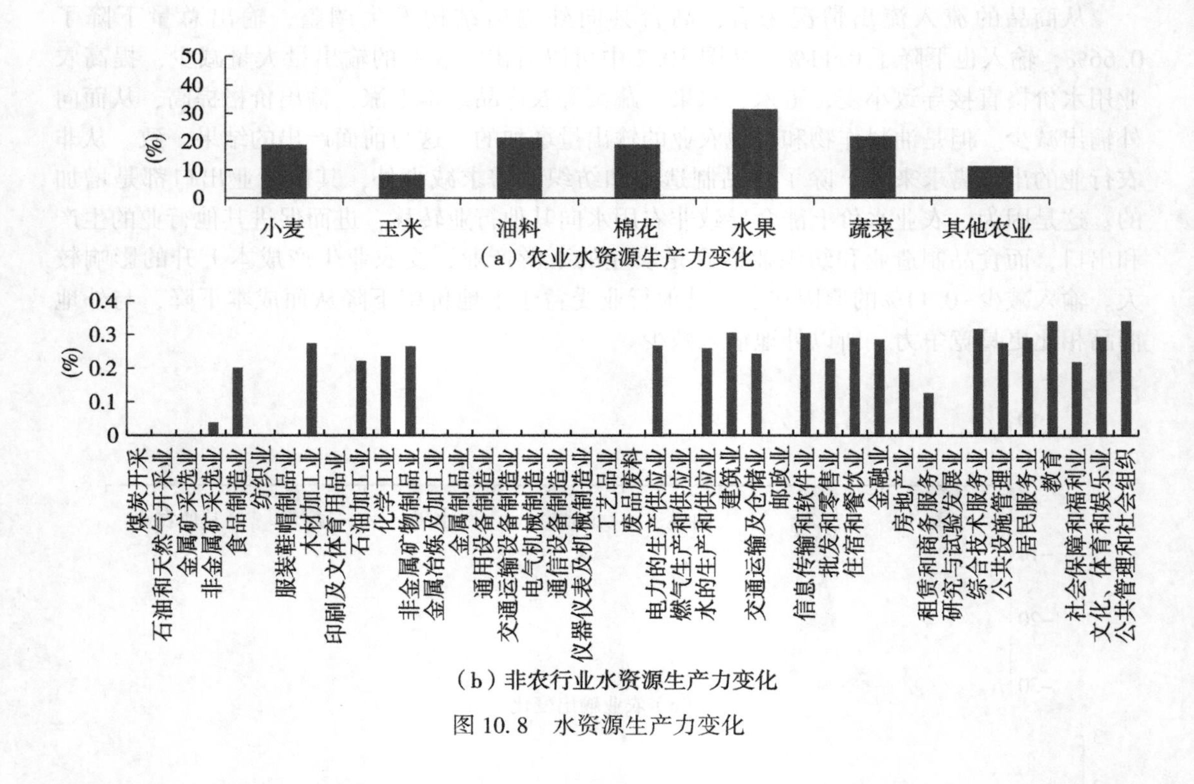

图 10.8　水资源生产力变化

从而产出收缩，对水土资源的需求减少。非农产业部门产出扩张，因此对水土资源的需求均增加，一方面产出扩张直接增加对水土资源的需求，另一方面由于土地价格大幅下降从而引发水土资源对资本和劳动的替代，又形成了对水土资源的需求。资源在行业间的重新配置，促进了地区水资源生产力的提升。所以总体来看，高台县水价改革虽然对经济有负面影响，但影响有限，且在节约水资源、提高用水效率方面的效益更大。

10.4.2.2　水价改革空间溢出效应

高台县水价改革不仅会对区域内部水土资源配置以及社会经济产生影响，通过区域间的经济联系也会对流域内其他区县产生影响，即存在着空间溢出效应。从图 10.9 可以看出，除嘉峪关市、额济纳旗和祁连县外，高台县水价改革对整个流域其他区域的经济产出均有正向影响，其中临泽县、甘州区和民乐县受到的影响最大。这种现象主要是因为这几个区域产业结构与高台县产业相似度高，高台县农业水价提高，农业生产成本上升，导致这几个区县的农产品具有比较优势，对高台县农产品产生了替代效应。嘉峪关市以工业为主，食品制造、鞋帽加工业等产业因受农业生产成本影响，产业的成本随着农业生产成本上升而上升，使得产出收缩。额济纳旗和祁连县产业少且单一，是主要的产品进口地区，农业水价提高会导致整个地区产品价格的上涨，所以对祁连和额济纳的地区经济有一定损害。总体来说，整个流域的总产出呈微弱的下降趋势，下降了 0.3%。从图 10.9（b）中可以看到，流域各区县的就业均有所上升，即使是产出微弱缩减的嘉峪关市、额济纳旗和祁连县劳动力就业也呈增加趋势。这主要是因为高台水价改革导致成本上升、农业减产、加快劳动力向其他区域转移。

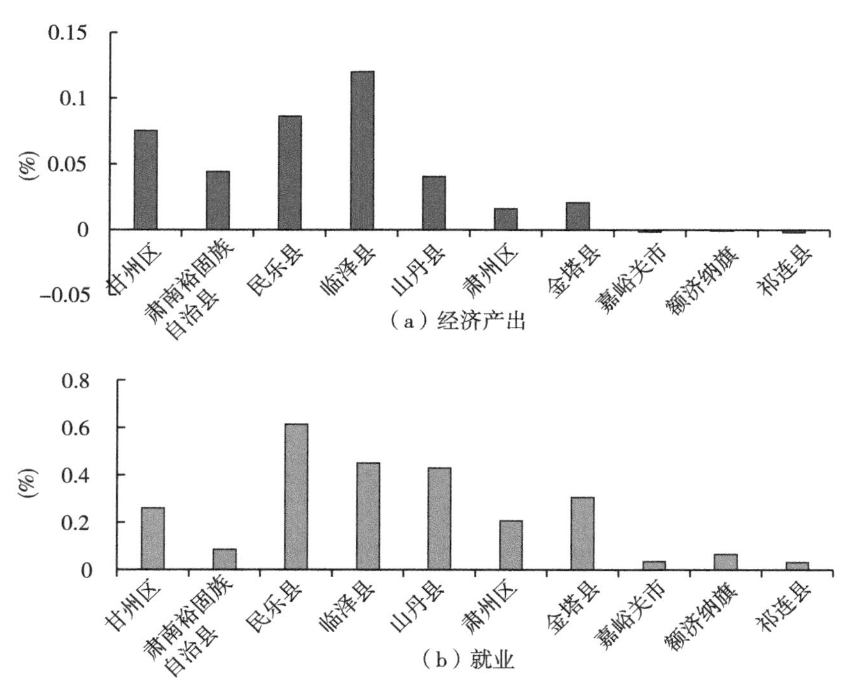

图 10.9　高台县水价改革对流域区县的影响

高台县水价改革对产品出口具有抑制作用，从图 10.9（a）中可以看到，所有区域出口均有所减少，对临泽县、山丹县、民乐县影响最大，其次是金塔县和甘州区。由于流域内主要是出口农产品，高台县水价改革会促进流域内农产品价格的升高，进而失去比较优势，导致出口减少。如图 10.9（b）所示，除了油料作物和其他农业部门外，其余农业部门的出口均减少，其中玉米出口量减少最多，其次是小麦。甘州区的出口受影响较小，虽然是玉米种植面积最大的区域，但是其出口量减少比例较其他区域较小，说明甘州区由于其自身的一些优势，比如位置优势、产业结构优势等，受高台县水价改革影响较小。

高台县农业水价改革促进其他各区域用水量的增加，但整体增加量较小（见图 10.11），其中以甘州区和临泽县用水量增加最多，但也不到 30 万立方米，远不及高台县自身用水量的减少。虽然高台县农业水价的提高能够促进自身水资源生产力的提升，但是对其他区域水资源生产力的提升不利。究其原因是高台县的农业生产转移到了其他区县，导致农业用水量增多，由于农业水资源生产力偏低，拉低了其他区县水资源生产力水平，但总体水资源生产力下降程度很小，不及 0.1%。

整个流域水资源生产力水平提升了 5%，流域尺度上分行业水资源生产力如图 10.12 所示，其中农业水资源生产力均有所上升，在几种作物中，玉米的水资源生产力变化率最大，为 4.5%，但是蔬菜的水资源生产力变化量最大，为 0.3 元/m^3，变化率也较大。非

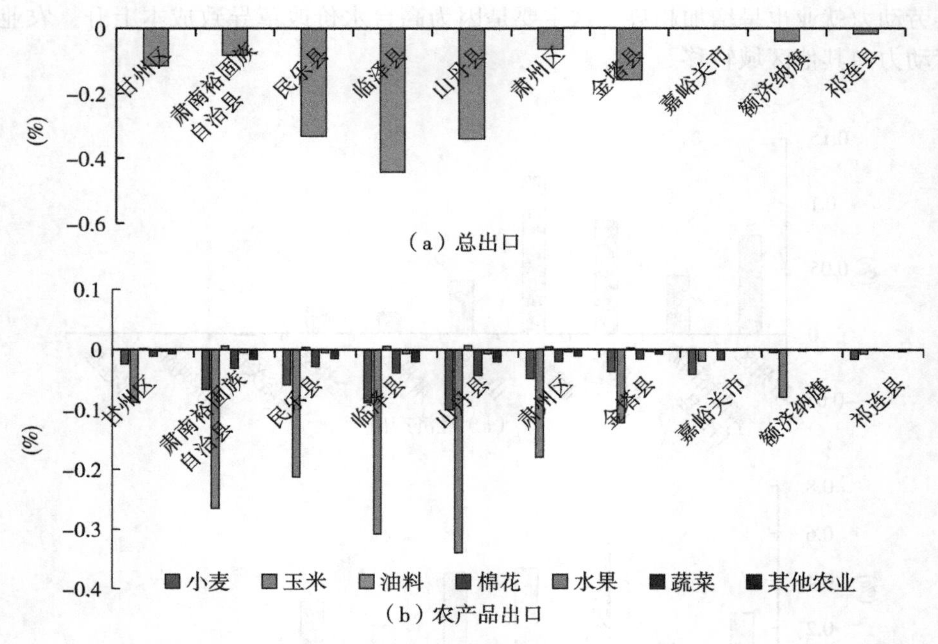

（a）总出口

（b）农产品出口

图 10.10　高台县水价改革对各区县出口影响

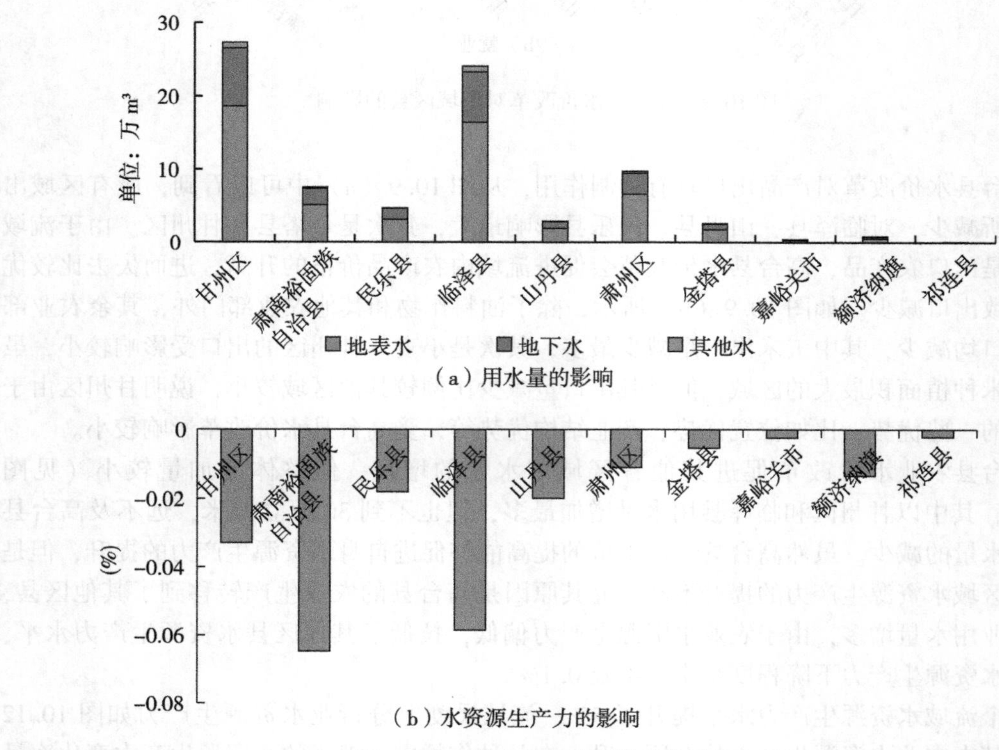

（a）用水量的影响

（b）水资源生产力的影响

图 10.11　高台县水价改革对各区县

农行业水资源生产力变化各异，其中文化体育娱乐业及非金属制品业水资源生产力下降最多，食品加工及制造业和居民服务业水资源生产力上涨最多。

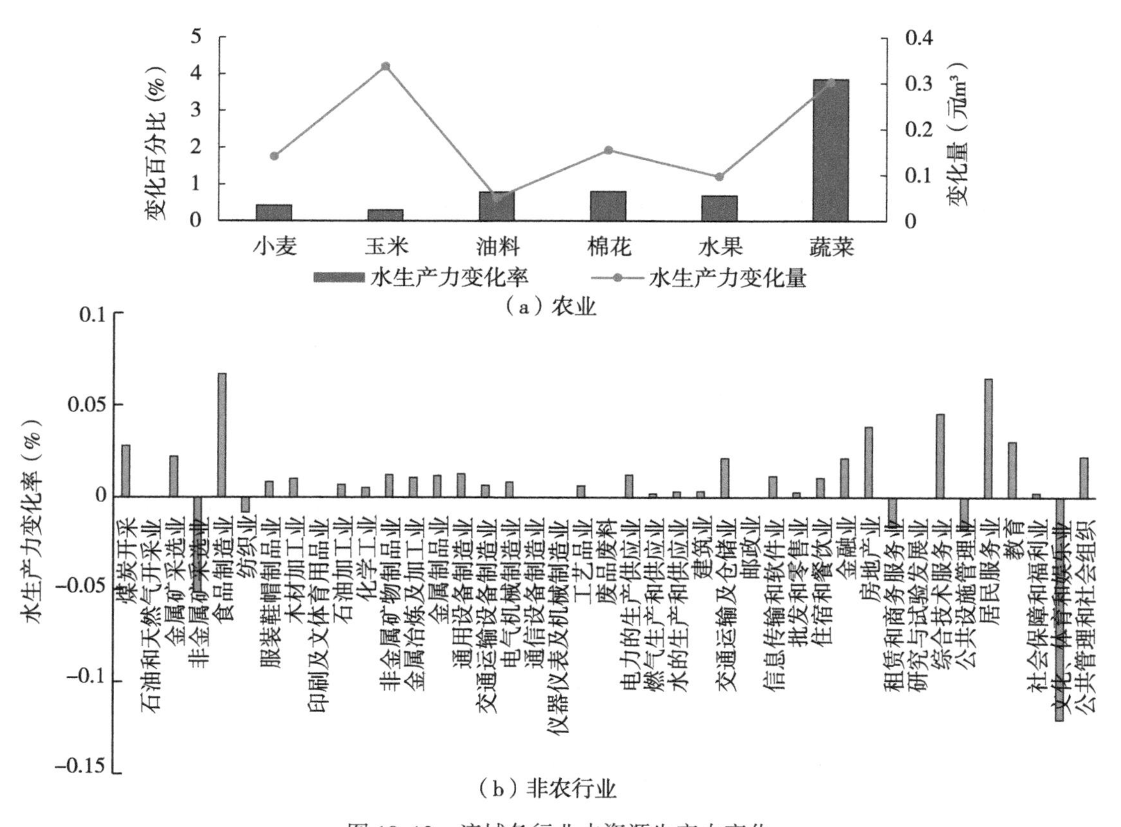

图 10.12　流域各行业水资源生产力变化

总体来看，高台县水价改革对自身社会经济发展有一定的负面效应，但对整个流域的社会经济发展存在正的溢出效应，能够促进其他区域农业生产。从水资源生产力的角度来看，水价提升导致区域内部水资源生产力提升，但对区域外部水资源生产力则存在负的溢出效应。

10.4.3　水价改革保障体系建设

从上面的分析我们可以发现，农业水价在引起社会经济系统不同部门间水、土与劳动力资源的重新配置方面具有重要作用，农业部门由于受到农业用水价格提高的负面冲击，从而导致农业生产规模收缩，对水资源和土地的需求减少。促进水土资源从农业部门向非农业部门转移。

但是目前我国水价存在一些问题，农业水价改革中水费计收难、末级渠系损毁率上升、水资源利用效益和效率不高等问题已经严重影响了农田水利设施的正常运行、农业综合生产能力持续提高和水资源节约。因此，为了更好地推进水价的节水机制发挥效果，未来应该进一步加强水价改革保障体系建设。

（1）明晰水权，建立水权分类体系。

开展农业水价综合改革首要任务是明晰农业初始水权，建立农业用水总量的“天花板”，形成用水约束。建立水权逐级分配体系，从县区到灌区、乡镇、农民用水者协会，将水权明确到具体工程、机井、地块。探索按照作物类别及灌溉方式的水权细分，不同的作物，如传统、特色林果业、日光温室等作物类别，以及不同的灌溉方式，如传统、滴灌等灌溉方式。充分发挥水权的流动性特点，完善水权交易市场，建立不同层级水权交易体系，实现农业水权的回购和补偿，确保水权交易促进水资生产力提升。

（2）增加水利投入，加快水利基础设施建立。

精确的计量是保障水价发挥作用的关键，因此要加快供水计量体系建设。完善各级渠道上的量水设施建设，实现按用水量来精确计量水价。地下水在水价改革过程中，完善机电井的智能化计量控制设施，实现水电的精准计量。此外，要加快水利基础设施建设，加强从水源到田间的水利工程建设、改造，加强渠道衬砌，加大喷灌和滴管等高效节水设施投入，减少灌溉过程中的水损失，通过节水来弥补水价上涨带来的成本上升。

（3）分类分级定水价。

分类分级定水价，有利于发挥水价的经济杠杆作用，也有助于消除部分农户“大水漫灌不心疼”的心理。统筹考虑供水成本、水资源稀缺程度、用户承受能力、补贴机制建立等因素，制定农业水价改革方案，把握好水价调整幅度和节奏，将农业水价一步或分步提高到运行维护成本水平。

探索实行作物分类水价，综合考虑供水水源、作物种类、灌溉方式等，根据不同用水类型合理确定农业用水价格，探索建立了有利于促进节约用水、调整农业种植结构的多样化水价机制。合理制定地下水水资源费（税）征收标准，严格控制地下水超采，使地下水用水成本高于地表水，促进地下水采补平衡和生态改善；逐步推行分档水价，根据农业水价弹性区间，合理确定水价阶梯和加价幅度，在不伤害农业生产的情况下，促进水资源需求管理在农业节水中的应用。

10.5　小结

本章主要分析水价等水资源管理制度对区域水资源生产力的影响，通过对黑河流域水资源管理制度现状进行分析，并对农业用水需求价格弹性进行计算，发现流域农业水价较低，农业用水缺乏价格弹性，各地区价格弹性差异较大，水价平均弹性值仅为-0.26，水价弹性会随着水价的上升而变得富有弹性，通过对点弹性的拟合，发现当水价上升到 0.27 元/m^3 的时候，水价弹性上升为 1，弹性初现。农业水价改革情景模拟发现，农业水价试点情景方案下节约了 10.2% 的总用水量，其中地表水用量降低了 7.11%、地下水降低了 16.34%，表征农业水价提升的节水效果良好。农业水价提升对区域经济增长有一定程度的负向影响，导致经济总产值降低了 1.6%。农业部门由于受到农业用水价格提高的负面冲击，产出收缩，对水资源和土地的需求减少。除几个农业部门外，其他行业产出均有不同程度的扩张，主要受益于土地价格的下降，从而获得成本优势。因此，农业水价改革对社会经济的总体影响较小，且区域水资源生产力的提升率达到了7.2%。水价改革除了节约用水总量，同时在促进社会经济系统水、土与劳动力资源在不同部门间的重新配置上发挥重要作用。

第 11 章　经济需水和生态需水之间的权衡

近几十年来，经济与生态用水需求之间的矛盾已成为世界范围内突出的水危机问题，全球城市化、人口增长和不断变化的消费模式导致经济用水量急剧增加，过度开采可用水资源，尤其是地下水，导致生态系统严重恶化。在经济和生态系统之间的水资源竞争越来越激烈，严重威胁着干旱和半干旱内陆河流域例如咸海流域、塔里木河流域和黑河流域等的社会平等、粮食安全和生态系统可持续性。因此迫切需要发现经济和生态用水需求之间的权衡，以缓解干旱和半干旱流域日益突出的水资源短缺和水资源竞争问题。

11.1　经济需水和生态需水之间的博弈

经济和生态用水需求之间的权衡引起了广泛关注（Zhang Mengmeng，et al.，2018；Ling Hangbo，et al.，2019）。生态经济研究提倡在经济增长和生态约束之间实现最佳规模的稳态经济（Daly，1991）。经济价值是将生态系统与经济系统结合起来的关键因素。约翰逊等（2012）评估了美国明尼苏达河流域不同土地利用情景下农业生产的生态系统服务。Bostian M. B. 和 HerlihyA. T.（2014）评估了美国大西洋中部地区农业生产和湿地条件之间的权衡。格拉夫顿等（2011）量化了澳大利亚墨累河的环境和灌溉用水之间的流域规模权衡。卢等（2015）揭示，从 1960 年到 2000 年，中游地区谷物产量每增加 1000 吨，就要牺牲河岸下游地区 36 万元的生态系统服务价值。然而，整个流域的经济价值被忽略了，导致生态系统成本被低估。

流域水-生态-经济的综合研究采用多种方法来确定合理的水分配模式（Wang，et al.，2016；Cheng，Li，2018；Terêncio D. P. S.，et al.，2017；2018）。在流域，水资源的分配，包括有限水资源在各种竞争用户之间的复杂分配过程，受到经济和生态环境效益之间基本冲突的挑战，水资源优化配置的目标已经从经济效益最优转变为综合效益最优（Wang Yu，et al.，2016；Souza da Silva，Alcoforado de Moraes，2018）。目前生态水资源配置的方法较为成熟。包括：将生态用水与生产生活用水一起进行标准化模拟分配、采用优化配置模型在生态需求约束下实现经济效益最大化或引入综合模型来统一衡量生态和经济效益（Turner R. K.，et al.，2000；Keeler B. L.，et al.，2012；Zhou Yanlai，2015）。例如 Sisto N. P.（2009）估计了位于 Rio Conchos 盆地下游的奇瓦瓦北部生态需水造成的农业损失。卢等（2015）使用改进的自上而下的方法确定了中国 HRB 中下游地区农业谷物产量与生态系统服务价值的关系。Cheng 和 Li（2018）建立了定量模型，计算了河流生态基流保护造成的农业经济损失。然而，虽然在平衡经济水和生态水方面取得了进展，但是较少有研究关注流域规模的生态和经济用水需求的竞争管理，缺乏统一的标准来量化它们之间的权衡关系。

CGE 模型可以探讨水与经济系统的互惠关系，生态需水模型主要用于模拟水与生态系统的投入-反应关系。很少有研究将这两种模型结合起来，在生态和经济用水需求之间进行权衡。黑河流域生态用水和经济用水占总用水量的99%以上，水资源配置可根据生态和经济弹性进行调整。这里所说的弹性是指在当前技术经济条件下，每立方米水的生态和经济边际效益之比。因此，本章以 HRB 作为案例研究区域，通过可计算一般均衡（CGE）模型模拟经济优先（EP）情景下的经济损失变化和生态环境可持续性（ES）情景下生态区的变化。在此基础上构建弹性系数，平衡经济和生态用水需求，评估当前水资源分布曲线的合理性，为水资源配置和管理制度提供科学支撑。黑河中游地区绿洲扩张导致用水量不断增加，导致下游地区生态需水量得不到补给（Tian Yong, et al., 2015; Wu Feng, et al., 2017）。随着河流干涸和地下水位下降，河岸植被急剧退化，居延湖在 1980 年代出现干涸（Cheng Guodong, et al., 2014）。为了缓解下游严重恶化的生态系统，政府于 2000 年实施了生态引水工程（EWDP）。但值得注意的是，由于实际的水分配仍偏离水分布曲线，经济与生态系统之间的水资源竞争愈演愈烈。中游地区的用水量远远超过配水曲线要求，导致 1999 年至 2011 年流向下游的水资源仍短缺约 24.9 亿立方米（蒋晓辉，等，2019）。

11.2 经济和生态需水权衡分析框架

11.2.1 EP 情景下经济损失的变化模拟

本章主要应用 CGE 模型来确定 EP 情景下黑河流域 11 个地区所受到的经济影响。通过 EP 情景来比较 HRB 中游和下游区域之间的经济效益相对优势（Wu Feng, et al., 2017）。CGE 模型设定主要基于澳大利亚莫纳什大学政策研究中心开发的水资源分配方案。考虑到中游地区土地资源和水资源均不足，因此将土地和水资源作为生产要素引入模型。通过恒定替代弹性（CES）函数将灌溉土地和水结合起来，以生成最初始的灌溉土地总量。其次，将旱地、灌溉地和牧场通过 CES 函数相结合，生成耕地集合体。此外，由于投入比例固定，工业用地总量假设为工业生产用地和水的 Leontief 函数（Wu Feng, et al., 2017）。最后，通过 CES 函数将工业用地和耕地结合起来，生成土地和水的集合体。初级要素总量表现为资本和劳动力总量的 CES 函数，也是不同类型劳动者的 CES 函数。土地和水的总量与初级要素和中间投入相结合，通过 Leontief 函数产生产出。模型假设水价可用于估算各行业的需水量，可写为：

$$W_i = \frac{GO_i \times C_i}{W_p} \tag{11.1}$$

其中，C_i 为各部门用水系数，W_P为水价，W_i和 GO_i分别为需水量和总产值。

11.2.2 ES 情景下的生态区变化

对于干旱或半干旱地区，PP（降水量）/ P_{ET}（潜在蒸散量）小于 0.65，需要补充河流湖泊地表 ET，以平衡水系。因此，河流湖泊生态需水量可以理解为用于维持河流湖泊水平衡的净耗水量。生态需水量可按下式计算：

$$\mathrm{EWD} = \int_{A_1}^{A_2} (\mathrm{ET} - P)\,\mathrm{d}A,\ \mathrm{ET} > P \tag{11.2}$$

其中，EWD 为年累计生态需水量，ET 为年平均区域实际蒸散量，P 为年累计降水量，A_i 为生态单位面积。

ET 表示液态水通过植物蒸腾以水蒸气形式转移到大气中。ET 是仅次于降雨的水文循环的第二大组成部分，由于干旱和半干旱地区的年降雨含量较低，ET 主导水平衡损失（Vetter S. H. 等，2012）。式（11.2）基于水平衡理论，考虑通过降雨输入的水和通过 ET 输出的水之间的差异。绿洲生态面积作为环境变化的指标，可以根据水平衡理论得到。在调水后的 ES 情景下分配生态需水量时，可以使用公式（11.1）确定生态面积的变化。假设 ES 情景是为了确定用于下游地区生态系统恢复的水资源，尤其是额济纳绿洲。模型的不确定性主要源于水土资源替代弹性参数。可以通过计量经济模型的估计来最小化不确定性，具体参照第七章。由于下游生态需水主要依靠补水引水，自然过程的不确定性较小，其中生态需水的自然过程包括降水（小于 50 mm）和蒸发（大于 2000 mm）。

11.2.3　弹性系数定义

黑河流域生态系统和经济发展之间的权衡关系对水资源分配方案高度敏感。在本案例研究中，调水的限制引发了灌溉用水量的下降和生态用水量的增加。经济价值是将生态系统与经济系统结合起来的关键因素。为反映经济与生态系统之间的水资源冲突，构建弹性系数作为恢复生态系统经济价值的代理指标。系数定义如下：

$$\text{Elasticity coefficient} = \frac{\Delta \mathrm{GDP}}{\Delta \text{Ecological area}} \tag{11.3}$$

其中，ΔGDP 是单位水量减少所引起的全流域的 GDP 变化量；ΔEcological area 生态面积是指每单位水减少所引起的下游生态面积的变化。我们研究中的弹性系数使得计算黑河流域的整体经济和生态环境可持续性之间的权衡关系变得可行。此外，研究中所采用的生态面积变化可以直接代表生态系统因流域经济扩张而损失的情况。

11.2.4　数据来源

本研究收集的数据可分为经济数据、土地利用数据、生态数据和水文数据四类。经济数据取自 2012 年县级统计年鉴，数据包括 GDP、水价、平均地租、地方出让地价。土地利用数据包括农业用地播种面积（来自统计年鉴）和非农用地土地利用面积（通过遥感解译收集）。将这些土地和水资源数据，嵌入编制流域多区域投入产出表。CGE 模型是一种经济系统模型，关注流域水资源与经济系统之间的互馈关系。该模型是以 2012 年的投入产出表为起始平衡点建立的。当水量和水价发生变化时，经济系统会自适应调整自身，达到新的供需平衡点。生态数据主要包括归一化差异植被指数（NDVI）和下游区域的生态面积。水文资料包括蒸散量（ET）和降水量（P）。ET 来自黑河项目数据管理中心（http：//www.heihedata.org），降雨量来自中国气象数据共享服务系统（http：//

cdc. nmic. cn/home. do)。

11.3 经济和生态需水权衡分析

11.3.1 经济和生态用水需求权衡的概念框架

为了确定经济和生态用水需求之间的权衡关系，开发了一个概念框架，并使用弹性系数量化影响（见图 11.1）。上游、中游、下游水资源供需平衡如表 11.1 所示，该平衡被视为基线情景。中游农业部门占总用水量的比例最大（68%），为 $7.9\times10^8\ m^3$。中游地区的工业用水和生态用水占总用水的比例分别为 3%和 29%。下游地区的生态需水量最大，为 $8.84\times10^8\ m^3$，约占总用水量的 83%，而生产部门的用水量较低，为 $0.49\times10^8\ m^3$。在 EP 情景下中游灌溉用水量比基准情景额外减少 24%（A 方案）（从 $8.25\times10^8\ m^3$ 到 $6.3\times10^8\ m^3$）。然而，在 ES 情景下，可用于下游的水量将增加 20%（B 方案）（从 $0.5\times10^8\ m^3$ 增加 $0.1\times10^8\ m^3$）。经济效益（ΔGDP）和生态面积（ΔEcological area）的变化分别来自 CGE 模型和生态需水量模型。由于所产生的下游区域生态环境的可持续性，将以 HRB 经济效益下降为代价。因此，通过建立弹性系数来评估黑河流域经济和环境目标竞争的权衡关系。

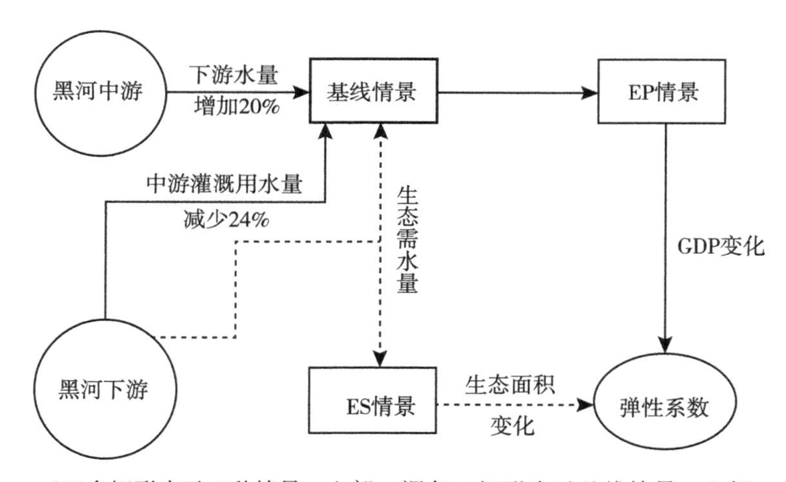

（三个矩形表示三种情景，上部（深色）矩形表示基线情景，上部（浅色）矩形表示 EP 场景，下方矩形表示 ES 场景，椭圆表示由竞争结果构成的弹性系数）

图 11.1 概念框架

表 11.1 **基线情景参数（单位：10^8m^3）**

区县	水资源	水资源需求	水资源供给	水资源消费		
				工业	农业	生态
上游	16.19	0.5	0.5	0.05	0.1	—

续表

区县	水资源	水资源需求	水资源供给	水资源消费		
				工业	农业	生态
祁连县	12.73	0.24	0.24	0.02	0.05	—
肃南县	3.46	0.26	0.26	0.03	0.05	—
中游	5.05	14.46	14.09	0.35	7.9	3.45
灌区	3.26	13.52	13.25	0.35	7.51	3.34
沿山灌区	1.79	0.94	0.84	0	0.39	0.11
下游	1.49	2.63	2.62	0.09	0.4	8.84
鼎新灌区	0.02	1.06	1.05	0.01	0.38	1.56
DF 灌区	—	0.57	0.57	0.02	0.024	0.44
额济纳	1.47	1	1	0.07	—	6.84
水资源总量	22.73	17.59	17.21	0.49	8.4	12.29

11.3.2　EP 情景下经济损失的变化

在 EP 情景下，中游灌溉水量的下降和下游径流的改善会影响整个 HRB 的经济状况。通过比较 HRB 每个区县相对于 2012 年的 GDP 变化，可以发现，A 方案对整个流域的经济冲击比 B 方案大，这主要是因为流域下游的经济产出仅占 HRB 总产出的 4.89%。以减少灌溉用水为基础的 A 方案，将导致甘州、临泽和高台的经济大幅收缩，分别下降了 -0.6781%、-0.7961%和-1.1327%；此外，以灌溉农业为主的县域经济受到的冲击较大。相比之下，伴随着中游地区用水量的减少中游其他区县的 GDP 小幅增加。只有额济纳旗的 GDP 对 B 方案下游调水增加呈正向变动，GDP 增长 0.1215%，对 A 方案中游调水减少不敏感。

综上所述，A 方案和 B 方案之间的 CGE 模型结果以定量的方式展示了 EP 情景下经济效益的比较优势。A 方案和 B 方案之间的比较优势可以用 GDP 的变化（即 ΔGDP）来表示。整体来看经济变化对中游地区生产部门耗水量变化更为敏感，A 方案每立方米水投入导致 GDP 增加 1.04 元/m^3；相比之下，这一变化对 B 方案的贡献较小，为 0.499 元/m^3。因此，选择 A 方案为 EP 情景下的最优值。

在干旱和半干旱地区，灌溉农业作为一个用水密集型部门，严重依赖地表水和地下水（Zhou Qing，et al.，2017；Ba，Dall'Erba，2018）。中游张掖地区（主要包括甘州区、临泽县、高台县）由于粮食生产消耗了 50%以上的水资源，且水资源生产率低，灌溉用水量较高（Zhang Yali，et al.，2017）。农业用水需求可以通过节水灌溉技术创新得到缓解。例如，技术进步和节水措施导致中国淮河流域万元工业增加值用水量减少约 843 m^3（Wang Xiaojun，et al.，2018）。限制水资源分配到下游对灌溉农业的负面影响可能会在未来几十年内被抵消，因此未来 HRB 中游和下游地区之间的水资源分配权衡可能会最小化。

11.3.3　ES 情景下生态面积的变化

自 2000 年中国政府开始实施 EWDP 以来，下游退化的生态系统得到了一定的恢复。NDVI 作为一项重要的植被指数指标，在全球环境和气候变化研究中得到了广泛的应用。NDVI 时空变化结果显示，1998～2012 年，下游地区 NDVI 急剧增加，从 651323 增加到 751754，增幅为 15.42%，呈加速增长趋势（见图 11.2）；这一结果与蒋晓辉等（2019）的研究提出的估计非常吻合。结果还表明，植被覆盖度的扩大主要来自河岸森林，包括额济纳绿洲、金塔绿洲、鼎新绿洲。

尽管如此，目前下游地区的生态修复情况并没有达到 EWDP 的预期目标。水资源对于维持生态系统的稳定至关重要，尤其是 HRB 下游地区的生态环境修复，依赖于河水的流入。下游区域 ET 和 P 有相当大的差距；平均 ET 值（120.43 mm）远大于平均 P 值（14.38mm）。因此，中游地区应在 YLX 站向下游地区排放更多的水，以重建下游生态区。生态需水量表示维持绿洲亚稳态下限所需的水量，该值的确定构成了水重新分配的基础。ES 情景下，HRB 下游生态需水量为 $1.06\times10^5 m^3$/生态区；也就是说，生态面积的变化相当于每立方米水 $9.43m^2$。

干旱和半干旱流域水资源短缺加剧了脆弱的生态环境，水资源短缺也可能限制经济发展规模（Distefano，Kelly，2017；Li，et al.，2019）。因此，生态恢复对干旱和半干旱流域的可持续发展具有重要意义。以生态修复为目标，已经启动了许多方案和措施，包括生态输水（Yu Pujia，et al.，2012）和蓄水工程，如水库建设、人工含水层补给和运河整治（Rivas-Tabares D.，et al.，2019；XuXu，et al.，2019）。因此，流域的生态友好发展反过来又可以促进流域的经济发展。本研究评估了恢复生态系统所带来的经济效益。Xu Xu，et al.（2019）采用估值法评估了恢复生态系统的综合效益，并指出位于黑河下游地区的额济纳旗可实现经济效益 16.37 亿元。

EP 情景确定了中游地区经济效益的比较优势，得出的 ΔGDP 为 1.04 元/m^3。从生态恢复的角度来看，ES 情景确定的生态面积为 9.43 m^2/m^3，弹性系数值为 0.11 元/m^2，即下游区域对每平方米生态面积的需求，将牺牲 HRB 中 0.11 元的 GDP 。

为了消除因维持生态可持续性而造成的经济损失，提高水资源生产力是非常必要的。这一点凸显了节水灌溉技术的必要性，以及将种植模式调整为节水型作物的必要性（Zhou Qing，et al.，2017；Mitchell D.，et al.，2017）。合理的产业结构调整也是提高水资源生产力的另一条重要途径。由于耗水量低、产出高，未来可以发展二、三产业（Tang Xu，et al.，2018）。此外，需要强调强有力的制度互动来提高水资源分配的可持续性。

除此之外，研究还存在一些局限性，例如县级 IO 表不够新、宏观系统核算缺乏对微观主体用水行为的理解、经济和生态需水模型的时空尺度不同等，未来的研究需要侧重于在 HRB 中编制更新县级 IO 表和模型中的多尺度匹配。

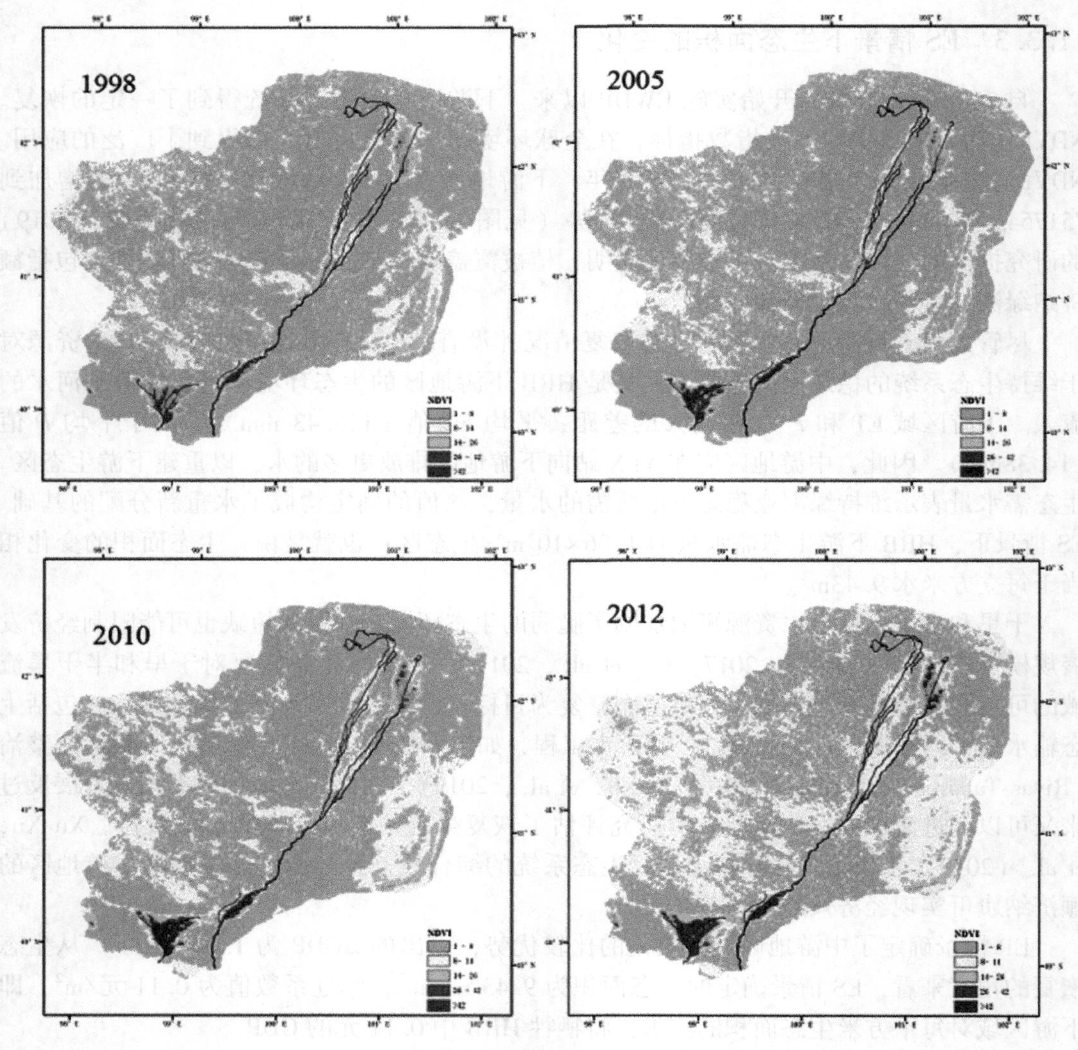

图 11.2　分水计划实施后植被指数变化

11.4　小结

内陆河流域生态用水与经济用水之间的矛盾突出，亟待解决。以往的研究多基于系统动力学的情景分析，但缺乏考虑流域内空间差异的权衡分析。由于其竞争性的经济和生态用水需求，黑河流域是可用于评估可持续水资源管理的理想案例研究区。本研究通过一个概念框架来揭示黑河流域经济和生态用水需求之间的权衡关系。通过采用 CGE 和生态需水模型模拟 EP 和 ES 情景下经济效益和生态面积的变化。在 EP 情景下，中游灌溉用水量减少对流域整体经济系统的冲击大于下游生态用水量增加对流域整体经济系统的冲击。为了保证每平方米生态区域的生态系统可持续性，HRB 将牺牲 0.11 元/m^3 的经济损失，这意味着自 2000 年以来，生态恢复的经济成本约为 9592 万元。本章研究结果为内陆河流域水资源分配、生态系统恢复和经济发展提供了有价值的参考。

第12章　结　　语

气候变化增加了流域水资源供给的不确定性，同时随着经济持续增长，人类活动的水资源需求也在增加，黑河流域水资源供需矛盾日益凸显。本书通过开展流域水-社会经济系统核算，评估了流域社会经济系统主体的水资源利用效率和水资源生产力现状，测度影响水资源生产力的关键因素作用强度，并探索水资源生产力提升的方式和途径。具体来说，基于农户调研信息和计量分析模型识别了流域主导用水的农业部门用水效率，并为水-社会经济系统集成模型提供了关键参数，结合流域尺度的投入产出信息，分别从流域内外虚拟水核算、产业转型发展、农业生产用水效率提升、水资源管理制度四个维度分析了流域水资源生产力提升的途径和潜力，在此基础上利用水资源生产力评估模型对不同情景方案下的水资源生产力变化和社会经济影响进行评估。本章系统总结了相关研究工作，并提出有针对性的流域水资源管理的政策建议。另外对本书的创新和不足之处进行了总结分析，提出了未来改进方向。

12.1　主要结论

（1）流域内外的社会经济系统水平衡核算为流域水资源生产力提供了宏观管理策略。从虚拟水角度核算了黑河流域区域尺度社会经济系统的水平衡，结果显示，黑河流域农业用水占整个流域用水量的85%，农业用水系数高，水资源生产力低、用水结构极不合理是导致流域社会经济系统水资源生产力难以提升的主要因素。黑河流域的虚拟水流入和流出量分别为10.6亿m^3和21.1亿m^3，虚拟水净流出10.5亿m^3，占流域水资源总量的1/3。从虚拟水贸易的构成来看，流域内区域间虚拟水流量占全部虚拟水流量的1%，虚拟水主要流向流域外。从虚拟水的贸易来看，除嘉峪关、祁连和额济纳外，其他区（县）均是虚拟水输出区，与其进出口贸易流向相反，整个流域以高耗水、低附加值的农产品出口为主。农产品的虚拟水流动占比达80%，基本决定了虚拟水的流向，农业大量输出虚拟水加剧了地区水资源压力。从整个流域来看，食品制造及加工业、化学工业和金属冶炼及压延业也是整个流域虚拟水输出的重点部门。流域水资源压力较大的地区主要集中在中游的甘州、临泽、高台、山丹、民乐，其中临泽县的水资源压力指数最大。水资源压力指数较小的区域包括肃南、祁连、额济纳和嘉峪关。

（2）流域产业转型发展是社会经济系统水资源生产力提升的优化方案。本书从农业种植结构调整与三产结构优化两个方面开展了情景设计与方案模拟。农业种植业优化方案包括控制耕地面积、扩大经济作物面积、发展特色农业和高效农业。三产间结构优化主要通过加大二、三产业的投资和技术升级措施来促进区域第二和第三产业的发展。通过测算流域各行业的产业用水系数和产业关联度系数发现，二三产业中完全用水系数较小的产业有租赁和商务服务业、金融业、邮政业、通用设备制造业、化学工业以及金属冶炼及加工业，其完全用水系数分别为22 m^3/万元、32m^3/万元、44 m^3/万元、47 m^3/万元、21 m^3/万元、29 m^3/万元，且感应度系数和影响力系数均大于1，故应该鼓励其优先发展。另外，尽管造纸印刷及文教体育用品制造、建筑业、卫生、居民服务和其他服务业、食品制造及烟草加工业用水系数较高，分别为100 m^3/万元、101 m^3/万元、182 m^3/万元、580 m^3/万元，但其对社会经济系统拉动作用较强，所以应该提升相关部门生产技术，并扩大生产规模。煤炭开采和洗选业与金属矿采选业完全用水系数过高，且对环境负影响较大，应该严格控制其生产规模。技术进步与产业政策扶持是产业转型发展的关键。本书设计了第二产业和第三产业技术进步5%的情景方案和农业内部结构调整的情景方案，模拟结果发现，流域水资源生产力分别提升了7.96%和1.1%。其中，农业种植结构调整虽然对流域的经济有一定的负面影响，但对优化农业内部产业结构及促进其他行业发展有一定贡献，进而有效节约水资源、提高用水效率；产业技术进步促进了地区经济增长，推动了农业节水向第二产业和第三产业转移，对区域水资源生产力具有较大的提升作用。

（3）流域水资源利用主导的农业生产用水效率制约水资源生产力。实证研究发现，黑河流域小麦和玉米的生产用水效率均值为0.53和0.49，低于其生产技术效率均值，流域农业生产用水效率还有较大的提升空间。模拟结果显示，农业生产用水效率提升10%的情景下，整个流域农业用水量将减少0.68亿 m^3，然而水资源生产力仅提升2.2%。同时，农业节水技术的提高导致农业用水总量出现回弹效应。节水技术实施造成农业大规模节水的同时，其经济利益刺激农户扩大种植规模，各地区的作物种植面积均出现了一定程度的扩张，其中以玉米面积变化最大。流域内各区（县）的种植结构差异是导致农业生产用水效率提升效应差异的主要原因，其中甘州区和临泽县的水资源生产力下降，适度规模是保持农业生产用水效率提升的关键。因此，在提升农业生产用水效率的过程中，要配合其他的水资源管理政策和产业发展政策，如控制耕地面积、提高水价、农业水权转移等，促进农业节水向其他产业的转移。

（4）市场机制的水资源管理调控策略是可持续流域管理的有效措施。基于调研数据测算发现，当前张掖市农业水价缺乏弹性，水价弹性值仅为0.26，水价弹性随着水价的上升而增大，当农业水价上升至0.27元/m^3时，水价弹性初现。农业水价对节水效果的情景模拟发现，农业水价试点情景方案下节约了10.2%的总用水量，其中，地表水用量降低了7.11%，地下水降低了16.34%，表征农业水价提升的节水效果良好。因此，农业水价改革对社会经济的总体影响较小，导致经济总产值降低了1.6%。且区域水资源生产力的提升率达7.2%。农业水价提高在促进社会经济系统水、土与劳动力资源在不同部门间的重新配置，生产要素从农业部门转移到非农部门中的作用显著。

12.2 政策建议

综合流域社会经济发展规划与研究结论，尝试从产业、技术和制度等层面提炼服务于流域水资源生产力提升的路径及政策建议。

1）产业转型发展

黑河流域在产业转型发展方案制定过程中应统筹分析资源禀赋优势、产业用水效率以及产业对经济的促进作用，优先发展对经济系统影响大、用水系数较小的行业，如租赁和商务服务业、金融业、邮政业、通用设备制造业等。另外，优化地区产业结构应结合资源禀赋，充分利用流域丰富的光热资源与过剩能源，适当发展高耗能产业，如金属冶炼业、造纸及纸制品业、化学原料，以及电力、燃气及生产和供应业。另外，张掖市需扩大自身生态资源优势，发展生态旅游业，促进旅游业带动第三产业的全面发展。

调整种植业、林业和牧业结构，发挥农林牧业协同发展效应，发展农牧耦合系统，推进粮改饲和草牧业发展，压缩粮食作物种植面积，加大经济作物种植规模，是未来农业的改革方向。区域应按照生态优先的原则，开发一些经济效益高、商品率大、水资源利用率高的特色农业，如玉米、蔬菜、瓜果、花卉制种业。不同产业政策对不同地区经济影响的差异较大，在产业结构调整时既要注重区域之间的协同性，也要充分意识到区域差异。

2）农业生产用水效率提升

农业生产用水效率受多方面因素的影响，其中节水技术是一个很重要的因素。但是目前节水技术方式比较单一，主要包括渠道防渗、地膜覆盖和采用抗旱品种，而喷灌和滴灌等先进措施采用率很低。因此，应该加大节水技术的投入，加快水利基础设施建设，加强从水源到田间农田水利工程体系的建设和改造，如加强渠道衬砌，大力发展节水设施，如加大喷灌和滴灌等的投入，减少灌溉过程中的水损失。

单纯地提高农业生产用水效率可能带来农业用水总量的回弹效应，导致农业种植面积增加，在提升农业生产用水效率的过程中，要配合其他水资源管理政策和产业发展政策，如控制耕地面积，提高水价，加大二三产业发展等，促进农业节水向其他产业的转移。推行农业节水的政府回购反哺生态需水与非农产业高价购置实现社会经济系统跨产业配置。

3）农业水价综合改革

当前流域农业水价偏低，亟须探索农业水价综合改革方案，确定农业水权，充分利用水价与水资源费等价格与税收工具调控促进水资源的合理利用与产业间流转，从而最终促进流域社会经济系统水资源生产力提高。在实施农业水价政策时，应结合水价需求价格弹性设定合理的水价改革方案。

此外，在水价改革的过程中需要配套水权建设机制，明晰水权，建立水权分类体系，进而完善水权交易市场，并建立不同层级的水权交易体系。农业水价探索可借鉴先进的阶梯水价和超定额累进加价制度改革经验，逐步推行分档水价促进农业节水。

12.3　研究展望

本书系统性地从技术、产业、区域和制度四个维度对流域水社会经济系统开展了实证研究，并以流域水资源生产力为目标开展了不同的政策情景模拟。同时探讨了微观尺度农户调查数据计量分析和宏观尺度流域投入产出数据支持的水-社会经济系统集成实现路径，微观调查数据驱动的计量经济模型估计出了区域水土资源替代弹性，该参数作为输入直接服务于宏观一般可计算均衡模型，完成了微观计量模型与宏观经济模型的集成应用分析。

书中还存在一定的不足，有待在未来的研究工作中不断强化。

（1）分别从流域、产业、技术与制度四个维度上设计了水资源生产力的提升策略，但是这四个维度存在着非常复杂的关系，农业水价改革政策能够有效促进农业生产用水效率的提升和产业转型发展，反之，产业转型发展也影响流域虚拟水贸易的社会经济系统水平衡格局，水资源-社会经济系统是复杂系统综合集成研究趋势和发展的方向。

（2）模型中的部分参数仍是根据相关文献知识的经验值设置，长时间序列的调研数据是开展模型参数完善的基础。除了参数设置外，有些数据搜集起来难度较大，虽厘清了行业的资源消耗实物量，但价值核算多以平均值计算，特别是土地资源的租金，土地资源质量与空间位置差异会影响其价格或租金。

（3）阶梯水价制度是未来干旱区流域农业水价改革的重点研究方向，但是此项制度刚进入试点，相关验证数据匮乏，需要进一步结合实证调研进行模型模拟研究，为流域水资源需求管理提供决策支持。

附　录

附表　　各部门产业感应度系数和影响力系数

	感应度系数	影响力系数
小麦	0.08	1.01
玉米	0.22	0.93
油料	0.08	0.93
棉花	0.35	0.87
水果	0.08	1.02
蔬菜	0.50	0.96
其他农业	0.09	1.08
煤炭开采和洗选业	0.71	1.00
石油和天然气开采业	0.75	0.58
金属矿采选业	0.95	1.21
非金属矿及其他矿采选业	0.08	1.27
食品制造及烟草加工业	0.94	1.36
纺织业	0.08	0.58
纺织服装鞋帽皮革羽绒及其制品业	1.07	0.58
木材加工及家具制造业	0.13	1.52
造纸印刷及文教体育用品制造业	1.24	1.33
石油加工、炼焦及核燃料加工业	0.23	1.06
化学工业	1.53	1.11
非金属矿物制品业	0.09	1.15
金属冶炼及压延加工业	1.59	1.54
金属制品业	0.14	1.82
通用、专用设备制造业	1.62	1.55
交通运输设备制造业	0.09	0.58
电气机械及器材制造业	1.77	0.58

续表

	感应度系数	影响力系数
通信设备、计算机及电子设备制造业	0.08	0.58
仪器仪表及文化办公用机械制造业	1.91	0.58
工艺品及其他制造业	0.07	0.58
废品废料	2.05	0.58
电力、热力的生产和供应业	0.30	1.09
燃气生产和供应业	2.18	0.58
水的生产和供应业	0.07	0.95
建筑业	2.32	1.51
交通运输及仓储业	0.15	1.06
邮政业	2.47	1.16
信息传输、计算机服务和软件业	0.09	0.95
批发和零售业	2.62	0.85
住宿和餐饮业	0.14	0.97
金融业	2.79	1.02
房地产业	0.09	0.92
租赁和商务服务业	2.91	1.03
研究与试验发展业	0.07	1.07
综合技术服务业	3.02	0.89
水利、环境和公共设施管理业	0.10	0.86
居民服务和其他服务业	3.17	0.95
教育	0.09	1.04
卫生、社会保障和社会福利业	3.33	1.13
文化、体育和娱乐业	0.09	1.11
公共管理和社会组织	3.49	0.94

参考文献

[1] 蔡国英，徐中民．黑河流域中游地区国民经济用水投入产出分析——以张掖市为例［J］．冰川冻土，2013，35（3）：770-775.

[2] 蔡继，董增川，陈康宁．产业结构调整与水资源可持续利用的耦合性分析［J］．水利经济，2007，25（5）：43-45.

[3] 曹涛，王赛鸽，陈彬．基于多区域投入产出分析的京津冀地区虚拟水核算［J］．生态学报，2018，38（3）：788-799.

[4] 陈雷．全面落实最严格水资源管理制度 保障经济社会平稳较快发展［J］．中国水利，2012（10）：1-6.

[5] 陈琪．对资源价值核算的几点思考［J］．中国国土资源经济，1989（10）：7-16.

[6] 陈雯，肖皓，祝树金，等．湖南水污染税的税制设计及征收效应的一般均衡分析［J］．财经理论与实践，2012，33（1）：73-77.

[7] 陈锡康，刘起运，齐舒畅，等．水利投入占用投入产出表的编制与应用［J］．中国统计，2003，8：10-16.

[8] 陈亚宁，杨青，罗毅，等．西北干旱区水资源问题研究思考［J］．干旱区地理，2012，35（1）：1-9.

[9] 陈艳萍，刘畅．中国水资源利用效率及其影响因素研究——基于 Shephard 水资源距离函数［J］．世界地理研究，2022，31（3）：591-601.

[10] 程国栋．虚拟水——中国水资源安全战略的新思路［J］．中国科学院院刊，2003，18（4）：260-265.

[11] 程国栋，徐中民，钟方雷．张掖市面向幸福的水资源管理战略规划［J］．冰川冻土，2011，33（6）：1193-1202.

[12] 程国栋，赵传燕．干旱区内陆河流域生态水文综合集成研究［J］．地球科学进展，2008，23（10）：1005-1012.

[13] 程国栋，李新．流域科学及其集成研究方法［J］．中国科学：地球科学，2015（6）：811-819.

[14] 崔嫱，赵鹏宇，步秀芹，等．基于信息熵的忻州市用水结构演变及其驱动力的因子分析［J］．节水灌溉，2015（6）：58-61.

[15] 崔彦朋．虚拟水理论下的区域产业结构优化研究［D］．天津：天津大学，2013.

[16] 党玮．社会核算矩阵与国民经济账户、投入产出表的关系研究［J］．统计与信息论坛，2012，5：18-23.

[17] 党玮．地区社会核算矩阵编制及在居民收入分配分析中应用研究［D］．长沙：湖南

大学，2011.
[18] 董战峰，喻恩源，裘浪，等．基于DEA模型的中国省级地区水资源效率评价［J］．生态经济（中文版），2012（10）：43-47.
[19] 杜亚平，梅亚东，胡挺，等．水资源多目标配置决策模型及其应用［J］．中国农村水利水电，2012（1）：43-45.
[20] 方燕，张昕竹．阶梯定价理论：一个综述［J］．南方经济，2012，30：94-106.
[21] 封志明，杨艳昭，张晶．中国基于人粮关系的土地资源承载力研究：从分县到全国［J］．自然资源学报，2008，23（5）：865-875.
[22] 傅平，张天柱．我国两部制水价对供水价格目标的影响［J］．中国给水排水，2002，18（4）：26-28.
[23] 高阳．不同水污染净化情景下北京社会经济部门及要素变化：基于ES-CGE模型的分析［J］．生态学报，2016（5）.
[24] 高颖，李善同．含有资源与环境账户的CGE模型的构建［J］．中国人口·资源与环境，2008，18（3）：20-23.
[25] 郭菊娥，邢公奇，何建武．黄河流域水资源价格与总产值变动的波及效应分析［J］．技术经济与管理研究，2004（1）：21-23.
[26] 耿献辉，张晓恒，宋玉兰．农业灌溉用水效率及其影响因素实证分析——基于随机前沿生产函数和新疆棉农调研数据［J］．自然资源学报，2014，29（6）：934-943.
[27] 胡博．DEA经典模型发展综述［J］．中国市场，2017（28）：31-34.
[28] 胡继连，曹金萍，靳雪．国际视野下的农业水价改革：一个研究综述［J］．世界经济探索，2017，6（4）：79-83.
[29] 黄敏，黄炜．中国虚拟水贸易的测算及影响因素研究［J］．中国人口·资源与环境，2016（4）：100-106.
[30] 姜东晖．农用水资源需求管理研究：一个综述［J］．山东农业大学学报（社会科学版），2011（1）：14-17.
[31] 姜文来．我国农业用水权进展与展望［J］．中国农业信息，2015（2）：7-9.
[32] 蒋桂芹，赵勇，于福亮．水资源与产业结构演进互动关系［J］．水电能源科学，2013（4）：139-142.
[33] 蒋兴明．产业转型升级内涵路径研究［J］．经济问题探索，2014（12）：43-49.
[34] 蒋雅真，毛显强，宋鹏，刘峥延．货物进口贸易对中国的资源环境效应研究［J］．生态经济，2015（10）：45-49+58.
[35] 景金勇，高佩玲，孙占泉，等．引黄灌区“提补水价”节水模式及阶梯水价模型研究［J］．中国农村水利水电，2015（2）：108-111.
[36] 雷波，杨爽，高占义，等．农业水价改革对农民灌溉决策行为的影响分析［J］．中国农村水利水电，2008（5）：108-110.
[37] 李保国，黄峰．蓝水和绿水视角下划定“中国农业用水红线”探索［J］．中国农业科学，2015，48（17）：3493-3503.
[38] 李国平，黄国勇．产业转型的国内研究综述［J］．山西财经大学学报，2006，28

（2）：54-58.
［39］李谷成，梁玲，尹朝静，等．劳动力转移损害了油菜生产吗？——基于要素产出弹性和替代弹性的实证［J］．华中农业大学学报（社会科学版），2015（1）：7-13.
［40］李锋瑞，刘七军，李光棣．干旱区流域水资源集成管理的基础理论与创新思路［J］．冰川冻土，2009，31（2）：318-327.
［41］李浩．气候变化对中国水资源的影响及适应性措施初步研究——水政策模型的构建及情景模拟［D］．北京：中国科学院地理科学与资源研究所，2008.
［42］李娜．中国多区域 CGE 模型与区域发展政策模拟研究［D］．北京：中国科学院研究生院，2010.
［43］李善同，李强，齐舒畅，等．中国经济的社会核算矩阵［J］．数量经济技术经济研究，1996（1）：42-48.
［44］李芮．产业融合：我国产业结构转型升级的路径选择［J］．现代管理科学，2015（6）：37-39.
［45］李旭东．基于虚拟水理论的区域用水结构优化［D］．扬州：扬州大学，2015.
［46］李志敏，廖虎昌．中国 31 省市 2010 年水资源投入产出分析［J］．资源科学，2012（12）：2274-2281.
［47］梁启东．资源枯竭城市如何实现产业转型［J］．中国林业，2001（15）：38-39.
［48］林毅夫，陈斌开．发展战略、产业结构与收入分配［J］．经济学：季刊，2013，12（3）：1109-1140.
［49］刘峰，段艳，马妍．典型区域水权交易水市场案例研究［J］．水利经济，2016，34（1）：23-27.
［50］刘刚，陈真．资源型城市的产业结构调整策略研究［J］．中国国土资源经济，2008，21（11）：24-26.
［51］刘金华．水资源与社会经济协调发展分析模型拓展及应用研究［D］．北京：中国水利水电科学研究院，2013.
［52］刘宁．基于水足迹的京津冀水资源合理配置研究［D］．北京：中国地质大学，2016.
［53］刘七军，李昭楠．不同规模农户生产技术效率及灌溉用水效率差异研究——基于内陆干旱区农户微观调查数据［J］．中国生态农业学报，2012，20（10）：1375-1381.
［54］刘维哲，常明，王西琴．基于随机前沿的灌溉用水效率及影响因素研究——以陕西关中地区小麦为例［J］．中国生态农业学报，2018，26（9）：1407-1414.
［55］刘秀丽，邹璀．全国及九大流域分类用水影子价格的计算与预测［J］．水利水电科技进展，2014（4）：10-15.
［56］刘轶芳，刘彦兵，黄姗姗．产业结构与水资源消耗结构的关联关系研究［J］．系统工程理论与实践，2014，34（4）：861-869.
［57］刘莹，黄季焜，王金霞．水价政策对灌溉用水及种植收入的影响［J］．经济学季刊，2015，14（4）：1375-1392.
［58］刘宇，王宇，周梅芳，等．张掖市水价改革的定量研究——基于引入水土账户的

CGE 模型［J］. 资源科学，2016，38（10）：1901-1912.

［59］卢玲，程国栋．黑河流域中游地区景观变化研究［J］. 应用生态学报，2001，12（1）：68-74.

［60］陆平．中国水资源政策对区域经济的影响效应模拟研究［D］. 北京：北京科技大学，2015.

［61］罗浩．中国区域经济增长收敛性研究的回顾与前瞻［J］. 社会科学研究，2008（5）：45-51.

［62］马海良，黄德春，张继国，等．中国近年来水资源利用效率的省际差异：技术进步还是技术效率［J］. 资源科学，2012，34（5）：794-801.

［63］戚瑞，耿涌，朱庆华．基于水足迹理论的区域水资源利用评价［J］. 自然资源学报，2011，26（3）：486-495.

［64］钱海滨，薛永森，田彦军．土地资源合理利用评价研究综述［J］. 中国土地科学，2001，15（2）：14-19.

［65］秦大庸，陆垂裕，刘家宏，等．流域“自然-社会”二元水循环理论框架［J］. 科学通报，2014（4）：419-427.

［66］秦长海，赵勇，裴源生．农业水价调整对广义水资源利用效用研究［J］. 水利学报，2010，41（9）：1094-1100.

［67］邱书钦．我国农业水价分担模式比较及选择——兼析国际农业水价分担模式经验借鉴［J］. 价格理论与实践，2016（12）：52-55.

［68］单以红．水权市场建设与运作研究［D］. 南京：河海大学，2007.

［69］尚海洋，张志强，王岱，等．虚拟水战略新论的社会经济效益分析——以石羊河流域民勤县为例［J］. 冰川冻土，2015，37（3）：818-825.

［70］沈大军，王浩．工业用水的数量经济分析［J］. 水利学报，2000，31（8）：27-31.

［71］沈大军，张萌．水资源利用发展路径构建及应用［J］. 自然资源学报，2016，31（12）：2060-2073.

［72］石敏俊，王磊，王晓君．黑河分水后张掖市水资源供需格局变化及驱动因素［J］. 资源科学，2011，33（8）：1489-1497.

［73］宋敏，田贵良．产业用水关联与结构优化［J］. 河海大学学报（自然科学版），2008，36（4）：566-570.

［74］孙建光，韩桂兰．塔里木河流域未来农业水价调整的理论分析［J］. 水利经济，2008，26（2）：37-39.

［75］谭佳音，蒋大奎．群链产业合作模式下“京津冀”区域水资源优化配置研究［J］. 中国人口·资源与环境，2017，27（4）：160-166.

［76］檀勤良，韩健，刘源．基于投入产出模型的省际虚拟水流动关联分析与风险传递［J］. 中国软科学，2021（6）：144-152.

［77］唐增，徐中民．CVM 评价农户对农业水价的承受力——以甘肃省张掖市为例［J］. 冰川冻土，2009，31（3）：560-564.

［78］田贵良．产业用水分析的水资源投入产出模型研究［J］. 经济问题，2009（7）：18-22.

[79] 田贵良，顾巍，谢文轩．基于虚拟水贸易战略的缺水地区用水结构优化研究［J］．水利经济，2013，31（1）：1-6.
[80] 佟金萍，马剑锋，王慧敏，等．农业用水效率与技术进步：基于中国农业面板数据的实证研究［J］．资源科学，2014，36（9）：1765-1772.
[81] 汪党献，王浩，尹明万．水资源水资源价值水资源影子价格［J］．水科学进展，1999，10（2）：195-200.
[82] 王根绪，程国栋．中国西北干旱区水资源利用及其生态环境问题［J］．自然资源学报，1999，14（2）：109-116.
[83] 王连芬，张敏．虚拟水流动差异测算与贸易策略选择——基于长江中下游五省的数据［J］．财经理论与实践，2012，33（1）：114-118.
[84] 王海兰，牛晓耕．基于水资源承载力的东北三省虚拟水贸易实证研究［J］．国际贸易问题，2011（5）：69-79.
[85] 王浩，王建华，胡鹏．水资源保护的新内涵："量-质-域-流-生"协同保护和修复［J］．水资源保护，2021，37（2）：1-9.
[86] 王红瑞，王岩，王军红，等．北京农业虚拟水结构变化及贸易研究［J］．环境科学，2007（12）：2877-2884.
[87] 王金霞．资源节约型社会建设中的水资源管理问题［J］．中国科学院院刊，2012，27（4）：447-454.
[88] 王克强，邓光耀，刘红梅．基于多区域 CGE 模型的中国农业用水效率和水资源税政策模拟研究［J］．财经研究，2015，41（3）：40-52.
[89] 王小军，张建云，贺瑞敏，等．区域用水结构演变规律与调控对策研究［J］．中国人口·资源与环境，2011，21（2）：61-65.
[90] 王晓君，石敏俊，王磊．干旱缺水地区缓解水危机的途径：水资源需求管理的政策效应［J］．自然资源学报，2013，28（7）：1117-1129.
[91] 王晓萌，黄凯，杨顺顺，等．中国产业部门水足迹演变及其影响因素分析［J］．自然资源学报，2014，29（12）：2114-2126.
[92] 王艳阳，王会肖，张昕．基于投入产出表的中国水足迹走势分析［J］．生态学报，2013，33（11）：3488-3498.
[93] 王倩，黄凯．基于系统动力学的北京市农业水足迹模拟与影响因素分析［J］．系统工程，2021，39（3）：13-24.
[94] 王新华，张志强，龙爱华，等．虚拟水研究综述［J］．中国农村水利水电，2005（1）：27-30.
[95] 王学渊．基于前沿面理论的农业水资源生产配置效率研究［D］．杭州：浙江大学，2008.
[96] 王学渊．基于 DEA 和 SFA 方法的农户灌溉用水效率比较研究——以西北地区的实地调查数据为例［J］．中国农村水利水电，2010（1）：8-13.
[97] 王雪妮．基于区域间投入产出模型的中国虚拟水贸易格局及趋势研究［J］．管理评论，2014，26（7）：46-54.

[98] 王亚华．以“三权分置”水权制度改革推进我国水权水市场建设［J］．中国水利，2022（1）：4-7.
[99] 王勇．全行业口径下中国区域间贸易隐含虚拟水的转移测算［J］．中国人口·资源与环境，2016，26（4）：107-115.
[100] 王勇，肖洪浪，王瑞芳，等．张掖市经济用水与水资源社会性稀缺［J］．冰川冻土，2008，30（6）：1061-1067.
[101] 王岳平，葛岳静．我国产业结构的投入产出关联特征分析［J］．管理世界，2007（2）：61-68.
[102] 王振宙．虚拟水贸易对民勤县种植业结构调整的影响研究［D］．兰州：兰州大学，2012.
[103] 魏怡然，邵玲，张宝刚，等．北京市虚拟水消费与贸易［J］．自然资源学报，2019，34（9）：1962-1973.
[104] 吴锋．气候变化及区域产业转型的水资源胁迫与适应性管理研究：以黑河流域中上游为例［D］．北京：北京师范大学，2015.
[105] 吴昊，华骅，王腊春，等．区域用水结构演变及驱动力分析［J］．河海大学学报（自然科学版），2016，44（6）：477-484.
[106] 吴玉鸣．中国区域农业生产要素的投入产出弹性测算——基于空间计量经济模型的实证［J］．中国农村经济，2010（6）：25-37.
[107] 夏军，石卫，雒新萍，等．气候变化下水资源脆弱性的适应性管理新认识［J］．水科学进展，2015，26（2）：279-286.
[108] 夏铭君，姜文来．基于流域粮食安全的农业水资源安全阈值研究［J］．农业现代化研究，2007，28（2）：210-213.
[109] 邢公奇，郭菊娥，何建武．黄河流域和长江流域水资源利用与价格变动效应分析［J］．水利经济，2003（6）：37-41.
[110] 肖洪浪，程国栋．黑河流域水问题与水管理的初步研究［J］．中国沙漠，2006，26（1）：1-5.
[111] 谢书玲，王铮，薛俊波．中国经济发展中水土资源的“增长尾效”分析［J］．管理世界，2005（7）：22-25.
[112] 徐丽娜，方国华．江苏省水资源宏观经济模型研究［J］．江苏水利，2004（3）：35-38.
[113] 徐荣嵘，吴永祥，王高旭，等．国民经济用水效率关键性指标分析及应用［J］．水利经济，2016，34（2）：30-35.
[114] 徐中民，宋晓谕，程国栋．虚拟水战略新论［J］．冰川冻土，2013，35（2）：490-495.
[115] 徐卓顺．可计算一般均衡（CGE）模型：建模原理、参数估计方法与应用研究［D］．沈阳：吉林大学，2009.
[116] 许朗，陈杰，刘晨．小农户与新型农业经营主体的灌溉用水效率及其影响因素比较［J］．资源科学，2021，43（9）：1821-1833.

[117] 许朗，罗东玲，刘爱军．中国粮食主产省（区）农业生态效率评价与比较——基于 DEA 和 Malmquist 指数方法［J］．湖南农业大学学报（社会科学版），2014（4）：76-82.
[118] 许长新，马超，田贵良，等．虚拟水贸易对区域经济的作用机理及贡献份额研究［J］．中国软科学，2011（12）：110-119.
[119] 许长新，田贵良．社会水资源利用的投入产出研究［J］．财经研究，2006，32（12）：16-24.
[120] 唐增．张掖市农户对灌溉水价承受力分析［J］．人民黄河，2010，32（7）：86-88.
[121] 唐文进，徐晓伟，许桂华．大规模水利投资对中国经济的拉动效应——基于水利社会核算矩阵的分析［J］．当代财经，2011（11）：20-29.
[122] 薛智超，闫慧敏，杨艳昭，等．自然资源资产负债表编制中土地资源核算体系设计与实证［J］．资源科学，2015，37（9）：1725-1731.
[123] 严冬，周建中，王修贵．利用 CGE 模型评价水价改革的影响力——以北京市为例［J］．中国人口·资源与环境，2007，17（5）：70-74.
[124] 严立冬，屈志光，麦琮翎．农业虚拟水流动的生态资本权益补偿研究［J］．中国地质大学学报（社会科学版），2011，11（3）：24-28.
[125] 严婷婷．气候变化条件下农业水资源优化配置及其对农作物生产的影响：基于北方五大流域的研究［D］．北京：中国科学院地理科学与资源研究所，2015.
[126] 严予若，万晓莉，伍骏骞，等．美国的水权体系：原则、调适及中国借鉴［J］．中国人口·资源与环境，2017，27（6）：101-109.
[127] 杨杨，吴次芳，罗罡辉，等．中国水土资源对经济的“增长阻尼”研究［J］．经济地理，2007，27（4）：529-532.
[128] 杨蕾．安徽省供水业的投入产出分析［D］．合肥：合肥工业大学，2005.
[129] 易福金，肖蓉，王金霞．计量水价、定额管理还是按亩收费？——海河流域农业用水政策探究［J］．中国农村观察，2019（1）：33-50.
[130] 尹剑，王会肖，蔡燕．基于减少水足迹的水资源管理措施［J］．南水北调与水利科技，2013（2）：18-23.
[131] 于浩伟，沈大军．CGE 模型在水资源研究中的应用与展望［J］．自然资源学报，2014（9）：1626-1636.
[132] 张兵兵，沈满洪．工业用水与工业经济增长、产业结构变化的关系［J］．中国人口·资源与环境，2015，25（2）：9-14.
[133] 张凡凡，张启楠，李福夺，傅汇艺，杨兴洪．中国水足迹强度空间关联格局及影响因素分析［J］．自然资源学报，2019，34（5）：934-944.
[134] 张宏伟，夏冰，王媛．基于投入产出法的中国行业水资源消耗分析［J］．资源科学，2011（7）：1218-1224.
[135] 张洁宇，马超．虚拟水视角下区域产业结构的优化路径［J］．水利发展研究，2016，16（1）：33-36.
[136] 张玲玲，王宗志，李晓惠，等．总量控制约束下区域用水结构调控策略及动态模

拟［J］. 长江流域资源与环境，2015，24（1）：90-96.
［137］张同斌，刘敏，高铁梅．中国高新技术产业投入产出表和社会核算矩阵编制的方法与应用［J］. 数学的实践与认识，2011（10）：33-44.
［138］张信信，刘俊国，赵旭，等．黑河流域产业间虚拟水转移及其关联分析［J］. 干旱区研究，2018（1）：27-34.
［139］张昕竹，刘自敏．分时与阶梯混合定价下的居民电力需求——基于 DCC 模型的分析［J］. 经济研究，2015，50（3）：146-158.
［140］赵连阁．灌区水价提升的经济、社会和环境效果——基于辽宁省的分析［J］. 中国农村经济，2006（12）：37-44.
［141］赵永．CGE 模型框架下微观-宏观相结合的水价研究方法探讨［J］. 水利经济，2010，28（5）：38-42.
［142］赵永，窦身堂，赖瑞勋．基于静态多区域 CGE 模型的黄河流域灌溉水价研究［J］. 自然资源学报，2015（3）：433-445.
［143］赵永，王劲峰，蔡焕杰．水资源问题的可计算一般均衡模型研究综述［J］. 水科学进展，2008，19（5）：756-762.
［144］郑航，Yongping. 以提高水生产力促进最严格水资源管理制度实行［J］. 中国水利，2012（9）：24-27.
［145］中国投入产出学会课题组，许宪春，齐舒畅，等．我国目前产业关联度分析——2002 年投入产出表系列分析报告之一［J］. 统计研究，2006（11）：3-8.
［146］周芳，马中．基于 CGE 模型的水价改革影响研究——以重庆市为例［J］. 中国地质大学学报（社会科学版），2014，14（1）：47-54.
［147］朱启荣，王志华，杨媛媛．虚拟水贸易理论与实证研究进展述评［J］. 山东财政学院学报，2014（5）：43-48.
［148］邹君，杨玉蓉，毛德华，等．中国虚拟水战略区划研究［J］. 地理研究，2010b，29（2）：253-262.
［149］左其亭，陈嘻．社会经济-生态环境耦合系统动力学模型［J］. 上海环境科学，2001（12）：592-594.
［150］左其亭，马军霞，陶洁．现代水资源管理新思想及和谐论理念［J］. 资源科学，2011（12）：2214-2220.
［151］左其亭，胡德胜，窦明，等．基于人水和谐理念的最严格水资源管理制度研究框架及核心体系［J］. 资源科学，2014，36（5）：906-912.
［152］岡川梓，増井利．An economic evaluation of water resource allocation during water shortage using a multiregional computable general equilibrium model［J］. Nature，2001，414（6864）：648-652.
［153］Abel N，Wise R. M，Colloff M. J，et al. Building resilient pathways to transformation when "no one is in charge"：insights from Australia′s Murray-Darling Basin［J］. Ecology & Society，2016，21（2）：23.
［154］Adams P D，Parmenter B R. Computable general equilibrium modeling of environmental

issues in Australia: Economic impacts of an emissions trading scheme [J]. Handbook of Computable General Equilibrium Modeling, 2013 (1): 553-657.

[155] Aidam P. W. The impact of water-pricing policy on the demand for water resources by farmers in Ghana [J]. Agr Water Manage, 2015 (158): 10-16.

[156] Aigner D, Lovell C. K, Schmidt P. Formulation and estimation of stochastic frontier production function models [J]. Journal of Econometrics, 1977, 6 (1): 21-37.

[157] Alberini A, Filippini M. Response of residential electricity demand to price: The effect of measurement error [J]. Energy Economics, 2011, 33 (5): 889-895.

[158] Allan J. A. 'Virtual water': a long term solution for water short Middle Eastern economies? [M]. School of Oriental and African Studies, University of London Press, 1997.

[159] Allan J A. Virtual Water: A Strategic Resource. Global Solutions to Regional Deficits [J]. Ground Water, 1998, 36 (4): 545-546.

[160] Amayreh J, Abdulla F, Al-Ja' Afreh H. Impact of different water price levels on irrigated agriculture in Northern Jordan Valley [J]. Irrigation & Drainage Systems, 2011, 25 (4): 307-321.

[161] Araya, A., Gowda, P. H., Golden, B., Foster, A. J., Aguilar, J., Currie, R., Ciampitti, I. A., Prasad, P. V. V.. Economic value and water productivity of major irrigated crops in the Ogallala aquifer region [J]. Agric Water Manage, 2019 (214): 55-63.

[162] Arrow K, Bolin B, Costanza R, et al. Economic growth, carrying capacity, and the environment [J]. Science, 1995, 268 (5210): 520.

[163] Attar, H. K., Noory, H., Ebrahimian, H., Liaghat, A. M.. Efficiency and productivity of irrigation water based on water balance considering quality of return flows. Agr Water Manage, 2020, 231.

[164] Bae, J., Dall' Erba, S.. Crop production, export of virtual water and water-saving strategies in Arizona. Ecol. Econ, 2018: 146, 148-156.

[165] Bakker K. Water Security: Research challenges and opportunities [J]. Science, 2012, 337 (6097): 914-915.

[166] Barshira Z, Finkelshtain I, Simhon A. Block-rate versus uniform water pricing in agriculture: An empirical analysis [J]. Am J Agr Econ, 2010, 88 (4): 986-999.

[167] Bastiaanssen, W. G. M., Steduto, P.. The water productivity score (WPS) at global and regional level: Methodology and first results from remote sensing measurements of wheat, rice and maize. Sci Total Environ, 2017: 575, 595-611.

[168] Battese G. E, Coelli T. J. A model for technical inefficiency effects in a stochastic frontier production function for panel data [J]. Empirical economics, 1995, 20 (2): 325-332.

[169] Beckerman W. Economic growth and the environment: whose growth? whose environment? [J]. World Development, 1992, 20 (4): 481-496.

[170] Berrittella M, Rehdanz K, Tol R. S. J, et al. The impact of trade liberalization on water use: A Computable General Equilibrium analysis [J]. Journal of Economic Integration, 2008, 23 (3): 631-655.

[171] Bhatt S. How does participatory irrigation management work? A study of selected water users' associations in Anand district of Gujarat, western India [J]. Water Policy, 2013, 15 (2): 223-242.

[172] Blango, M. M. , Cooke, R. A. C. , Moiwo, J. P. . Effect of soil and water management practices on crop productivity in tropical inland valley swamps. Agr Water Manage, 2019 (222): 82-91.

[173] Bostian, M. B. , Herlihy, A. T. , Valuing tradeoffs between agricultural production and wetland condition in the US Mid-Atlantic region. Ecol. Econ. , 2014 (105): 284-291.

[174] Boix M, Montastruc L, Azzaro-Pantel C, et al. Optimization methods applied to the design of eco-industrial parks: a literature review [J]. J Clean Prod, 2015 (87): 303-317.

[175] Bravo-Ureta B. E, Solís D, López V. H. M, et al. Technical efficiency in farming: a meta-regression analysis [J]. Journal of Productivity Analysis, 2007, 27 (1): 57-72.

[176] Brunnschweiler C. N. Cursing the blessings? Natural resource abundance, institutions, and economic growth [J]. World Development, 2008, 36 (3): 399-419.

[177] Bulsink F, Hoekstra A Y, Booij M J. The water footprint of Indonesian provinces related to the consumption of crop products. [J]. Hydrology & Earth System Sciences, 2010, 14 (1): 119-128.

[178] Burt, C. M. , Clemmens, A. J. , Strelkoff, T. S. , Solomon, K. H. , Bliesner, R. D. , Hardy, L. A. , Howell, T. A. , Eisenhauer, D. E. . Irrigation performance measures: Efficiency and uniformity [J]. J Irrig Drain Eng, 1997 (123): 423-442.

[179] Cammalleri, C. , Anderson, M. C. , Gao, F. , Hain, C. R. , Kustas, W. P. . A data fusion approach for mapping daily evapotranspiration at field scale [J]. Water Resour Res, 2013 (49): 4672-4686.

[180] Cai X. M, Rosegrant M. W. Optional water development strategies for the Yellow River Basin: Balancing agricultural and ecological water demands [J]. Water Resour Res, 2004, 40 (8).

[181] Cai X, Rosegrant M. W, Ringler C. Physical and economic efficiency of water use in the river basin: Implications for efficient water management [J]. Water Resour Res, 2003, 39 (1): WES1. 1-WES1. 12.

[182] Cai, X. L. , Molden, D. , Mainuddin, M. , Sharma, B. , Ahmad, M. , Karimi, P. . Producing more food with less water in a changing world: assessment of water productivity in 10 major river basins [J]. Water Int, 2011 (36): 42-62.

[183] Calzadilla A, Rehdanz K, Tol R. S. J. The GTAP-W model: accounting for water use in agriculture [J]. Kiel Working Papers, 2011.

[184] Calzadilla A, Rehdanz K, Tol R. S. J, et al. The economic impact of more sustainable water use in agriculture: a computable general equilibrium analysis [J]. J Hydrol, 2008, 384 (3): 292-305.

[185] Carole D, Huanguang Q, Naota H, et al. Balancing water resource conservation and food security in China [J]. P Natl Acad Sci, 2015, 112 (15): 4588.

[186] Castellano E, Anguita P. M. D, Elorrieta J. I, et al. Estimating a socially optimal water price for irrigation versus an environmentally optimal water price through the use of Geographical Information Systems and Social Accounting Matrices [J]. Environmental & Resource Economics, 2008, 39 (3): 331-356.

[187] Celio M, Scott C. A., Giordano M. Urban-agricultural water appropriation: the Hyderabad, India case [J]. The Geographical Journal, 2010, 176 (1): 39-57.

[188] Chames A, Cooper W. W, Phodes E. Easuring the efficiency of DMU [J]. European Journal of Operational Research, 1978, 11 (6): 429-444.

[189] Chapagain A. K, Hoekstra A. Y. The Water Footprints of Nations [J]. Journal of Banking & Finance, 2006, 27 (8): 1427-1453.

[190] Chebil A, Frija A, Abdelkafi B. Irrigation water use efficiency in collective irrigated schemes of Tunisia: determinants and potential irrigation cost reduction [J]. Agricultural Economics Review, 2012, 13 (1): 39.

[191] Chen S, Jefferson G. H, Zhang J. Structural change, productivity growth and industrial transformation in China [J]. China Economic Review, 2011, 22 (1): 133-150.

[192] Cheng, B., Li, H.. Agricultural economic losses caused by protection of the ecological basic flow of rivers [J]. J. Hydrol., 2018 (564): 68-75.

[193] Cheng G. D, Li X, Zhao W. Z, et al. Integrated study of the water-ecosystem-economy in the Heihe River Basin [J]. National Science Review, 2014, 1 (3): 413-428.

[194] Chouchane H, Hoekstra A. Y, Krol M. S, et al. The water footprint of Tunisia from an economic perspective [J]. Ecol Indic, 2015, 52 (52): 311-319.

[195] Clarke, D., Smith, M., & El-Askari, K.. CropWat for Windows: user guide. IHE, 2001.

[196] Cremades R, Wang J, Morris J. Policies, economic incentives and the adoption of modern irrigation technology in China [J]. Earth System Dynamics, 2015, 6 (2): 399-410.

[197] Cummings R. G, Nercissiantz V. The use of water pricing as a means for enhancing water use efficiency in irrigation: case studies in Mexico and the United States [J]. Nat Resources J, 1992 (32): 731.

[198] Dalin C, Konar M, Hanasaki N, et al. Evolution of the global virtual water trade network [J]. P Natl Acad Sci USA, 2012, 109 (16): 5989.

[199] Dalin, C., Qiu, H., Hanasaki, N., et al.. Balancing water resource conservation and food security in China [J]. P Natl Acad Sci USA, 2015 (112): 4588.

[200] Deng, X., Zhang, F., Wang, Z., Li, X., Zhang, T.. An extended input output table compiled for analyzing water demand and consumption at county level in China [J]. Sustainability, 2014, 6 (6): 3301-3320.

[201] Deng, X., and Zhao, C.. Identification of Water Scarcity and Providing Solutions for Adapting to Climate Changes in the Heihe River Basin of China. Advances in Meteorology, 2015, Article ID 279173, 13 pages. doi: 10.1155/2015/279173.

[202] Dhehibi B, Lachaal L, Elloumi M, et al. Measuring irrigation water use efficiency using stochastic production frontier: An application on citrus producing farms in Tunisia [J]. African Journal of Agricultural and Resource Economics, 2007, 1 (2): 1-15.

[203] Diao X, Dinar A, Roe T, et al. A general equilibrium analysis of conjunctive ground and surface water use with an application to Morocco [J]. Agricultural Economics, 2008, 38 (2): 117-135.

[204] Dinar A. Economic factors and opportunities as determinants of water use efficiency in agriculture [J]. Irrigation Sci, 1993, 14 (2): 47-52.

[205] Distefano, T., Kelly, S.. Are we in deep water? Water scarcity and its limits to economic growth [J]. Ecol. Econ., 2017 (142): 130-147.

[206] Ding Z, Wang Y, Zou P. X. W.. An agent based environmental impact assessment of building demolition waste management: Conventional versus green management [J]. Journal of Cleaner Production, 2016 (133): 1136-1153.

[207] Doeffinger, T., Hall, J. W., Water Stress and Productivity: An Empirical Analysis of Trends and Drivers [J]. Water Resour Res, 2020: 56.

[208] Du, Y. D., Niu, W. Q., Gu, X. B., Zhang, Q., Cui, B. J., Zhao, Y.. Crop yield and water use efficiency under aerated irrigation: A meta-analysis [J]. Agr Water Manage, 2018 (210): 158-164.

[209] Duarte R, Pinilla V, Serrano A. Is there an environmental Kuznets curve for water use? A panel smooth transition regression approach [J]. Economic Modelling, 2013, 31 (38): 518-527.

[210] Duarte R, Sánchez-Chóliz J, Bielsa J. Water use in the Spanish economy: an input-output approach [J]. Ecological Economics, 2002, 43 (1): 71-85.

[211] Evans R. G, Sadler E. J. Methods and technologies to improve efficiency of water use [J]. Water Resour Res, 2008, 44 (7): 767-768.

[212] Fan, Y. B., Wang, C. G., Nan, Z. B.. Determining water use efficiency of wheat and cotton: A meta-regression analysis [J]. Agr Water Manage, 2018 (199): 48-60.

[213] Food and Agriculture Organization (FAO). The state of food and agriculture. FAO, Rome, 2017.

[214] Farrell M. J. The measurement of productive efficiency [J]. Journal of the Royal Statistical Society Series A (General), 1957, 120 (3): 253-290.

[215] Feng K, Siu Y. L, Guan D, et al. Assessing regional virtual water flows and water

footprints in the Yellow River Basin, China: A consumption based approach [J]. Appl Geogr, 2012, 32 (2): 691-701.

[216] Feng, Q., Endo, K., Cheng, G. D.. Towards sustainable development of the environmentally degraded arid rivers of China-a case study from Tarim River [J]. Environ. Geol., 2001 (41): 229-238.

[217] Fernández, J. E., Alcon, F., Diaz-Espejo, A., et al.. Water use indicators and economic analysis for on-farm irrigation decision: A case study of a super high density olive tree orchard [J]. Agr Water Manage, 2020, 237, 106074. https://doi.org/10.1016/j.agwat.2020.106074.

[218] Foster T, Brozović N, Butler A. P. Analysis of the impacts of well yield and groundwater depth on irrigated agriculture [J]. J Hydrol, 2015 (523): 86-96.

[219] Frija A, Speelman S, Chebil A, et al. Assessing the efficiency of irrigation water users' associations and its determinants: evidence from Tunisia [J]. Irrig Drain, 2009, 58 (5): 538-550.

[220] Fum R. M, Hodler R. Natural resources and income inequality: The role of ethnic divisions [J]. Economics Letters, 2009, 107 (3): 360-363.

[221] Gadanakis Y, Bennett R, Park J, et al. Improving productivity and water use efficiency: A case study of farms in England [J]. Agr Water Manage, 2015 (160): 22-32.

[222] Gansu Statistical Bureau (GSB) (2000-2016) Gansu Yearbook, 2000-2016 [M]. China Statistics Press, Beijing.

[223] Gao, F., Anderson, M. C., Zhang, X. Y., Yang, Z. W., Alfieri, J. G., Kustas, W. P., Mueller, R., Johnson, D. M., Prueger, J. H.. Toward mapping crop progress at field scales through fusion of Landsat and MODIS imagery [J]. Remote Sens Environ, 2017 (188): 9-25.

[224] Ghanem H. Food and nutrition security: Key policy challenges and the role of global governance [J]. Glob Policy, 2011, 2 (2): 223-225.

[225] Gleick P. H, Christian-Smith J, Cooley H. Water-use efficiency and productivity: rethinking the basin approach [J]. Water Int, 2011, 36 (7): 784-798.

[226] Gleick P. H. Global freshwater resources: soft-path solutions for the 21st century [J]. Science, 2003, 302 (5650): 1524-1528.

[227] Gleick, P. H.. Transitions to freshwater sustainability [J]. P Natl Acad Sci USA, 2018 (115): 8863-8871.

[228] Grafton, R. Q., Chu, H. L., Stewardson, M., Kompas, T.. Optimal dynamic water allocation: Irrigation extractions and environmental tradeoffs in the Murray River, Australia [J]. Water Resour. Res. 2011, 47 (12): 1-13.

[229] Grafton R. Q, Pittock J, Davis R, et al. Global insights into water resources, climate change and governance [J]. Nat Clim Change, 2013, 3 (4): 315-321.

[230] Grafton, R. Q., Williams, J., Perry, C. J., Molle, F., Ringler, C., Steduto, P.,

Udall, B., Wheeler, S. A., Wang, Y., Garrick, D., Allen, R. G.. The paradox of irrigation efficiency [J]. Science, 2018 (361): 748-750.

[231] Green W. H. The econometric approach to efficiency analysis [J]. Measurementof Productivee, 2008.

[232] Green T. R, Yu Q, Ma. L, et al. Crop water use efficiency at multiple scales [J]. Agricultural Water Management, 2010, 97 (8): 1099-1101.

[233] Guan D, Hubacek K. Assessment of regional trade and virtual water flows in China [J]. Ecological Economics, 2007, 61 (1): 159-170.

[234] Haddeland I, Heinke J, Biemans H, et al. Global water resources affected by human interventions and climate change [J]. P Natl Acad Sci USA, 2014, 111 (9): 3251-3256.

[235] Hassan R, Thurlow J. Macro-micro feedback links of water management in South Africa: CGE analyses of selected policy regimes [J]. Agr Econ, 2015, 42 (2): 235-247.

[236] Hatano T, Okuda T. Water resource allocation in the Yellow River basin, China applying a CGE model [J]. Working Papers, 2006.

[237] Heerden J. H. V, Blignaut J, Horridge M. Integrated water and economic modelling of the impacts of water market instruments on the South African economy [J]. Ecological Economics, 2008, 66 (1): 105-116.

[238] Hendricks N. P, Peterson J. M. Fixed effects estimation of the intensive and extensive margins of irrigation water demand [J]. Journal of Agricultural & Resource Economics, 2012, 37 (1): 1-19.

[239] Heydari, N.. Water Productivity in Agriculture: Challenges in Concepts, Terms and Values. Irrig Drain, 2014 (63): 22-28.

[240] Hodler R. The curse of natural resources in fractionalized countries [J]. European Economic Review, 2006, 50 (6): 1367-1386.

[241] Horridge M. ORANI-G: A general equilibrium model of the Australian economy [J]. Centre of Policy Studies/impact Centre Working Papers, 2000.

[242] Horridge M, Madden J, Wittwer G. The impact of the 2002-2003 drought on Australia [J]. Journal of Policy Modeling, 2005, 27 (3): 285-308.

[243] Horridge M, Wittwer G. SinoTERM, a multi-regional CGE model of China [J]. China Economic Review, 2008, 19 (4): 628-634.

[244] Hoekstra A Y. Virtual Water Trade Proceedings of the International Expert Meeting on Virtual Water Trade [A]. Value of Water Research Report Series No. 12 [C]. Netherlands, Delft: UNESCO2IHE Institute for Water Education, 2003.

[245] Hoekstra A Y, Hung P Q. Globalisation of Water Resources: International Virtual Water Flows in Relation To Crop Trade [J]. Global Environmental Change, 2005 (15): 45-561.

[246] Hoekstra A. Y, Chapagain A. K. Water footprints of nations: Water use by people as a

function of their consumption pattern [J]. Water Resour Manag, 2007, 21 (1): 35-48.

[247] Hoekstra, A. Y., & Wiedmann, T. O.. Humanity's unsustainable environmental footprint. Science, 2014, 344 (6188): 1114-1117.

[248] Howe C W, Goemans C. Water transfers and their impacts: Lessons from three Colorado water markets [J]. JAWRA Journal of the American Water Resources Association, 2003, 39 (5): 1055-1065.

[249] Hu, G. C., Jia, L.. Monitoring of Evapotranspiration in a Semi-Arid Inland River Basin by Combining Microwave and Optical Remote Sensing Observations. Remote Sens-Basel, 2015 (7): 3056-3087.

[250] Huang, J. P., Yu, H. P., Guan, X. D., et al. Accelerated dryland expansion under climate change [J]. Nat Clim Change, 2016, 6, 166.

[251] Huang Q, Rozelle S, Howitt R, et al. Irrigation water demand and implications for water pricing policy in rural China [J]. Environ Dev Econ, 2010a, 15 (3): 293-319.

[252] Igbadun H. E, Mahoo H. F, Tarimo A. K. P. R, et al. Crop water productivity of an irrigated maize crop in Mkoji sub-catchment of the Great Ruaha River Basin, Tanzania [J]. Agr Water Manage, 2006, 85 (1-2): 141-150.

[253] Ito K. Do Consumers respond to marginal or average price? Evidence from nonlinear electricity pricing [J]. Nber Working Papers, 2012, 104 (2): 537-563.

[254] Jacobs K, Lebel L, Buizer J, et al. Linking knowledge with action in the pursuit of sustainable water-resources management [J]. P Natl Acad Sci USA, 2016, 113 (17): 4591.

[255] Jensen M. E. Beyond irrigation efficiency [J]. Irrigation Sci, 2007, 25 (3): 233-245.

[256] Jiang L, Wu F, Liu Y, et al. Modeling the impacts of urbanization and industrial transformation on water resources in China: An integrated hydro-economic CGE analysis [J]. Sustainability-Basel, 2014, 6 (11): 7586-7600.

[257] Jiang, Y., Xu, X., Huang, Q. Z., Huo, Z. L., Huang, G. H.. Assessment of irrigation performance and water productivity in irrigated areas of the middle Heihe River basin using a distributed agro-hydrological model. Agr Water Manage, 2015 (147): 67-81.

[258] Jiang, X. H., Xia, J., Huang, Q., Long, A. H., Dong, G. T., Song, J. X.. Adaptability analysis of the Heihe River "97" water diversion scheme. Acta Geogr. Sin. 2019, 74 (1), 103-116 (in Chinese).

[259] Nair S, Johnson J, Wang C. Efficiency of irrigation water use: A review from the perspectives of multiple disciplines [J]. Agronomy Journal, 2013, 105 (2): 351-363.

[260] Kaminsky M, Strong A. Measuring price elasticities for residential water demand with limited information [J]. V Smith, 2014, 90 (1): 100-113.

[261] Kassam, A. H., Molden, D., Fereres, E., Doorenbos, J.. Water productivity: science and practice - introduction. Irrigation Sci, 2007 (25): 185-188.

[262] Keeler, B. L. , Polasky, S. , Brauman, K. A. , Johnson, K. A. , Finlay, J. C. , O' Neill, A. , Kovacs, K. , Dalzell, B. . Linking water quality and well-being for improved assessment and valuation of ecosystem services. Proc. Natl. Acad. Sci. U. S. A. , 2012, 109 (45): 18619-18624.

[263] Konar M, Dalin C, Suweis S, et al. Water for food: The global virtual water trade network [J]. Water Resour Res, 2011, 47 (5): 143-158.

[264] Kopp R. J. The measurement of productive efficiency: a reconsideration [J]. The Quarterly Journal of Economics, 1981, 96 (3): 477-503.

[265] Kuznets S. Economic growth and income inequality [J]. American Economic Review, 1955, 45 (1): 1-28.

[266] Kustas, W. P. , Nieto, H. , Morillas, L. , Anderson, M. C. , et al, Revisiting the paper "Using radiometric surface temperature for surface energy flux estimation in Mediterranean drylands from a two-source perspective" [J]. Remote Sens. Environ. 2016 (184): 645-653.

[267] Lee, S. O. , Jung, Y. , Efficiency of water use and its implications for a water-food nexus in the Aral Sea Basin [J]. Agr Water Manage, 2018 (207): 80-90.

[268] Levidow, L. , Zaccaria, D. , Maia, R. , Vivas, E. , Todorovic, M. , Scardigno, A. . Improving water-efficient irrigation: prospects and difficulties of innovative practices [J]. Agric Water Manage, 2014 (146): 84-94.

[269] Li, J. , Zhu, T. , Mao, X. M. , Adeloye, A. J. . Modeling crop water consumption and water productivity in the middle reaches of Heihe River Basin [J]. Comput Electron Agr, 2016 (123): 242-255.

[270] Li, X. , Cheng, G. D. , Ge, Y. C. , et al. Hydrological Cycle in the Heihe River Basin and Its Implication for Water Resource Management in Endorheic Basins [J]. J Geophys Res-Atmos, 2018 (123): 890-914.

[271] Li, X. L. , Tong, L. , Niu, J. , et al. Spatio-temporal distribution of irrigation water productivity and its driving factors for cereal crops in Hexi Corridor, Northwest China [J]. Agr Water Manage 2017 (179): 55-63.

[272] Li, X. , Zhang, Q. , Liu, Y. , Song, J. , Wu, F. . Modeling social-economic water cycling and the water-land nexus: a framework and an application [J]. Ecol. Model, 2018, 390: 40-50.

[273] Li, Y. , Liu, C. , Yu, W. , Tian, D. , Bai, P. . Response of streamflow to environmental changes: a Budyko-type analysis based on 144 river basins over [J]. China. Sci. Total Environ, 2019 (664): 824-833.

[274] Ling, H. , Guo, B. , Zhang, G. , Xu, H. , Deng, X. . Evaluation of the ecological protective effect of the "large basin" comprehensive management system in the Tarim River basin [J]. China. Sci. Total Environ, 2019 (650): 1696-1706.

[275] Löschel A. Technological change in economic models of environmental policy: a survey

[J]. Ecological Economics, 2002, 43 (2-3): 105-126.

[276] Lévová T, Hauschild M. Z. Assessing the impacts of industrial water use in life cycle assessment [J]. CIRP Annals-Manufacturing Technology, 2011, 60 (1): 29-32.

[277] Mekonnen, M. M., & Hoekstra, A. Y. The green, blue and grey water footprint of crops and derived crop products [J]. Hydrology and Earth System Sciences, 2011, 15 (5): 1577-1600.

[278] Mokyr J. How the West Grew Rich: The economic transformation of the industrial World [J]. Journal of Economic History, 1987, 47 (2): 595-596.

[279] Latruffe L, Balcombe K, Davidova S, et al. Determinants of technical efficiency of crop and livestock farms in Poland [J]. Applied Economics, 2004, 36 (12): 1255-1263.

[280] Li Z, Deng X, Wu F, et al. Scenario analysis for water resources in response to land use change in the middle and upper reaches of the Heihe River Basin [J]. Sustainability-Basel, 2015, 7 (3): 3086-3108.

[281] Liu X. L, Chen X. K, Wang S. Y. Evaluating and predicting shadow prices of water resources in China and its nine major river basins [J]. Water Resour Manag, 2009, 23 (8): 1467-1478.

[282] Llop M. L, Alifonso X. P. A never-ending debate: Demand versus supply water policies. A CGE analysis for Catalonia [J]. Water Policy, 2012, 14 (4): 694-708.

[283] Loeve, R., Dong, B., Molden, D., et al.. Issues of scale in water productivity in the Zhanghe irrigation system: implications for irrigation in the basin context [J]. Paddy Water Environ, 2004 (2): 227-236.

[284] Lu, Z., Wei, Y., Xiao, H., et al.. Trade-offs between midstream agricultural production and downstream ecological sustainability in the Heihe River basin in the past half century [J]. Agric. Water Manage, 2015 (152): 233-242.

[285] Luckmann J, Grethe H, Mcdonald S, et al. An integrated economic model of multiple types and uses of water [J]. Water Resour Res, 2014, 50 (5): 3875-3892.

[286] Ma, Y. F., Liu, S. M., Song, L. S., et al.. Estimation of daily evapotranspiration and irrigation water efficiency at a Landsat-like scale for an arid irrigation area using multi-source remote sensing data [J]. Remote Sens Environ, 2018 (216): 715-734.

[287] Meeusen W, Broeck J. V. D. Technical efficiency and dimension of the firm: Some results on the use of frontier production functions [J]. Empirical Economics, 1977, 2 (2): 109-122.

[288] Meinzen-Dick R. Beyond panaceas in water institutions [J]. P Natl Acad Sci USA, 2007, 104 (39): 15200-15205.

[289] Mitchell, D., Williams, R. B., Hudson, D., et al.. A Monte Carlo analysis on the impact of climate change on future crop choice and water use in Uzbekistan [J]. Food Secur., 2017, 9 (4): 697-709.

[290] Molden D, Oweis T, Steduto P, et al. Improving agricultural water productivity: Between

optimism and caution [J]. Agr Water Manage, 2010, 97 (4): 528-535.

[291] Molden, David J., R. Sakthivadivel, Christopher J. Perry, et al.. Indicators for comparing performance of irrigated agricultural systems. Research Report 20 [R]. Colombo, Sri Lanka: International Water Management Institute, 1998.

[292] Mullen J. D, Yu Y. Z, Hoogenboom G. Estimating the demand for irrigation water in a humid climate: a case study from the southeastern United States [J]. Agr Water Manage, 2009, 96 (10): 1421-1428.

[293] Odeck J. Measuring technical efficiency and productivity growth: a comparison of SFA and DEA on Norwegian grain production data [J]. Applied Economics, 2007, 39 (20): 2617-2630.

[294] Oksen P. Transformation processes in the use of natural resources and effects on sustainability [J]. American Journal of Pathology, 2008, 19 (2): 211-223.

[295] Pahl-Wostl C, Holtz G, Kastens B, et al. Analyzing complex water governance regimes: the Management and Transition Framework [J]. Environ Sci Policy, 2010, 13 (7): 571-581.

[296] Palatnik R. R, Roson R. Climate change and agriculture in computable general equilibrium models: alternative modeling strategies and data needs [J]. Climatic Change, 2012, 112 (3-4): 1085-1100.

[297] Parihar, C. M., Jat, S. L., Singh, A. K., et al.. Conservation agriculture in irrigated intensive maize-based systems of north-western India: Effects on crop yields, water productivity and economic profitability [J]. Field Crop Res, 2016 (193): 104-116.

[298] Pereira, L. S., Cordery, I., Iacovides, I.. Improved indicators of water use performance and productivity for sustainable water conservation and saving [J]. Agr Water Manage 2012, 108: 39-51.

[299] Perry, C.. Efficient irrigation; Inefficient communication; Flawed recommendations [J]. Irrig Drain, 2007, 56: 367-378.

[300] Perry, C., Steduto, P., & Karajeh, F.. Does improved irrigation technology save water? A review of the evidence [J]. Food and Agriculture Organization of the United Nations, Cairo, 2017, 42.

[301] Pfister S, Koehler A, Hellweg S. Assessing the environmental impacts of freshwater consumption in LCA [J]. Environmental science & technology, 2009, 43 (11): 4098-4104.

[302] Philip J. M, Sanchez-Choliz J, Sarasa C. Technological change in irrigated agriculture in a semiarid region of Spain [J]. Water Resour Res, 2015, 50 (12): 9221-9235.

[303] Poff L. R, Brown C. M, Grantham T. E, et al. Sustainable water management under future uncertainty with eco-engineering decision scaling [J]. Nat Clim Change, 2016.

[304] Qi C, Chang N. B. System dynamics modeling for municipal water demand estimation in an urban region under uncertain economic impacts [J]. J Environ Manage, 2011, 92

(6): 1628-1641.

[305] Qiao G. H, Zhao L. J, Klein K. K. Water user associations in Inner Mongolia: Factors that influence farmers to join [J]. Agr Water Manage, 2009, 96 (5): 822-830.

[306] Ragnar F, University O. Linear dependencies and a meshanized form of the multiplex method for linear programming [J]. Working paper, 1957.

[307] Reinhard S, Lovell C. A. K, Thijssen G. Econometric estimation of technical and environmental efficiency: An application to Dutch dairy farms [J]. Am J Agr Econ, 1999, 81 (1): 44-60.

[308] Rivas-Tabares, D., Tarquis, A. M., Willaarts, B., De Miguel, Á.. An accurate evaluation of water availability in sub-arid Mediterranean watersheds through SWAT: Cega-Eresma-Adaja [J]. Agric. Water Manage, 2019 (212): 211-225.

[309] Roe T. L, Dinar A, Tsur Y, et al. Understanding the Direct and Indirect Effects of Water Policy for Better Policy Decision Making: An application to irrigation water management in Morocco [C]. International Association of Agricultural Economists Conference, Gold Coast, Australia, 2006.

[310] Rosegrant M. W, Cai X. Water constraints and environmental impacts of agricultural growth [J]. Am J Agr Econ, 2002, 84 (3): 832-838.

[311] Rosegrant M. W, Cline S. A. Global food security: challenges and policies [J]. Science, 2003, 302 (5652): 1917-1919.

[312] Rosegrant M. W, Ringler C, Mckinney D. C, et al. Integrated economic-hydrologic water modeling at the basin scale: the Maipo river basin [J]. Agr Econ, 2000, 24 (1): 33-46.

[313] Rosegrant, M. W., Ringler, C., Zhu, T. J.. Water for Agriculture: Maintaining Food Security under Growing Scarcity [J]. Annu Rev Env Resour, 2009 (34): 205-222.

[314] Rulli M. C, Saviori A, D'Odorico P. Global land and water grabbing [J]. P Natl Acad Sci USA, 2013, 110 (3): 892-897.

[315] Ruijs A, Zimmermann A, Berg M. V. D. Demand and distributional effects of water pricing policies [J]. Ecological Economics, 2009, 43 (2): 161-182.

[316] Sahin O, Bertone E, Beal C. D. A systems approach for assessing water conservation potential through demand-based water tariffs [J]. J Clean Prod, 2017, 148: 773-784.

[317] Sav G. T. Four-stage DEA efficiency evaluations: financial reforms in public university funding [J]. International Journal of Economics & Finance, 2013, 5 (1): 24-33.

[318] Scheierling S, Treguer D. O, Booker J. F. Water productivity in agriculture: looking for water in the agricultural productivity and efficiency literature [J]. Water Economics & Policy, 2016, 02 (3): 210-218.

[319] Schlüter M, Hirsch D, Pahlwostl C, et al. Coping with change: responses of the Uzbek water management regime to socio-economic transition and global change [J]. Environ Sci Policy, 2010, 13 (7): 620-636.

[320] Shi Q, Deng X, Shi C, et al. Exploration of the intersectoral relations Based on input-output tables in the inland River Basin of China [J]. Sustainability-Basel, 2015, 7 (4): 4323-4340.

[321] Schoengold K, Sunding D. L. The impact of water price uncertainty on the adoption of precision irrigation systems [J]. Agr Econ, 2014, 45 (6): 729-743.

[322] Schoengold K, Sunding D. L, Moreno G. Price elasticity reconsidered: Panel estimation of an agricultural water demand function [J]. Water Resour Res, 2006, 42 (9): 2286-2292.

[323] Schyns J. F, Hoekstra A. Y. The Added value of water footprint assessment for national water policy: A Case Study for Morocco [J]. Plos One, 2014, 9 (6): e99705.

[324] Singh R, Kundu D, Bandyopadhyay K. Enhancing agricultural productivity through enhanced water use efficiency [J]. Journal of Agricultural Physics, 2010, 10: 1-15.

[325] Sisto, N. P.. Environmental flows for rivers and economic compensation for irrigators [J]. Environ. Manage. 2009, 90 (2): 1236-1240.

[326] Smajgl A, Heckbert S, Ward J, et al. Simulating impacts of water trading in an institutional perspective [J]. Environ Modell Softw, 2009, 24 (2): 191-201.

[327] Somanathan E. Measuring the marginal value of water and elasticity of demand for water in agriculture [J]. Economic & Political Weekly, 2006, 41 (26): 2712-2715.

[328] Souza da Silva, G. N., Alcoforado de Moraes, M. M. G.. Economic water management decisions: trade-offs between conflicting objectives in the Sub-Middle region of the São Francisco watershed. Reg. Envir. Chang. 2018, 18: 1957-1967.

[329] Speelman S, Buysse J, Farolfi S, et al. Estimating the impacts of water pricing on smallholder irrigators in North West Province, South Africa [J]. Agr Water Manage, 2009, 96 (11): 1560-1566.

[330] Speelman S, D'Haese M, Buysse J, et al. A measure for the efficiency of water use and its determinants, a case study of small-scale irrigation schemes in North-West Province, South Africa [J]. Agr Syst, 2008, 98 (1): 31-39.

[332] Stone R. The disaggregation of the household sector in the national accounts [R]. World Bank Conference on Social Accounting Methods in Development Planning, Cambridge, 1978.

[332] Sun T, Huang Q, Wang J. estimation of irrigation water demand and economic returns of water in Zhangye Basin [J]. Water-Sui, 2017, 10 (1): 19.

[333] Sun T, Wang J, Huang Q, et al. Assessment of water rights and irrigation pricing reforms in Heihe River Basin in China [J]. Water-Sui, 2016, 8 (8): 333.

[334] Sun, Z., Zheng, Y., Li, X., et al. The Nexus of water, ecosystems, and agriculture in Endorheic River Basins: a system analysis based on integrated ecohydrological modeling. Water Resour. Res. 2018, 54 (10): 7534-7556.

[335] Taheripour F, Hertel T. W, Narayanan B, et al. Economic and land use impacts of

improving water use efficiency in irrigation in south Asia [J]. Journal of Environmental Protection, 2016, 07 (11): 1571-1591.

[336] Tang J. J, Folmer H, Xue J. H. Technical and allocative efficiency of irrigation water use in the Guanzhong Plain, China [J]. Food Policy, 2015 (50): 43-52.

[337] Tang, X., Jin, Y., Feng, C., McLellan, B. C.. Optimizing the energy and water conservation synergy in China: 2007-2012 [J]. Clean Prod. 2018 (175): 8-17.

[338] Tate D. M. Structural change implications for industrial water use [J]. Water Resour Res, 1986, 22 (11): 1526-1530.

[339] Terêncio, D. P. S., Sanches Fernandes, L. F., Cortes, R. M. V., Pacheco, F. A.L. Improved framework model to allocate optimal rainwater harvesting sites in small watersheds for agro-forestry uses. J. Hydrol, 2017, 550: 318-330.

[340] Terêncio, D. P. S., Sanches Fernandes, L. F., Cortes, R. M. V., et al.. Rainwater harvesting in catchments for agro-forestry uses: a study focused on the balance between sustainability values and storage capacity [J]. Sci. Total Environ, 2018: 613-614, 1079-1092.

[341] Tian, Y., Zheng, Y., Zheng, C., et al.. Exploring scale-dependent ecohydrological responses in a large endorheic river basin through integrated surface water-groundwater modeling. Water Resour. Res., 2015, 51 (6): 4065-4085.

[342] Turner, R.K., Van Den Bergh, J. C., Söderqvist, T., et al.. Ecological-economic analysis of wetlands: scientific integration for management and policy [J]. Ecol. Econ. 2000, 35 (1): 7-23.

[343] UN-Water. The world water development report 2016: Water and jobs [EB/OL]. 2016. [2016-03-22]. https: //www. unwater. org/publications/world-waterdevelopment-report-2016/.

[344] van Halsema, G.E., Vincent, L.. Efficiency and productivity terms for water management: A matter of contextual relativism versus general absolutism [J]. Agr Water Manage, 2012 (108): 9-15.

[345] Vanham, D., Mekonnen, M. M., & Hoekstra, A. Y.. The water footprint of the EU for different diets [J]. Ecological indicators, 2013 (32): 1-8.

[346] Vasileiou K, Mitropoulos P, Mitropoulos I. Optimizing the performance of irrigated agriculture in eastern england under different water pricing and regulation strategies [J]. Nat Resour Model, 2014, 27 (1): 128-150.

[347] Velázquez E. An input-output model of water consumption: Analysing intersectoral water relationships in Andalusia [J]. Ecological Economics, 2006, 56 (2): 226-240.

[348] Vetter, S. H., Schaffrath, D., Bernhofer, C., Spatial simulation of evapotranspiration of semi-arid Inner Mongolian grassland based on MODIS and eddy covariance data. Environ [J]. Earth Sci. 2012, 65 (5): 1567-1574.

[349] Wang, G. F., Chen, J. C., Wu, F., Li, Z. H.. An integrated analysis of agricultural

water-use efficiency: A case study in the Heihe River Basin in Northwest China [J]. Phys Chem Earth, 2015: 89-90, 3-9.

[350] Wang J, Huang J, Xu Z, et al. Irrigation management reforms in the Yellow River Basin: Implications for water saving and poverty [J]. Irrigation & Drainage, 2010b, 56 (2-3): 247-259.

[351] Wang, R. Y., Ng, C. N., Lenzer, J. H., et al.. Unpacking water conflicts: a reinterpretation of coordination problems in China's watergovernance system [J]. Int. J. Water Resour. Dev., 2016: 1-17.

[352] Wang, X. J., Zhang, J. Y., Shahid, S., et al.. Forecasting industrial water demand in Huaihe River Basin due to environmental changes [J]. Mitig. Adapt. Strateg. Glob. Chang, 2018, 23 (4): 469-483.

[353] Wang X. Y. Irrigation Water use efficiency of farmers and its determinants: evidence from a survey in northwestern China [J]. Agr Sci China, 2010, 9 (9): 1326-1337.

[354] Wheeler, S., Bjornlund, H., Shanahan, M., & Zuo, A.. Price elasticity of water allocations demand in the Goulburn-Murray Irrigation District. Australian Journal of Agricultural and Resource Economics, 2008, 52 (1): 37-55.

[355] White D. J, Feng K, Sun L, et al. A hydro-economic MRIO analysis of the Haihe River Basin's water footprint and water stress [J]. Ecological Modelling, 2015 (318): 157-167.

[356] Wichelns, D.. Do Estimates of Water Productivity Enhance Understanding of Farm-Level Water Management? [J]. Water-Sui, 2014 (6): 778-795.

[357] Wichelns D. Water productivity and food security: considering more carefully the farm-level perspective [J]. Food Security, 2015, 7 (2): 247-260.

[358] Wittwer G. Modelling future urban and rural water requirements in a CGE framework [R]. 2006.

[359] Wittwer G, Horridge M. A multi-regional representation of China´s agricultural sectors using SinoTERM [J]. China Agricultural Economic Review, 2013, 1 (4): 420-434.

[360] World Economic Forum. The Global Risks Report 2016 (11th edition) [R/OL]. 2016. [2016-07-06]. https://www.weforum.org/reports/the-global-risks-report-2016/.

[361] Wu, F., Bai, Y., Zhang, Y., Li, Z.. Balancing water demand for the Heihe River Basin in Northwest China. Phys. Chem. Earth, Parts A/B/C 101, 2017: 178-184.

[362] Wu F, Zhan J, Zhang Q, et al. Evaluating impacts of industrial transformation on water consumption in the Heihe River Basin of northwest China [J]. Sustainability-Basel, 2014, 6 (11): 8283-8296.

[363] WWAP (World Water Assessment Programme). World Water Development Report 5: Water for a Sustainable World. Paris/London, UNESCO/Earthscan, 2015.

[364] WWDR: UN world water development report: wastewater, the untapped resource, UN-WATER UNITED NATIONS EDUCATIONAL, SCIENTIFIC AND CULTURAL

ORGANIZATION - HEADQUARTERS (UNESCO), 2017.

[365] Xu, X., Jiang, Y., Liu, M. H., Huang, Q. Z., Huang, G. H.. Modeling and assessing agro-hydrological processes and irrigation water saving in the middle Heihe River basin. Agr Water Manage, 2019 (211): 152-164.

[366] Xue, J., Ren, L.. Evaluation of crop water productivity under sprinkler irrigation regime using a distributed agro-hydrological model in an irrigation district of China [J]. Agr Water Manage, 2016 (178): 350-365.

[367] Xue, J. Y., Guan, H. D., Huo, Z. L., et al.. Water saving practices enhance regional efficiency of water consumption and water productivity in an arid agricultural area with shallow groundwater [J]. Agr Water Manage, 2017 (194): 78-89.

[368] Yin N, Huang Q, Yang Z, et al. Impacts of off-farm employment on irrigation water efficiency in north China [J]. Water-Sui, 2016, 8 (10): 452.

[369] Yu, L.Y., Zhao, X. N., Gao, X. D., Siddique, K. H. M.. Improving/maintaining water-use efficiency and yield of wheat by deficit irrigation: A global meta-analysis [J]. Agr Water Manage, 2020, 228.

[370] Yu, P., Xu, H., Ye, M., et al.. Effects of ecological water conveyance on the ring increments of Populus euphratica in the lower reaches of Tarim River [J]. J. For. Res. 2012, 17 (5): 413-420.

[371] Zhang, L., Ma, Q. M., Zhao, Y. B., Determining the influence of irrigation efficiency improvement on water use and consumption by conceptually considering hydrological pathways [J]. Agr Water Manage, 2019 (213): 674-681.

[372] Zhang, M., Wang, S., Fu, B., et al.. Ecological effects and potential risks of the water diversion project in the Heihe River Basin. Sci. Total Environ. 619, 794-803.

[373] Zhang Y, Zhou Q, Wu F. Virtual water flows at the county level in the Heihe River Basin, China [J]. Water-Sui, 2017, 9 (9): 687.

[374] Zhangye Statistical Bureau, Zhangye Yearbook, 2000-2016 [M]. China Statistics Press, Beijing.

[375] Zhang, Y., Zhou, Q., Wu, F.. Virtual Water Flows at the County Level in the Heihe River Basin, China. Water, 2017 (9): 687.

[376] Zwart, S.J., Bastiaanssen, W. G. M., de Fraiture, C., Molden, D.J.. A global benchmark map of water productivity for rainfed and irrigated wheat. Agr Water Manage, 2010 (97): 1617-1627.

[377] Zhan J, Sun Z, Wang Z, et al. Simulated water productivity in Gansu Province, China [J]. Physics & Chemistry of the Earth Parts A/b/c, 2015, 79 (79-82): 67-75.

[378] Zhang C, Anadon L. D. A multi-regional input-output analysis of domestic virtual water trade and provincial water footprint in China [J]. Ecological Economics, 2014 (100): 159-172.

[379] Zhang J, Guo B. The effects of crop planting structure adjustment on regional water use

efficiency and benefit [J]. Journal of Arid Land Resources & Environment, 2010, 24 (9): 22-26.

[380] Zhao X, Yang H, Yang Z, et al. Applying the input-output method to account for water footprint and virtual water trade in the Haihe River basin in China [J]. Environmental Science & Technology, 2010, 44 (23): 9150-9156.

[381] Zhou, D. Y., Wang, X. J., Shi, M. J.. Human driving forces of oasis expansion in northwestern China during the last decade—a case study of the Heihe River basin. Land Degrad. Dev. 2017, 28 (2): 412-420.

[382] Zhou Q, Feng W, Qian Z. Is irrigation water price an effective leverage for water management? An empirical study in the middle reaches of the Heihe River basin [J]. Physics & Chemistry of the Earth Parts A/b/c, 2015, 89 (89-90): 25-32.

[383] Zhou Q, Deng X, Wu F, et al. Participatory irrigation management and irrigation water use efficiency in maize production: Evidence from Zhangye City, northwestern China [J]. Water, 2017, 9 (11): 822. (SCI).

[384] Zhou, Y. L., Guo, S. L., Xu, C. Y., Liu, D. D., Chen, L., Ye, Y. S.. Integrated optimal allocation model for complex adaptive system of water resources management (I): Methodologies. J. Hydrol., 2015 (531): 964-976.

[385] Zimmer D, Renault D. Virtual water in food production and global trade: Review of methodological issues and preliminary results. In: Hoekstra AY editor. Virtual water trade, Proc. Int. expert meeting on virtual trade. Value of Water Research, Report Series No 12. UNESCO-IHE, Delft, the Netherlands. 2003.

[386] Ziolkowska J. R. Shadow price of water for irrigation—A case of the High Plains [J]. Agr Water Manage, 2015 (153): 20-31.

[387] Ziv B. S, Israel F. The long-run inefficiency of block-rater pricing [J]. Nat Resour Model, 2010, 13 (4): 471-49.